指控通信系统试验测试技术

季文龙　主编

叶　静　刘瑞之　刘　承　李　晶　副主编

北京航空航天大学出版社

内 容 简 介

随着信息技术的飞速发展，指控通信系统采用新型技术，其系统组成、功能和性能的迭代发展对试验鉴定提出了新的试验能力需求。本书结合指控通信系统的发展现状和已有的成果，分别从指控系统的现状、通信系统的现状、通信系统的设计、无线电收发设备测试以及通信系统复杂电磁环境适应性试验方面进行了详细阐述。

本书适用于从事相关专业科研、论证和试验的科研技术人员参考使用。

图书在版编目(CIP)数据

指控通信系统试验测试技术 / 季文龙主编. -- 北京 :
北京航空航天大学出版社，2024. 10.
ISBN 978-7-5124-4514-7

Ⅰ. E072

中国国家版本馆 CIP 数据核字第 2024SR9774 号

指控通信系统试验测试技术

季文龙　主编

叶　静　刘瑞之　刘　承　李　晶　副主编

策划编辑　刘　扬　　责任编辑　杨国龙

*

北京航空航天大学出版社出版发行

北京市海淀区学院路 37 号(邮编 100191)　http://www.buaapress.com.cn

发行部电话：(010)82317024　传真：(010)82328026

读者信箱：qdpress@buaacm.com.cn　邮购电话：(010)82316936

北京中献拓方科技发展有限公司印装　各地书店经销

*

开本：787×1 092　1/16　印张：11.5　字数：294 千字

2025 年 1 月第 1 版　2025 年 1 月第 1 次印刷

ISBN 978-7-5124-4514-7　定价：58.00 元

编 委 会

主　编　季文龙

副主编　叶　静　刘瑞之　刘　承　李　晶

参　编　卢亚辉　张纬华　朱兆前　和飞飞　李旦红
吴家稷　钟　岳　马金盾　刘鑫宇　刘兴旺
樊　岩　胡海洋　李建东　徐　峰

前　言

指控通信系统是武器装备信息能力的物质基础，能够实现作战装备、人员的指挥控制和通信联络，发挥武器平台战斗力倍增器的作用，对提升武器平台单装、系统和体系作战效能发挥了重大作用，是提升体系对抗能力的重要支撑。随着信息技术的飞速发展，指控通信系统采用新型技术，促进了系统组成、功能和性能的迭代发展，对试验鉴定提出了新的试验能力需求。

本书梳理了指挥控制系统的发展现状，并结合装备科研试验已有成果，整理、总结了指控通信系统发展现状、指控通信系统设计、无线收发设备测试方法等方面的内容，力争对从事相关专业科研、论证和试验的科技人员有所帮助。

本书共分为 5 章。第 1 章介绍了指挥控制系统的现状，主要包括指控系统概念、发展历程、典型指挥控制系统以及美军 C^4ISR 作战应用对我国的启示。第 2 章介绍了通信系统的现状，包括国外网络信息体系发展情况、国外通信设备发展情况和典型无线通信系统及其应用。第 3 章介绍了通信系统的设计，包括发射机系统、接收机系统、无线收发信机系统的组成和设计等。第 4 章介绍了无线收发设备的测试方法，包括测试环境及仪器仪表、无线收发设备功能指标测试、无线收发设备野外通信测试等。第 5 章介绍了通信系统复杂电磁环境适应性试验。

由于指控通信系统处于动态发展过程中，体系架构、通信技术体制、指挥控制技术体制等不断迭代，通信能力、组网能力、互联互通能力、复杂电磁环境适应性能力、网络安全能力不断提升，因而对试验鉴定能力提出了新的挑战，限于实践条件、认识水平和研究能力，书中难免有遗漏之处，恳请广大读者批评指正。

本书在编写和素材收集过程中，得到了中国兵器工业计算机应用技术研究所和天津七一二通信广播股份有限公司的大力支持。此外，张武儒、鲁波、尚迪、岂伟楠、周玉龙、赵子文等为本书的编写提供了丰富的资料数据，在此一并表示衷心的感谢。

编　者

2024 年 6 月

目　录

第1章 指挥控制系统的现状

随着军事技术的飞速发展,武器装备性能逐步提高,传统的平台中心战作战理念不再适应当前的作战环境。美军根据作战环境的变化,逐步提出了网络中心战、联合作战、分布式协同作战和多域战等作战理念,这些作战理念的实质都在于体系化作战,而要形成完善的作战体系则依赖于强大的指挥控制系统(C^4ISR)。美军从20世纪50年代开始研制指挥信息系统,并在后续发展中逐渐增加了计算、通信、情报侦察、预警等功能,目前已经形成了功能强大的综合化军事信息系统。

指挥控制系统(C^4ISR)是重要的军事装备,是衡量国家军事实力的重要标志,是国家威慑力量的重要组成部分,是信息化作战、智能化作战的核心,决定了国家军事力量作战体系的整体作战效能。我国的指挥控制系统(C^4ISR)发展较晚,整体作战应用水平与世界一流还存在一定的差距。

1.1 指挥控制系统概述

1.1.1 指挥控制系统的概念

1. 指挥与控制

指挥是古老的军事术语,是伴随着战争的出现而诞生的。控制是近代的技术术语,控制论是在工业社会中后期产生的,是按照预定的程序或依据实时采集的信息,使工业过程朝着期望的结果有序进行。

在2011年出版的《军语》中,将指挥控制明确定义为"指挥员及其指挥机关对部队作战或其行动掌握和制约的活动"。在传统概念中,并不明确地区分指挥与控制,多数的定义总是将控制包含在指挥之内,因此在传统指挥控制中,始终带有"管理"的影子,这与传统的军事组织有直接关联。线性有序的传统军事活动是由一个自顶而下、层次分明的军事组织所负责的。在这个层级结构的军事组织中,通常认为指挥工作由指挥军官负责,而按指挥军官的意图控制部队的工作由参谋机构负责,同时参谋人员也被认为是指挥军官行使职责的助手。

指挥的职责主要是任务开始前的部队准备和态势评估、确定作战意图和改变作战意图。控制的职责是在任务执行时通过战场监控评估态势和任务执行状态,采用一种或多种控制方法,保证作战环境内各种元素变量的变化范围在允许的区间界限之内。

2. 指挥控制的基本过程

指挥控制基本过程模型是一个高度概括的基本模型,更多强调的是指挥和控制本身的功能和过程,因此具备一定的普适性,如图1-1所示。

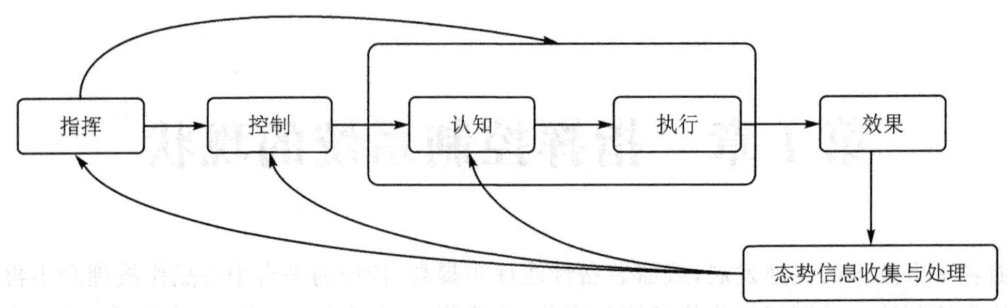

图 1-1 指挥控制基本过程模型

在指挥控制过程的描述模型中，应用最广泛的是源于空战中飞行员战术级决策的 OODA 环。该模型将作战过程视为线性循环迭代的四个过程，即观察(observe)、调整(orient)、决策(decide)和行动(act)，如图 1-2 所示。在该指挥控制模型中，始于物理域的观察，并由信息系统将观察到的物理现象转变为数据和信息，然后经传输由人(心智模型)在认知域进行调整和决策，最终通过作战计划和作战命令转变为物理域的行动。

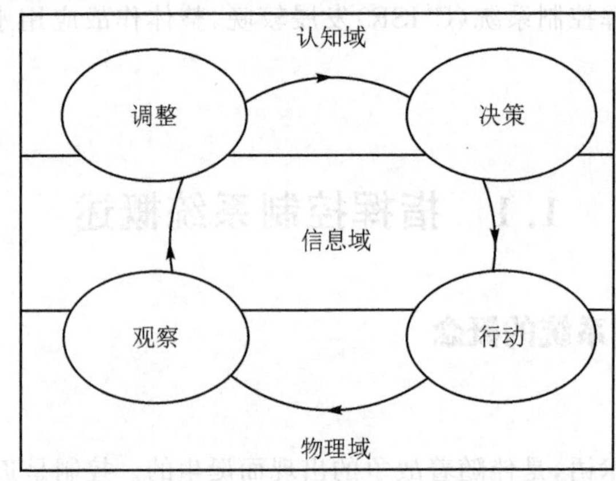

图 1-2 OODA 指挥控制描述模型

3. 指挥控制系统

随着信息技术的不断发展，战场侦察、情报信息越来越丰富，数据通信和信息处理能力也越来越强大，指挥控制陆续与通信、计算机、情报、监视和侦察等多种手段集成，C^3I、C^4ISR 等概念相继出现；然而，从指挥所完成各项作战任务的角度来看，其核心依旧是指挥控制，其他诸如情报侦察、监视、通信、作战保障等都是围绕指挥控制这一核心开展。

在 2011 年出版的《军语》中，将指挥控制系统定义为“保障指挥员和指挥机关对作战人员和武器系统实施指挥和控制的信息系统，是指挥信息系统的核心。按层次分为战略级指挥控制系统、战役级指挥控制系统和战术级指挥控制系统；按军兵种分为陆军指挥控制系统、海军指挥控制系统、空军指挥控制系统和第二炮兵指挥控制系统；按状态分为固定指挥控制系统、机动指挥控制系统和嵌入式指挥控制系统”。

在 2019 年国防工业出版社出版的《联合作战指挥控制系统》中，将指挥控制系统定义为“指挥控制系统是以战场信息掌握、战场态势认知、辅助决策与命令发布功能为核心，综合包含通信网络接入、安全保密、作战支援保障等功能于一体的，用于辅助作战指挥人员监视战场和控制部队的军事信息系统"。

在美军《联合出版物JP3-0联合作战纲要》中，将指挥控制系统描述为"联合部队指挥官通过指挥控制系统遂行指挥权，该系统由完成计划、准备、监控和评估作战行动所必需的设施、装备、通信、参谋功能和流程、人员组成。指挥控制系统必须具备同上级、同级以及下级指挥官进行通信的能力，以及控制当前作战行动或计划未来的行动"。

在美军《联合出版物JP6-0联合通信系统》中，将指挥控制系统描述为"指挥官为了完成使命，在计划、指导、控制作战任务和任务部队的过程中所必需的设施、装备、通信、流程、人员"。

1.1.2 指挥控制系统的发展历程

在军事需求牵引和信息技术推动下，指挥控制系统在半个多世纪的发展过程中，大致经历了初始建设、各军种独立建设、多军种集成建设和网络化建设四个阶段，分别对应以下四代指挥控制系统。

1. 第一代指挥控制系统

第一代指挥控制系统是经过初始阶段发展建设而成的，时间大约是在20世纪50年代—70年代，其典型系统包括赛其(SAGE)系统和全球军事指挥控制系统(WWMCCS)。

在第二次世界大战后，美苏关系日益紧张，苏联成为核大国并研制了战略轰炸机，美国为防止苏联飞机的突然袭击和核打击，要求其自身具备良好的预警能力和快速的响应能力。因此，美国以第二次世界大战中英伦三岛防空体系为蓝本，开始研制以计算机为中心的防空自动化系统，并于1958年率先建成了半自动地面防空(Semi-Automatic Ground Environment, SAGE)系统，简称赛其系统。赛其系统是世界上首个半自动化指挥控制(C^2)系统，其将北美23个扇区的地面警戒雷达、通信设备、计算机和武器连接起来，实现了目标航迹绘制和数据显示的自动化。它是原北美防空司令部作战使用的半自动化防空预警和指挥系统，共部署了36种214部雷达远距离通信和数据传输设备等。

在当时核武器制胜论的影响下，指挥控制系统的发展并未受到重视，其建设的目标是为了对核武器进行预警、侦察、攻击判断以及对战略部队进行指挥。在这种背景下，美军于1962年开始组建全球军事系统工程和计划，定名为全球军事指挥控制系统(WWMCCS)。它是一个覆盖全球，具有指挥、控制、预警探测和通信能力的战略级指挥控制系统。

第一代指挥控制系统实现了单一功能的单主机直连，主要是面向单一任务(如战术级防空作战指挥)、具备单一功能的孤立系统。从基础技术能力来看，第一代指挥控制系统基于专用计算机，主要采用电子管、锗晶体管和硅晶体管分立元件构成，没有现代意义上的软件结构，采用机器语言实现面向单一任务的功能。从系统能力来看，第一代指挥控制系统以承担单一的作战指挥控制任务为使命，以防空预警和战略部队指挥为主，功能相对单一，主要解决了雷达情报获取、传输、显示和部队指挥等环节的自动化处理问题，大幅减少了人工作业的时间。

2. 第二代指挥控制系统

20世纪70年代—80年代，美军逐步认识到未来战争并非一定是核大战，更多的可能是发生一些局部常规战争。因此，美军除了继续完善战略级指挥控制系统外，更加重视战术指挥控制系统的建设，从而逐步转向解决各军兵种独立作战的指挥自动化问题。

20 世纪 80 年代，美国陆军开始建设陆军战术指挥控制系统（ATCCS），包括机动控制系统（MCS）、高级野战炮兵战术数据系统（AFATDS）、地域防空指挥控制与情报系统（FAADC^{2}I）、全源分析系统（ASAS）和战斗勤务支援控制系统 （CSSCS）等；美国海军将大量以前相互分离且复杂的海军第一代全球指挥控制系统集成为一体化的联合海上指控信息系统（JMCIS），并独立建设了海军战术指挥信息系统（NTCCS）、战术旗舰指挥中心（TFCC）、海军战术数据系统（NTDS）、宙斯盾作战系统等战术级 C^{3}I 系统；美国空军则开始研制战术空军控制系统（TACS）、机载预警和控制系统（AWACS）、计算机辅助兵力管理系统。截至 20 世纪 90 年代初，美军各军兵种都已建成功能要素相对完备的 C^{3}I 系统，并在海湾战争中发挥了巨大作用。

第二代指挥控制系统是面向军兵种独立作战任务的多功能系统，具备多雷达情报处理、多机种指挥控制能力。在第一代指挥控制系统的基础上，随着电子计算机和以太网技术的快速发展，第二代指挥控制系统功能大幅增加，并且采用了局域网结构，实现了点对点的联网，后期还发展出一部分远程网。这个阶段的指挥控制系统主要采用集成电路构建。

从系统架构来说，第二代指挥控制系统采用指挥所内部以太网为基础的分布式架构，技术体制为 Client - Server（C/S）架构的软件体系结构。随着技术的发展，军兵种内各级指挥信息系统实现纵向逐层互联，呈现出从“单点”到“单线”的发展特征。从系统逻辑结构来说，情报逐级上报与处理、作战命令逐级下发与传递，传感器、情报处理系统与指挥所系统之间的信息交换依赖于其通信连接关系。

在技术能力方面，第二代指挥控制系统逐步采用 VMS、DOS、Unix 等商用操作系统，使用 Ada、Pascal、Fortran 等语言，并开始使用数据库管理系统，但软件结构层次性不强，没有“软件平台”或“共性软件”的概念，不同系统之间的软件互操作与重用能力较差；在信息处理与数据融合技术方面，突破了多雷达情报处理与数据融合技术；在决策制定技术方面，主要体现为各种咨询工具，以及为用户提供一些简单的辅助计算功能；在人机交互技术方面，个人计算机（PC）得到广泛使用，配备了键盘、鼠标等输入设备，采用随机扫描显示器或光栅显示器，能够输出符号、图形等简单信息。

第二代指挥控制系统的组成要素种类及相互间交互关系大大增加，系统各部分之间的网络连接关系和信息交互关系固定，并且信息交互关系依据网络连接关系建立，即系统物理结构和逻辑结构高度一致。与第一代指挥控制系统结构比较，由于局域网技术和冗余备份手段的运用，使得系统结构的时效性和可靠性均有大幅度提高。但由于系统结构的复杂度大大增加，固定的信息交互关系限制了系统结构适应外部环境的变化能力，使得系统结构的灵活性较差。

该阶段的指挥控制系统主要由各军种独立建设，实现了各军种内部指挥控制、通信、情报功能的有机结合，基本解决了各军种独立作战指挥的问题。但这些系统缺乏统一的顶层设计，客观上形成了一批“烟囱”系统。

20 世纪 90 年代初的海湾战争是第二代指挥控制系统的一次大规模综合展示。正是凭借这一系统，美军短时间内在中东地区集结了超过 50 万部队、2 000 多辆坦克和 600 多吨物资，并在持续 42 天的沙漠风暴行动中，通过以多层次空中打击和空地协同为主的作战样式，在己方很小伤亡的情况下，击败了伊拉克军队。这场战争使人们认识到了指挥控制系统在高技术战争中的巨大作用，也在很大程度上改变了世界上许多国家对高技术战争的认识。第二代指挥控制系统的典型系统包括美军军事空运系统和美军计算机辅助兵力管理系统，前者在这次世界战争史以来最大规模的空运任务中发挥了关键作用，后者承担了海湾战争中平均每天超过2 800架次的空中指挥引导任务。

3. 第三代指挥控制系统

在海湾战争中暴露的各军种指挥控制系统独立建设造成的信息壁垒问题，已经严重影响了美军的作战效率。从支持联合作战的角度出发，1992年2月，美军参谋长联席会议发布了“武士”指挥、控制、通信、计算机和情报(C^4I)计划，旨在使世界任何地方的美军部队在任何时间从任何综合系统都能获取所需作战空间图像。为了与美国国家信息基础设施接轨，1993年，美军从“武士”C^4I计划中引申出国防信息基础设施(DII)的概念和计划，综合囊括了军兵种各级、各类信息应用，为各作战部队司令部、各军种和国防部各业务局提供信息产品和服务，DII的核心是计算基础设施和信息传输基础设施。“武士”C^4I计划打破了军种间的信息壁垒，能够随时随地向所有参战人员提供融合的、实时的通用战场空间信息和态势图。

全球指挥控制系统(GCCS)是“武士”C^4I计划中美军指挥控制系统的核心。该系统于1996年开始投入使用，GCCS的研制计划的实施分为三个阶段：第一阶段(1992—1995年)主要进行军事需求的论证和方案设计，制定统一的系统标准和条令；第二阶段(1995—2004年)的主要任务是将C^4I系统互联互通；第三阶段(2004—2010年)在实现所有指挥、控制、通信、计算机系统和情报网之间最大程度互联互通的同时，建立一个全球的信息管理与控制体系。GCCS的建设内容涵盖各军种的诸多支撑和核心策略计划，截至2003年，GCCS在全球部署完成625个基地。

为了响应美国国防部“武士”C^4I中的全球指挥控制系统计划，美国陆军确立了陆军作战指挥控制系统的体系结构，建设了陆军全球指挥控制系统(GCCS-A)，将陆军的所有作战功能领域和所有级别的部队都纳入该指挥控制系统中，并根据统一的技术体系结构使指挥控制系统实现了数字化；美国海军根据GCCS公共操作环境(COE)和DII COE的要求，开始建设海军全球指挥控制系统(GCCS-M)，以支持联合、多国和联盟部队的作战活动；美国空军提出了“全球参与——21世纪空军构想”长期战略，建成了包括战术空军控制系统、空军机载战场控制指挥中心和以空中机动司令部指挥与控制信息处理系统为主的空军全球指挥控制系统(GCCS-AF)。

第三代指挥控制系统是面向重点方向联合作战任务的跨军兵种集成系统，覆盖了各部门的业务功能，具备多地、多区域指挥控制能力。随着大规模集成电路的普及，这个阶段的指挥控制系统主要采用大规模集成电路构建。

从系统架构来说，第三代指挥控制系统采用以平台为中心的层次化组网结构，通过广域网将地域分布的多军兵种系统互联起来。

在技术能力方面，随着软件工程的发展，软件开发具备一定的系统性、可移植性，第三代指挥控制系统广泛地使用面向对象的编程语言和可视化编程语言(如Visual C++、C#、Java等)，从而有效地提高了软件资源的重用能力；在共享态势技术方面，通过制定统一的标准化信息交换格式联合共享库、数据库订阅/分发、固定的信息推送和信息点播等方式实现了各军兵种系统间的共享；在决策制定技术方面，研制出一批军用专家系统(如后勤保障专家系统、导航专家系统等)，但知识的获取和表示仍然是专家系统发展的一个瓶颈问题，使得专家系统往往只能是针对某个局部领域的应用；在协同指挥技术方面，实现了指挥层级上的纵向协同；在人机交互技术方面，继续沿用PC自带的交互设备，在第二代指挥控制系统的基础上，增加了音、视频等多媒体显示功能，PC 显示器性能不断提升。

该阶段的指挥控制系统在联合作战的大背景下，重点发展了三军共用的国防信息基础设施，并基于统一的技术规范和接口标准，发展面向联合作战的跨军兵种多功能综合系统，具备对水面舰艇、潜艇、飞机、岸导等主战兵力的数据链指挥引导和目标指示能力。

第三代指挥控制系统虽然具备了联合的性质，但仍未完全摆脱军兵种独立发展的"烟囱"系统带来的影响，没有统一规范各军兵种指挥控制系统的体系结构，实现联合作战的手段以综合集成为主，即所谓"人为的联合性"，而非"天然的联合性"。

2003 年的伊拉克战争与 1991 年的海湾战争相比，最大的区别是在战争一开始美国陆军地面部队就开始了地面行动（相比较而言，海湾战争中地面作战时间仅有 100 小时左右）。其中，美国陆军第 5 军在战争爆发后从科威特迅速向前推进 600 千米，仅仅 21 天后即宣告占领巴格达，该军主力第 3 机步师控制和使用的作战空间在最大时达到 16 100 平方千米（纵深 230 千米，宽 70 千米），充分体现了现代部队高速机动和分散作战的特点。在地面作战部队快速打通从科威特边境到巴格达的通道过程中，美军装备的第三代指挥控制系统发挥了重要的作用。第三代指挥控制系统的典型系统有自动纵深作战协调系统（ADOCS）和蓝军跟踪系统（$FBCB^2$ - BFT），前者能够融合各军兵种（陆航、野战炮兵、空军等）信息，后者能够通过战术互联网和卫星通信链路为使用者提供近实时的战场感知能力。

4. 第四代指挥控制系统

随着波黑战争、科索沃战争、伊拉克战争等局部战争的爆发以及以"网络中心战""全谱作战"为代表的新型作战理论和概念的提出，世界各国军队逐渐认识到，单一系统独立研制和互联集成的系统建设思路很难满足一体化联合作战的需求。在体系作战能力对抗中，要求新一代指控系统能够融合各种作战力量、作战要素和资源，形成具有倍增效应的一体化联合作战体系对抗能力。与此同时，从 20 世纪 90 年代中后期开始兴起的互联网以及后来的栅格技术、面向服务的体系架构等为人们提供了建设指挥信息系统的新视角、新理念和新技术。

在新军事需求的牵引和信息技术发展的有力推动下，美国国防部于 1999 年提出建设全球信息栅格（GIG）的战略构想，并且依托这一全新的信息基础设施，遵循"网络赋能"思想，强调以"基于能力"的方式向网络中心化联合部队转型。由"网络中心"转变为"网络赋能"，旨在确保把工作重心放在网络支持的军事行动上，而不是停留在网络自身的建设上。"网络"不仅是信息传输的管道，而且是信息存储、信息处理的平台。"网络赋能"实质上是网络中的信息赋能或知识赋能，强调通过对网络潜能的综合运用，将网络优势转化为信息优势、决策优势和行动优势。在 GIG 的基础上，美军正在打造联合信息环境（JIE），通过引入新技术，特别是云计算和移动计算等技术，统一各军兵种的信息基础设施，实现资源和服务的共建共享。

第四代指挥控制系统是以栅格网为核心，面向多样化任务、支持一体化联合作战的网络中心化系统。其在第三代指挥控制系统的基础上，业务功能进一步拓展，并在多地、多区域指挥控制能力的基础上，加强军兵种系统间的横向协作和信息的跨领域流转，真正地实现随时随地的动态服务能力。在军事信息基础设施的支撑下，系统具备即插即用、柔性重组、按需服务等主要能力特征。其中，即插即用是指系统各组成要素能够随时随地动态接入军事信息基础设施，并快速获取和使用所需的网络、数据、服务等资源；柔性重组是指系统具备动态重构的能力，即系统能根据作战任务、战场环境、作战单元毁伤情况，快速、灵活地对组成要素进行扩充、剪裁和重组，以适应各种变化；按需服务是指系统依据任务情况，灵活地组织、生成用户所需要的通信、计算、信息、软件等资源,并快速、合理、高效地为用户提供资源服务的能力。

从系统架构来说,第四代指挥控制系统实现了从"点""线""面"到以以太网络为中心的扁平化组网结构转变,这种系统结构强调"体系(整体)",即通过军事信息基础设施使得指挥信息系统组成要素与指挥对象(如传感器、指挥控制系统和武器平台等)成为一个有机整体,并能够通过动态重组其组成要素的关系和功能来适应任务和环境的变化需求,从而具备应对多种安全威胁、完成多样化作战任务的能力。

在软件开发方面,第四代指挥控制系统采用面向服务的软件架构,使用服务共享方式将网络上分布的软件资源组织起来,通过软件聚合进一步实现多种功能的组合,进而产生新的功能。网络和软件的新技术、新体制将大大提高指挥控制系统的开放性、灵活性、高效性和鲁棒性。随着栅格网络技术的发展,后期的软件开发呈现面向栅格的特点。

在网络支撑方面,由远程网发展为栅格网,具有无缝连接、路由广泛、带宽可控、网系融合等能力特征。第四代指挥控制系统所涉及的网络技术向以 IP(Internet Protocol)和多协议标记交换(Multi-Protocol Label Switching,MPLS)技术,以及智能光传送网技术为核心的栅格化网络体系方向发展,综合通信和网络业务服务能力大幅提高。

在共享态势技术方面,突破了面向任务的信息自动汇聚技术,可动态感知用户信息需求的变化,自动从栅格网海量的数据中收集、筛选、推荐任务相关的信息并汇聚给用户,改变了传统的固定信息保障模式,提升了信息服务的精准度。

在决策制定技术方面,决策支持系统技术得到广泛应用,开发出了一系列用于作战指挥的决策支持原型系统(如作战方案评估智能决策支持系统、野战防空智能决策支持系统、系统工程作战模拟模型库与应用系统等),但主要用于支持某个领域或特定兵种的作战指挥。由于各种决策支持计算模型的欠缺,决策支持系统的可信度和可用性一直存在较大的问题。

在协同指挥技术方面,由于栅格网技术的应用,实现了指挥层级纵向、跨军兵种横向的协同能力。

目前,世界主要军事强国都在大力发展第四代指挥控制系统,其中美军的典型系统和产品包括网络使能的指挥控制(NECC)、全球指挥控制系统(GCCS)。

1.2 典型指挥控制系统

1.2.1 美国陆军战场 C^4ISR 系统

美国陆军战场 C^4ISR 系统的发展同样经历了初创阶段、分散建设阶段、集成建设阶段和网络中心化建设阶段,目前处于集成转向网络中心化的过渡期。在集成建设阶段,美国陆军建设了陆军作战指挥系统(ABCS),其向上与全球指挥控制系统(GCCS)相连接,向下与兵种级、平台级沟通。为实现网络中心化需求,美国陆军于 2003 年开展研制未来战斗系统(FCS),但在 2009 年被取消。之后,美国陆军将精力投入战术级作战人员信息网(WIN - T)的发展中,目前 WIN - T 增量 2 已经列装部队,但后续前景并不乐观。

随着网络中心化需求愈加迫切,美国陆军曾计划于 2020 年前在现役的一体化 C^4ISR 系统基础上,建成星状网(STARNet)接入全球信息栅格(GIG)及后续的联合信息环境(JIE),实现 C⁴ISR 系统与火力杀伤系统的无缝融合，使美军具备完全成熟的 C⁴KISR 能力，即一体化联合作战能力。

1. 陆军作战指挥系统(ABCS)

(1) ABCS 基本情况

陆军作战指挥系统(ABCS)是美国陆军在集成建设阶段对各兵种信息系统装备进行横向集成建设(即采用开放式体系结构和模块化设计方法)，通过战术互联网将升级改造后的第二代陆军战术指挥控制系统、新增系统与通信设备集成的新一代 C⁴I 系统，目的是逐渐实现从班/排级到国家指挥总部的互联互通。

作为集成建设阶段美国陆军的典型信息系统装备，ABCS 由 3 个层次(见图 1-3)、11 个子系统(见图 1-4)组成。

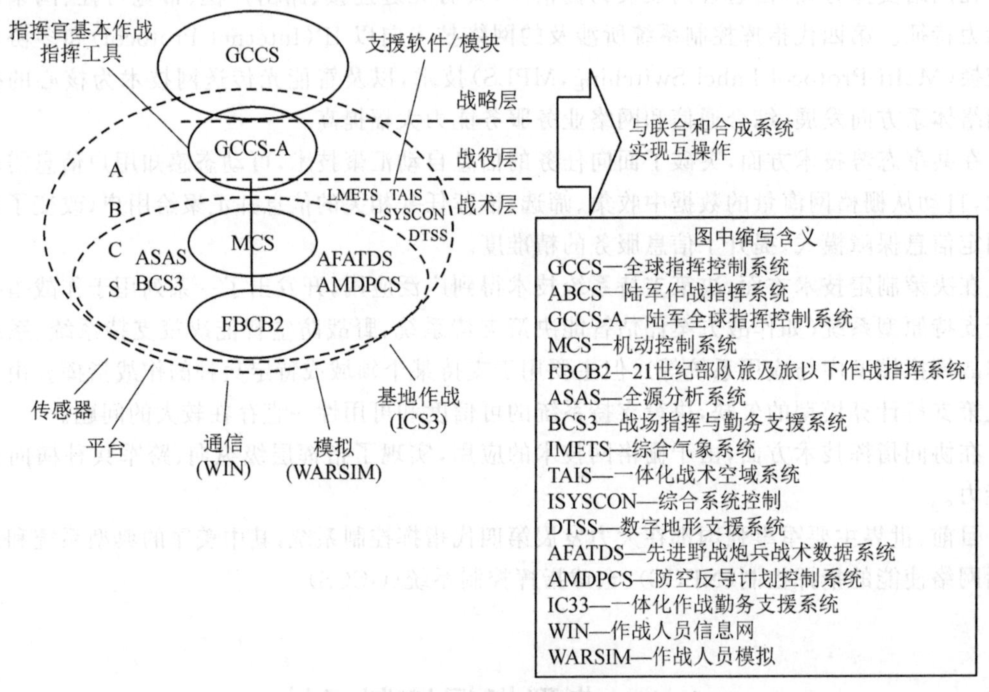

图 1-3　ABCS 三层结构示意图

第 1 层次是取代陆军全球军事指挥控制系统的军种级陆军全球指挥控制系统(GCCS-A)，作为陆军战略与战役指挥控制系统，主要编配军及军以上指挥机构，实现陆军与美军全球指挥控制系统直至国家指挥总部的互联互通。

第 2 层次是升级后的兵种级第二代陆军战术指挥控制系统，提供从军到营的指挥控制能力，主要包括机动控制系统(MCS)、防空反导计划控制系统(AMDPCS，由 AMDWS 系统改进而来)、全源分析系统(ASAS)、战场指挥与勤务支援系统(BCS3，由战斗勤务支援控制系统改进而来)、先进的野战炮兵战术数据系统(AFATDS)5 个核心指挥控制系统，以及数字地形支援系统(DTSS)、综合气象系统(IMETS)、一体化战术空域系统(TAIS)、综合系统控制(ISYSCON)系统 4 个为上述核心指挥控制系统提供相关数据支撑的通用作战支援系统。

第 3 层次是平台级的 21 世纪部队旅及旅以下作战指挥系统(FBCB2)，属于核心指挥控制

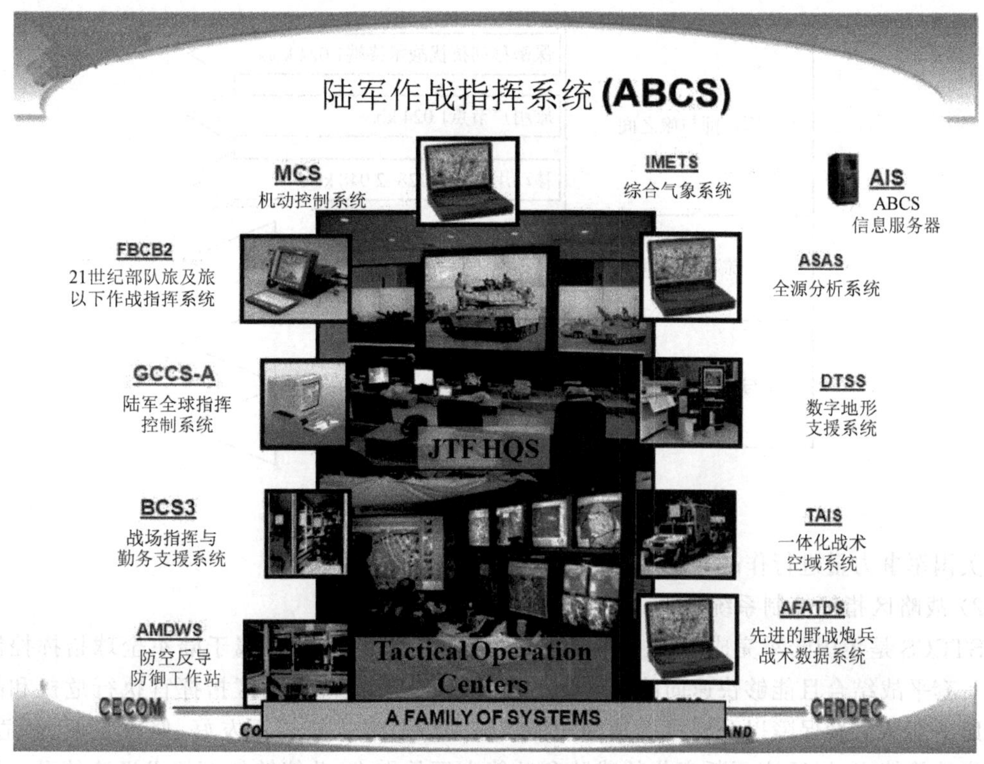

图 1-4　陆军作战指挥系统(ABCS)组成

系统，为旅和旅以下部队直至单平台和单兵提供运动中实时、近实时态势感知与指挥控制信息。该系统首次使营、连指挥官能够在地面机动车辆上制定作战计划、确定补给路线、下达作战任务、跟踪友军及敌军行动。在实战使用中，FBCB2 将整个战场从最高司令部到最基层单位整合为有机整体。例如，在伊拉克战争中，美国国防部高级官员在 2003 年 4 月 7 日几乎可以实时观看到第 3 机步师第 2 旅开进巴格达。

ABCS 系统的 11 个子系统通过战术互联网融合成由各功能指挥控制系统合成的陆军 C^4I 系统。战术互联网用于为 ABCS 提供通信保障，也是生成和使用提升战斗力的清晰准确通用作战态势图的重要技术支撑。从提供使用层级上可分为 3 类：第 1 类是为 FBCB2 提供通信保障的系统；第 2 类是连接旅与营指挥所的通信系统；第 3 类是连接军、师与旅的通信系统。不同级别部队使用的主要通信系统及带宽如图 1-5 所示。

(2) ABCS 重要子系统

陆军作战指挥系统(ABCS)综合运用固定和半固定的设施以及机动网络，将战场空间的自动化系统和联接战略与战术司令部的通信系统构成一个整体，并在所有指挥与控制的职能领域，与多军种联合作战或多国联合作战的指挥控制系统协作运行，在战役、战术级作战中进行横向及纵向的一体化指挥控制，主要子系统包括：

1) 陆军全球指挥控制系统(GCCS-A)

GCCS-A 为部队部署的整个行动提供支援。该系统为陆军指挥官提供分析行动进程，制定、管理和支援陆军战场参联会战争计划的能力；报告陆军行动状态，实施动员、部署、运用以及为陆军部队支援常规联合军事行动的后勤支援能力。陆军全球指挥控制系统是一个主要

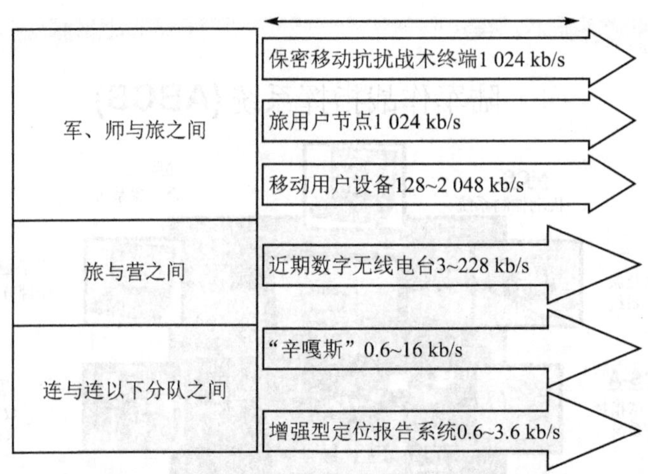

图 1-5　不同级别部队使用的通信系统及带宽

针对美国军事力量进行作战和实施行政指挥控制的国家网络系统。

2）战略区指挥控制系统(STCCS)

STCCS是美国陆军完成军以上部队指挥控制的手段。它是从属于陆军全球指挥控制系统的一套平战结合且能够快速向战时转换的软件系统，旨在帮助战区指挥官执行危机和战时的军以上部队后勤保障以及战役机动的职能。该系统具有人机界面友好、修改方便、高适应、高可靠性等特点，以适应不断变化的威胁和功能方面的需求，并能够使新技术迅速的融入该系统。另外，由于采用开放式体系结构，使用共同的硬件和操作系统软件，使得战略区指挥控制系统能够很方便地与陆军战术指挥控制系统进行连接。

3）战场指挥与勤务支援系统(BCS3)

BCS3为其他系统提供有关设备可用性的关键情报，使设备、人员和补给不断满足所需要求。因此，该系统的主要用途是：汇总战斗勤务支援关键的功能信息；赋予战斗勤务支援指挥官和参谋人员完成实时支援和持续分析的能力；允许战斗勤务支援指挥官共享分配给部队指挥官的指挥控制数据库。

4）机动控制系统(MCS)

MCS是美国陆军配属在营至军各级指挥机关的战术计算机系统及其终端的总称，是一种战术指挥控制系统。由战术计算机终端、战术计算机处理机和分析控制台组成的机动控制系统主要用于美国陆军的军、师和旅级，辅助指挥官和参谋人员收集、处理、分析、分配和交换战场信息以及传送命令，使指挥官在敌方做出决策之前就能采取行动。因此，MCS在装甲部队、步兵和联合兵种以及联合兵种编队中执行自动的指挥和控制功能。该系统还与其他指挥控制系统接口，如火力支援、情报电子战、防空及战斗勤务支援等指挥控制系统。

5）先进的野战炮兵战术数据系统(AFATDS)

AFATDS能够将目标信息提供给防空导弹或野战防空部队进行目标摧毁。该系统取代了战术射击指挥系统，处理火力支援任务和其他有关的协调信息，以便使用所有的火力支援资源。它为从军到排的火力协调中心提供信息处理能力，使火力支援计划和实施更加方便、自动化。此外，AFATDS能够满足野战炮兵管理关键资源，支持人员派遣、收集和提供情报、信息补给、保养以及其他后勤职能方面的需求；能够与陆军其他的火力支援系统和陆军战术指挥控制系统以及德军的“阿德拉”、英军的“巴特斯”、法军的“阿特拉斯”火力支援指挥控制系统相连接。借助 AFATDS,机动部队指挥官将进一步提高主宰战场的能力。

6）全源分析系统(ASAS)

ASAS 是一个地面的、移动的、自动化的情报处理和分发系统,为作战指挥员提供及时的、准确的情报和目标支持,不但能支援全程作战,而且还能协助制订未来的作战计划。ASAS 能够提供通信和情报处理能力,以使传感器及其他情报数据自动进入全源信息数据库并能同时在多个分析站实现。ASAS 的处理中心位于最高层级,首先在高度机密的作业环境中进行处理,然后按照各层级的需要分发应用。ASAS 处理的信息目前已经可以提供给所有的陆军部队及国民警卫队旅级单位使用。

(3) 旅及旅以下战斗指挥系统(FBCB2)

旅及旅以下战斗指挥系统(FBCB2)是陆军作战指挥系统(ABCS)中最底层的指控系统,也是一线指挥官、士官直接运用的系统,直接影响陆军一线战斗队完成任务的能力。FBCB2 将卫星、空中侦察机、地面部队以及美国中央情报局等机构所获取的信息进行融合,利用嵌入式 GPS 导航定位设备和通信系统向旅、旅以下战术指挥层提供实时和近实时的作战指挥信息、态势感知信息和友军位置信息,可以三维方式查看战场地形和态势。该系统还能够向战场中处于任何位置的友军提供语音和电子邮件数据,并随时更新,是一个将侦察、通信、导航定位和战场环境卫星等航天系统与地面及空中通信系统、图像获取系统集成的一体化系统,是空、天、地系统综合应用的典范。旅及旅以下战斗指挥系统(FBCB2)示意如图 1-6 所示。

第21部队战斗指挥旅——连指挥系统
(FBCB2)

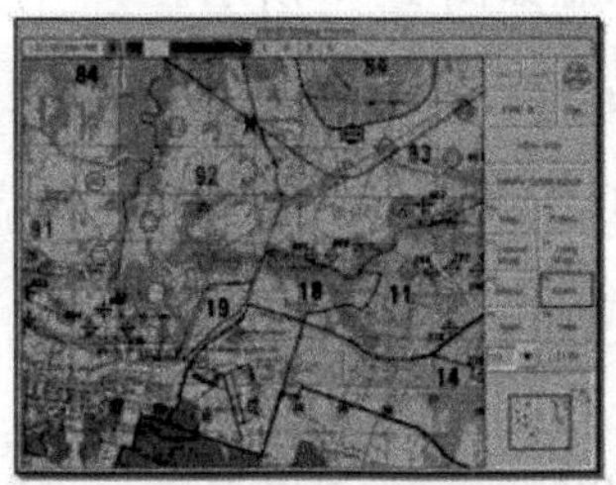

排级——旅级外观和操作一致的高质量数字地图战术界面

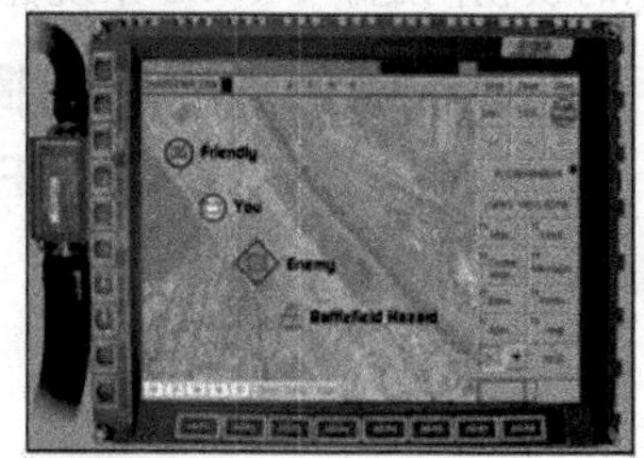

战斗指挥
战斗消息
信息共享-上下级与横向部队

图 1-6 旅及旅以下战斗指挥系统(FBCB2)示意图

FBCB2 整个系统提供了强大的蓝军跟踪、网络通信、态势感知和指挥控制的能力,FBCB2 系统软件在作战中主要有系统管理、通信计划、网络后台管理和网络动态管理 4 项功能,如图 1-7 所示。

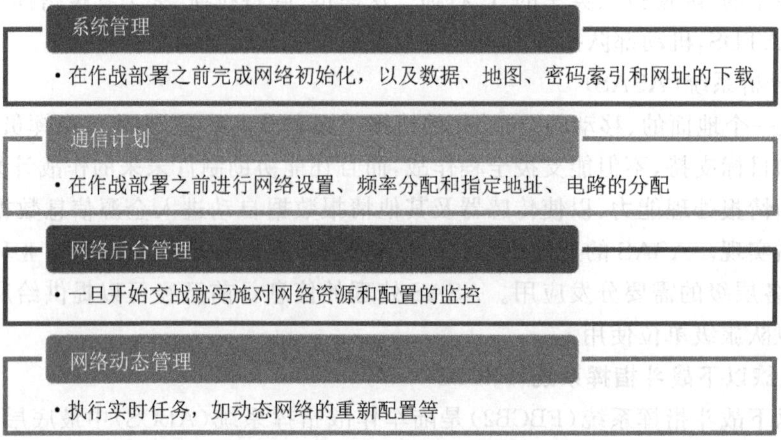
系统管理
· 在作战部署之前完成网络初始化，以及数据、地图、密码索引和网址的下载
通信计划
· 在作战部署之前进行网络设置、频率分配和指定地址、电路的分配
网络后台管理
· 一旦开始交战就实施对网络资源和配置的监控
网络动态管理
· 执行实时任务，如动态网络的重新配置等

图 1-7　FBCB2 系统软件在作战中的主要功能

1）蓝军跟踪能力

美军将己方部队称为蓝军，将敌方部队称为红军。蓝军跟踪是敌我识别的关键一步，但与敌我识别不尽相同。敌我识别强调实时探测目标、辨明敌我，以便决定是否使用武器和开火，而蓝军跟踪则强调的是了解己方部队的位置、状态和意图。FBCB2 系统能够对单兵或单个武器/平台、指挥所及其他作战设备进行地理定位，并将定位信息显示在屏幕上，指挥官能够通过随时更新的图像分辨出敌友部队。装备有 FBCB2 系统的平台可自动进行位置报告，每 5 分钟向其他 FBCB2 系统“播报”一次，在屏幕上用不同的颜色表示不同时间接收到的友军信息。其中，深蓝表示当前信息；20 min 后变成浅蓝色表示过时信息；40 min 后变成灰色表示陈旧信息，陈旧信息在 8 h 后被自动删除。FBCB2 系统大大增强了敌我识别与跟踪的能力，有效解决了困扰美军多年的误伤问题。FBCB2 系统界面示意如图 1-8 所示。

从战斗平台到战斗指挥中心再到五角大楼，
FBCB2-BFT提供通用信息传递

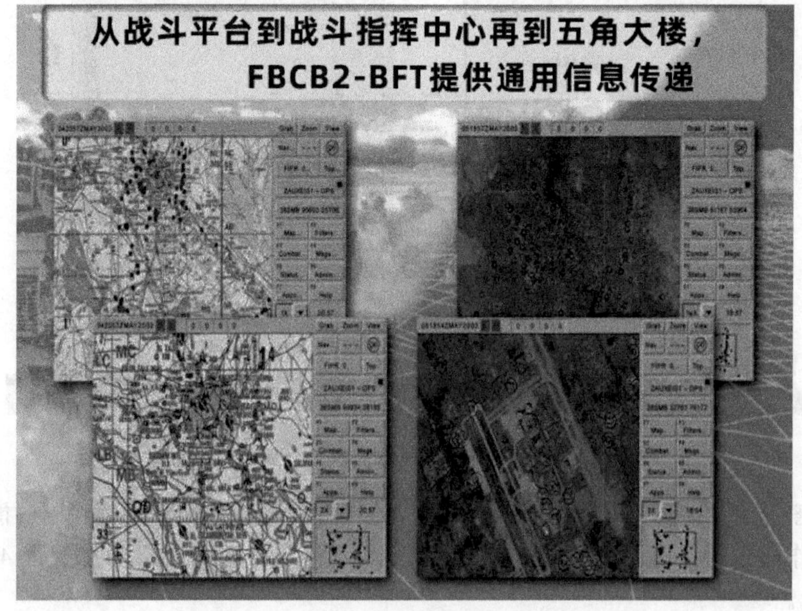

图 1-8　FBCB2 系统界面示意图

在伊拉克战争中，许多作战车辆都配有电子地址识别器，可通过GPS不断更新具体方位，加密处理后的数据由无线电通信装置传送给各作战车辆，通过频繁变换频率来防止敌军截取信号，所有这些步骤可自动完成。FBCB2系统极大增强了蓝军跟踪能力，减少了部队误伤。据统计，海湾战争误伤率为23.6%，伊拉克战争主要作战阶段则为11%，凡安装了该系统的部队几乎没有出现过误伤。

2）网络通信能力

FBCB2系统使用了应答器、C^4I、战斗管理系统和显示屏，指挥官在屏幕上移动图标便能识别己方部队，并可以通过"点击"蓝色光标与其代表的那支蓝军通信，而不管该蓝军是美国陆军部队、海军陆战队还是英军部队。FBCB2系统不仅能够提供语音通信，还可以与陆军的高层战术通信系统相联，作战指挥人员通过系统将大量的数字化信息以电子邮件的形式向战地指挥官发送，也可以直接从前线传回最高司令部。战场指挥官随时根据这些信息对部队进行重新部署，安排增援或跟进。电子邮件通信不仅避免了无线通信的干扰，而且对传输的内容进行数字加密，从而有效控制了知密范围。此外，电子邮件的形式也避免了无线通话时的干扰，在激烈的作战中比语音传输更可靠。

FBCB2系统增加了非视距通信能力，使整个战场从最高司令部到最基层单位整合为有机整体，大大增强了作战指挥的灵活性和反应速度。FBCB2系统软件的可变报文格式（VMF）是通信安全的关键技术。VMF使用一组51条可变报文格式的报文进行收发交换。最初的一组21条可变报文格式是专为21世纪特遣部队先期作战试验研制的，以后将扩大范围，应用到21世纪师和军的先期作战试验中。该可变报文格式可使建立在旅及旅以下各指挥层的有限带宽网络中接近实时地传递命令、报告和数据，从而实现自动插入数据和更新技术数据库。

3）态势感知能力

FBCB2系统是一套综合系统，要求每个机动旅配备约1 000台计算机，所有计算机都连入单一的无缝连接网络。GPS定位信息及用户数据通过L频段卫星发送到指挥中心的数据融合中心，经融合后的信息通过卫星回传给网络上所有的指挥官。FBCB2系统态势感知软件能使各士兵、武器/平台、指挥所和其他作战设施的地理位置在同一显示器上显示，用户可选择感兴趣的部队位置；士兵通过FBCB2系统可将收集到的情报向上反馈给通用作战态势图；装有FBCB2系统的单兵或武器/平台都可采用自动或人工的方式撰写、编辑、发送、接收和处理整套信息。

FBCB2系统在战争中的最大贡献是增强了部队的态势感知能力。士兵可以向指挥官上传信息，这些信息随即被纳入通用作战态势图，同时，士兵也能够从图上看到己方部队和敌方部队的位置。战地指挥官和五角大楼的将军每天都可以观看最新的通用作战态势图，这些态势图是美国国防部计划和指挥作战不可或缺的工具。

4）指挥控制能力

作战的指挥控制必须能够及时发送和接收命令、报告和数据。地面车辆和空中飞行器中的FBCB2系统，随时自动将卫星定位系统坐标信息向卫星报告，这些信息再由卫星发回地面站，然后传递到美军通信和指挥中心。司令部和战场之间的信息交换也沿这个路径进行。司令部和通信中心随时把从各种渠道得到的敌军信息添加到在系统中传输的信息流中。

FBCB2系统使美军历史上首次实现了全军范围的军事行动协调，其工作效率比相似功能系统都要高。FBCB2系统为指挥官提供了以信息和图像形式作为下达作战意图、计划的传输媒介来生成和传输战事报告,并将信息显示在系统的地形图上,用户可根据作战需求点击地图中的位置,从图中获取详细信息。在使用 FBCB2 系统后,指挥官能够把 80%的注意力集中在敌军身上,20%的注意力集中在己方部队的指挥控制上,而与未使用该系统时完全相反。

2. 战术级作战人员信息网(WIN - T)

(1) WIN - T 基本情况

战术级作战人员信息网(Warfighter Information Network - Tactical,WIN - T)是美国陆军研发的新一代自组织、自愈合综合通信网。它采用商用技术,通过有线和无线方式传输语音、数据、视频等信息,是陆战网的关键组成部分,可为战场上的分散部队提供大容量和高移动性通信。战术级作战人员信息网系统结构如图 1 - 9 所示。

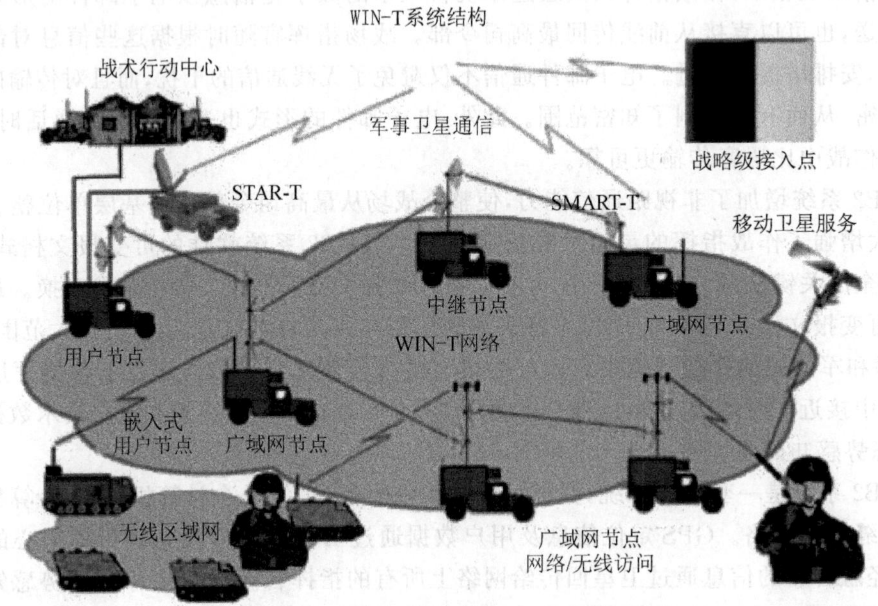

图 1 - 9　战术级作战人员信息网(WIN - T)系统结构

WIN - T 包括 4 个增量阶段:增量 1 为驻停通信能力,增量 2 为初始移动中通信能力,增量 3 为全网移动中通信能力,增量 4 为受保护的转型卫星全网移动中通信能力。

(2) WIN - T 发展阶段

1) 增量 1 阶段

WIN - T 增量 1 阶段采用现有商用技术为战场部队提供静态组网能力,主要用于向网络管理员提供所需的资源,并将这些资源与卫星和地面传输资源连接起来,构成一个符合陆军模块化师和旅级战斗队直至营指挥所结构的网络。该网络由 5 个部分组成:区域中枢节点(RHN)、战术中枢节点(THN)、联合网络节点(JNN)、指挥所节点(BnCPN)和 Ku 频段战术卫星终端(STT)。

① RHN 可覆盖某个地理区域内部署的所有单元。目前美军全球部署 5 个固定 RHN,其中,中央司令部、太平洋司令部和欧洲司令部各 1 个 RHN,美国本土 2 个 RHN。在全部运行时,可接近于实现全球覆盖,并可在 THN 部署前或者在指挥官决定不部署 THN 时,为战区部队提供初始中枢支持。1 个固定 RHN 可同时支持 3 个 THN,并可为独立的旅级战斗队以

及远征通信营提供灵活的支持。RHN 配置 1 个标准化战术进入点(STEP)或 1 个远程端口设备,始终保持对全球信息栅格(GIG)的高带宽接入。

② THN 位于师级,可将时分复用与频分复用的 Ku 频段卫星网络体系结构连接在一起,可提供端到端的 Ku 频段卫星链路网络连接能力,从而使 WIN-T 能够通过区域中枢节点(RHN)接入国防信息系统网(DISN)和国防交换网(DSN)。

③ JNN 位于师级和旅级战斗队指挥所。该节点包括 1 个安装在高机动多用途轮式车上的 S-250 方舱通信平台,可将空间卫星信息与地面大容量视距通信(HCLOS)系统资源进行连接。当师级和旅级战斗队进行作战时,师级和旅级战斗队司令部还可通过 WIN-T 增量 1 对网络服务、网络管理和评估优先权的关键组件实施控制。JNN 还可通过 THN,实现对 GIG、DISN 和 DSN 的网络连接服务。

④ BnCPN 是设在营级的一组轻型可展开转接箱,由非密 IP 路由网和保密 IP 路由网通信处理设备组成,为部队提供语音与数据功能。保密 IP 路由网和非密 IP 路由网通过网络数据箱向网络中的用户提供数据服务、IP 语音交换、传输系统的 Ku 频段服务以及用户局域网服务。

⑤ STT 采用现有成熟商用卫星技术,可车载托挂,也可单兵操作,单兵操作时仅需30 min 即可架设完毕。该终端可与空间 Ku 频段卫星连接,从而形成战区至营级部队的立体栅格化网络。

2) 增量 2 阶段

WIN-T 增量 2 阶段继续大量依赖商用组网产品,提供初始移动中通信能力。在增量 1 阶段的基础上增加了地面扩展节点,即战术通信节点(TCN)、存在点(POP)、战术中继塔(TR-T)和士兵扩展节点(SNE),使网络传输横向覆盖面积更大,使战区纵向直接指挥作战连变为可能。此外还增加了 3 种关键技术:

① 网络中心波形(NCW)用于 WIN-T 的卫星通信网络,美国陆军为网络中心战而设计的 NCW 与海军、空军的网络中心波形相类似。经过设计的 NCW 可使 WIN-T 的卫星传输效率达到最优,并可支持连级作战分队的通信需求,从而使 WIN-T 扩展到更低级别的分队。

② 高频段网络波形(HNW)用于 WIN-T 的视距通信网络,针对高性能宽带网络进行了优化,能够支持移动 Ad hoc 网络,工作频段为 C 频段,具有自组网、自愈合、对等网络等特点,采用的调制样式有 BPSK、QPSK、16QAM、64QAM,通信距离达到 30 km,数据传输速率达 27 Mbit/s,使地面节点具有初始移动中通信能力。

③ 网络自动化工具主要装备在师级网络操作安全中心(NOSC-D)和旅级网络操作安全中心(NOSC-B)中,具有移动通信的自动化管理能力,能够使师、旅级部队计划和管理所辖网络,进行网络能力分析,能够对局域网(LAN)、局域无线网(LAW)、高频段网络波形(HNW)、网络中心波形(NCW)、单信道无线电台(SINCGARS)、增强型定位报告系统(EPLRS)和 HCLOS 进行信息安全管理和全面计划。

3) 增量 3 阶段

WIN-T 增量 3 阶段是在军用规格包装下提供的全网移动中通信能力,利用先进极高频卫星(AEHF)连接整个网络,以减少对商用卫星的依赖,并大大增加了卫星通信能力。增量 3 在增量 2 的基础上主要增加了空中中继平台和个人通信设备(PCD)。

空中中继平台主要包括 2 种无人机:无人直升机和常规无人机。这 2 种无人机的一个共同任务是充当空中中继节点，这使 WIN－T 由原来的地面、空间两层架构变为地面、空中、空间三层架构。机载节点具有卫星通信的诸多优势，却没有卫星通信所造成的延迟，并且在需要的时间和地点具有快速部署能力。因此，空中层的引入能够显著扩大 WIN－T 的网络覆盖范围。无人机的作战重点原来主要侧重于充当监视和攻击平台，美军现正在制定新的条令，将其功能逐步扩展为通信节点，以增强整个网络的覆盖范围和通信能力。

单兵能够使用 PCD 通过 SNE 与上级相连，赋予其接入上级指挥机构乃至 GIG 的能力。PCD 集数字化、智能化、网络化于一体，使战场的信息传递和处理达到“实时化”的程度，从而提高士兵对战场情况的反应速度，提高决策效率，大大增强了部队整体作战能力。

4）增量 4 阶段

WIN－T 增量 4 阶段是提供可连接转型卫星通信系统（TSAT）的全网移动中通信能力。WIN－T 网络大量依赖卫星进行通信，使得卫星成为 WIN－T 传输可靠性的关键，一旦卫星被摧毁，WIN－T 的传输可靠性将会大大降低。由于 TSAT 具有高传输速率、反干扰技术、低概率被中断、低概率被侦察技术，能够增加卫星在战场上的生存能力，确保 WIN－T 的可靠运行，在未来将取代 AEHF。

(3) WIN－T 列装情况

WIN－T 在发展过程中采用增量螺旋渐进发展模式向前推进。采用该模式意味着装备研制将分阶段实施，对装备的战技要求也通过对阶段性试验成果和收集用户的反馈意见而逐步修改完善，且装备系统采用开放式架构，以不断插入新技术。

目前，美国陆军都已装备了由 2004 年应急装备驻伊美军“联合网络节点”演化而来的 WIN－T 增量 1 系统。该系统利用 Ka 频段国防宽带全球卫星等传输话音、数据和图像，具备了保密、可靠、高容量的快速“驻停通”能力，首次使美国陆军摆脱了对固定通信设施的依赖。2013 财年（原计划 2012 财年）交付的经过第三次网络集成鉴定的增量 2 系统，使美国陆军具备了初始“动中通”能力。增量 2 系统具有自恢复和自组织能力，能建立从军、师覆盖到连、排的机动作战信息网络，营以上地面骨干网将实现 72 km/h 运动时 256 kb/s～4 Mb/s 的用户速率，连以下节点具备 40 km/h 运动时 64～128 kb/s 的通信能力。

美国陆军曾计划采购 5 267 套 WIN－T 增量 2 系统，但截至 2014 年底该系统尚不具备进入大批量生产的性能和可靠性要求。原计划于 2014 财年列装的 WIN－T 增量 3 系统（计划采购 699 套）将使陆军具备全面“动中通”能力，但未能按计划列装。原计划于 2016 财年开始列装的 WIN－T 增量 4 系统将重点建设加密的卫星通信，增加“动中通”网络数据吞吐量，满足网络中心战对构建多媒体信息网络的需求；但由于美国陆军决定从 2019 财年停止采购 WIN－T 增量 2 系统，一再推迟的 WIN－T 增量 3 系统和近几年进展情况不详的 WIN－T 增量 4 系统，情况更加不明朗。

1.2.2 美军 C^4ISR 系统的未来发展

美军在阿富汗和叙利亚战争的实践表明，战争的复杂性日益加剧，人类智能的局限性凸显，武器装备正从迁移、延伸人的体能技能向智能迈进。美国陆军加紧推进由机械化、信息化向智能化发展迈进，主动迎接和驾驭未来的智能化战争。美军提出的“第三次抵消战略”认为，以智能化军队、智能化装备为标志的军事变革风暴正在来临，为此已将大数据分析、云计算、人工智能、生物特征识别等为代表的智能科技列为主要发展方向。在美国国家人工智能发展战略的牵引下，美国陆军开始统筹规划建设智能化军事体系，试图构建一个能够持久的人工智能架构，并将促进在整个部队中分配资源、进行研究和植入人工智能的能力。美国陆军未来司令部正在研究人工智能技术究竟将扮演什么样的角色，其任务是为美国陆军制定人工智能要求。

美国陆军近年来大力推动人工智能在作战指挥中的实战化运用，根据人工智能技术的特点和优势，提出以机器学习、深度学习技术应用为核心的“算法战”，试图将战场大数据汇集到云平台，再利用云平台进行数据分析，最终建立人工智能作战体系。美国陆军装备司令部通信电子研究开发工程中心在2016年底启动CVS项目，旨在通过综合应用认知计算和人工智能等技术，以应对海量数据源和复杂战场态势，提供主动建议、高级分析和自然人机交互，为指挥员制定战术决策提供从规划、准备、执行到战场行动回顾全过程的决策支持。

美国陆军武器装备的发展重点是提高火力、生存能力和机动能力，实现标准化、通用化和系列化，呈现出一体化、信息化、智能化、无人化等显著特征。

智能化技术的应用将极大地提高 C^4ISR 系统的能力。未来的 C^4ISR 系统将充分利用先进理念和成果，以提高指挥与控制的智能化水平。目前，C^4ISR 系统正是具有智能化雏形的指挥系统，在采用人工智能技术后，将使系统在进行情报搜集、图像数据处理、目标识别、火力分配和决策控制时具有高速、高效、自动适应和容错等优点。未来更加成熟的一体化 C^4ISR 系统，将能够真正实现侦察监视、情报搜集、通信联络和指挥行动之间的无缝连接，协调与控制部队和武器平台的作战行动和打击行动。人工智能技术和多媒体技术等高新技术的进一步发展，将为指挥控制系统提供更加先进的智能化手段，使指挥与控制完全自动化、智能化，指挥系统的决策速度、辅助能力将会达到令人满意的程度。

网络的发展和应用使现代战争正在从以平台为中心向以网络为中心的方向转变。这种转变首先依赖于基于网络的 C^4ISR 系统，它将诸军兵种作战力量融为一体，形成大大高于以往的整体作战能力。因此，对基于网络的 C^4ISR 作战体系实施攻击和防护也就具有十分重要的军事价值。事实上，从20世纪90年代后期开始，网络攻防技术就迅速发展起来，网络对抗也愈演愈烈，成为重要作战手段之一。在伊拉克战争中，美军通过指挥与控制系统，提供了近实时的战场数据和目标情况，进行了信息的快速融合与处理，确保了各级作战指挥的高效协调，充分验证了网络为指挥与控制带来的便捷。

1. 星状网(STARNet)

简化型陆军战术可靠网络(Simplified Tactical Army Reliable Network，STARNet，简称星状网)是基于美军网络2.0技术，通过寻求自适应性技术对现有战术通信系统进行简易化、自组织化、去中心化和最优化处理。STARNet将推动无线电通信联络由“人员对人员”至“机器对机器”的升级，进而提升可靠性和简易性。美国陆军网络现代化路线图如图1-10所示。

STARNet包括以下建设领域：

(1) 任务命令(MC)

具体技术要求包括：支持网络的任务命令程序、带宽感知MC应用程序、跨计算环境的统一数据方法；简化的战术服务器架构、云增强型MC、大数据分析。

(2) 网　络

具体技术要求包括：支持安全的4G网络、低成本空中层通信、频谱效率无线电波形/技术、网络意识、智能内容缓存技术。

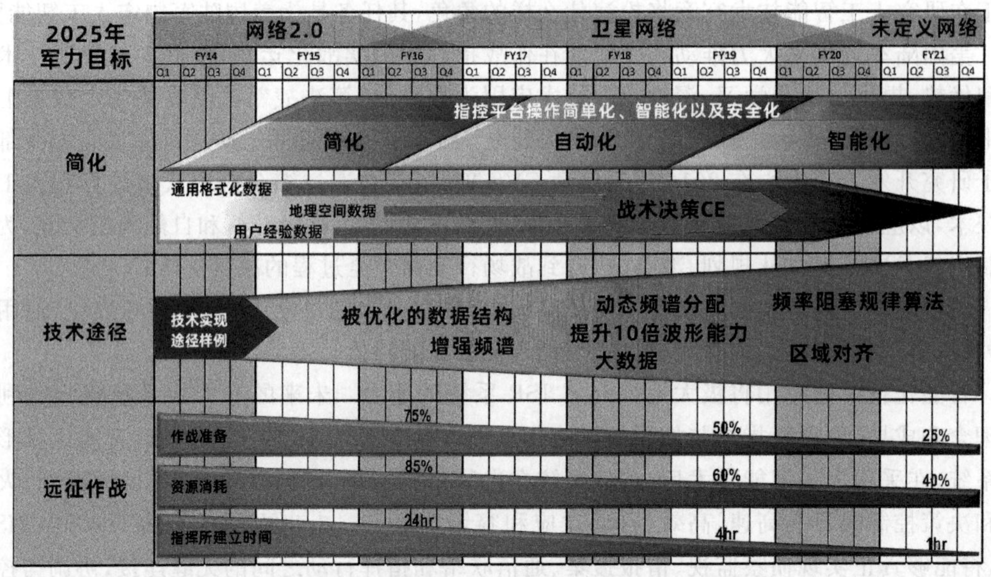

图 1－10　美国陆军网络现代化路线图

(3) 网络攻防

具体技术要求包括：提高防御恶意网络攻击的战术能力，执行集成攻击性/防御性网络操作，并根据需要以降级模式运行以适应威胁。

2. 后下一代无线网络(WNaN)

后下一代无线网络（Wireless Network after Next，WNaN）基于无线电认知（Cognitive Radio，CR）技术，能够实现干扰环境下战术无线电通信系统的快速、自主和无限拓展式部署，计划于 2025 年完成野战环境下的测试。WNaN 将借助 CR 技术的连续感知能力、分析识别能力、智能决策能力、快速适应能力和威胁情报共享能力，进一步推动战术无线电通信系统干扰容忍和动态接入需求。后下一代无线网络(WNaN)架构图如图 1－11 所示。

WNaN 将通过管理节点配置和网络拓扑结构减少对物理层和链路层节点的需求量，旨在提供可靠、有效的低成本战场通信能力。后下一代无线网络的无线电台是一种紧凑手持平台，集成了动态频谱获取功能组件、分布式容错组网能力组件和多重协同收发机，能够组建移动 ad hoc 网络。动态频谱获取功能组件实时探测频谱的使用状态，自动选择最佳可用频率。分布式容错组网能力组件(断点续传)能够在网络发生中断或受到干扰时继续维持信息与目的地之间的传输状态，当所需的传输路径再次可用时继续发送信息。传统的 IP 网络在没有完整可用的传输路径时会丢失数据包。多重协同收发机允许网络按密度或规模进行缩放，并能工作在多种信道。这些组网技术允许后下一代无线网络的无线电台能够在复杂的信号环境中工作，可有效避免呼叫中断，可快速组建最多包括 128 名用户的呼叫用户群，增强了任务指挥能力，并能在通信中断的情况下维持态势感知能力。

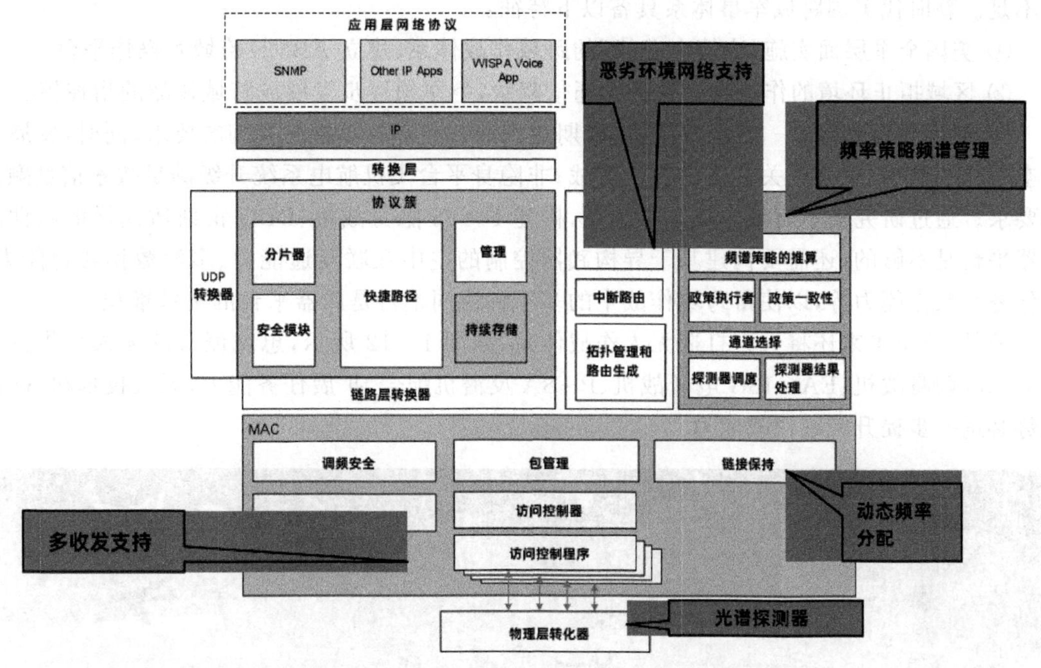

图 1-11　后下一代无线网络(WNaN)架构图

3. 马赛克战概念

马赛克战作为一种新型的作战概念,以灵活多变、可持续、抗抵消的思路,强调体系作战的灵活、综合运用,实现战场适应性、作战成本、抗抵消、持久作战、装备升级等多方面作战效能的非线性叠加,最终达到体系制胜的效果。

相比传统的以作战任务为牵引构建的作战体系,马赛克战作战体系在灵活性、适应性、低成本、鲁棒性等方面,具有不对称优势。马赛克战概念借鉴搭积木、构拼图的理念,将作战平台的功能分解到更多数量、功能单一的节点,由大量功能节点构建作战体系。与线性结构的杀伤链相比,该杀伤链的任一个环节被毁或失效,都可导致整个作战链条失效,而网状结构的杀伤网具有更高的弹性、冗余度和生存力,若干个节点失效或缺失,作战体系可自适应重组,更适合强对抗的战场环境。马赛克战中通过把单一的多任务单元拆解成功能要素较小的结构单元,自适应制定任务规划,通过动态通信组网使各分散的作战单元聚合为一个整体,形成体系作战能力。

在遂行作战任务时,杀伤网链路的观察节点和判断节点负责构建集群内部共享的动态战场态势图,而后由决策节点根据实时的战场态势制定各自的行动决策,并由行动节点负责具体的执行。各节点根据战场态势变化,个体之间通过自组织协同、动态组合自发形成多条杀伤网OODA 链路,最终实现杀伤敌方目标的目的。

未来美军的马赛克协同作战体系中,CEC(Cooperative Engagement Capability)和 ABMS(Advanced Battle Management System)两套协同作战体系将扮演重要角色,来自多个跨域传感器的武器瞄准数据,将被快速分发至陆、海、空、天等各域的作战平台,加快对战场作出共同理解和统一行动,同时阻止对手在“电磁战场”上自由机动,从而使分布在各域的能力得以快速和持续集成,最终实现各类传感器节点和火力资源的“即插即用”跨域自组网。

跨域协同作战的本质是实现异构传感器信息融合服务于武器打击,弥补单平台作战能力的不足。新时代美国跨域军事体系具备以下特征：

① 美国全军层面实施“决策中心战”的跨域作战体系，建立 ABMS 跨域互操作平台。

② 区域拒止环境的作战会导致战术通信降级，空军须逐步发展成跨域作战的指控核心。

③ 继续升级改造 F-35 隐身战机，以期达到海、陆、空三军指挥大脑的要求；同时，发展完善空中作战网络，隐身网关型飞机投入实战；非隐身平台飞机航电系统升级满足战术信息融合的要求。通过研究美军跨域作战军事体系，构建 F-35 隐身战机、DDG 宙斯盾这样的高性能武器平台是不够的，还需要构建基于异构武器控制的空中互联互通能力、多源数据融合能力、多任务互操作能力等，以使得跨域作战中的多军种协同不再是武器平台的机械堆积。

另外，美军未来还将大力打造无人作战体系，如图 1-12 所示，忠诚僚机的无人机将具备与 F-35 隐身战机、EA-18G 电子战机、P-8A 反潜机配合，扩展任务能力，无人技术和 AI 技术势必进一步提升跨域作战能力。

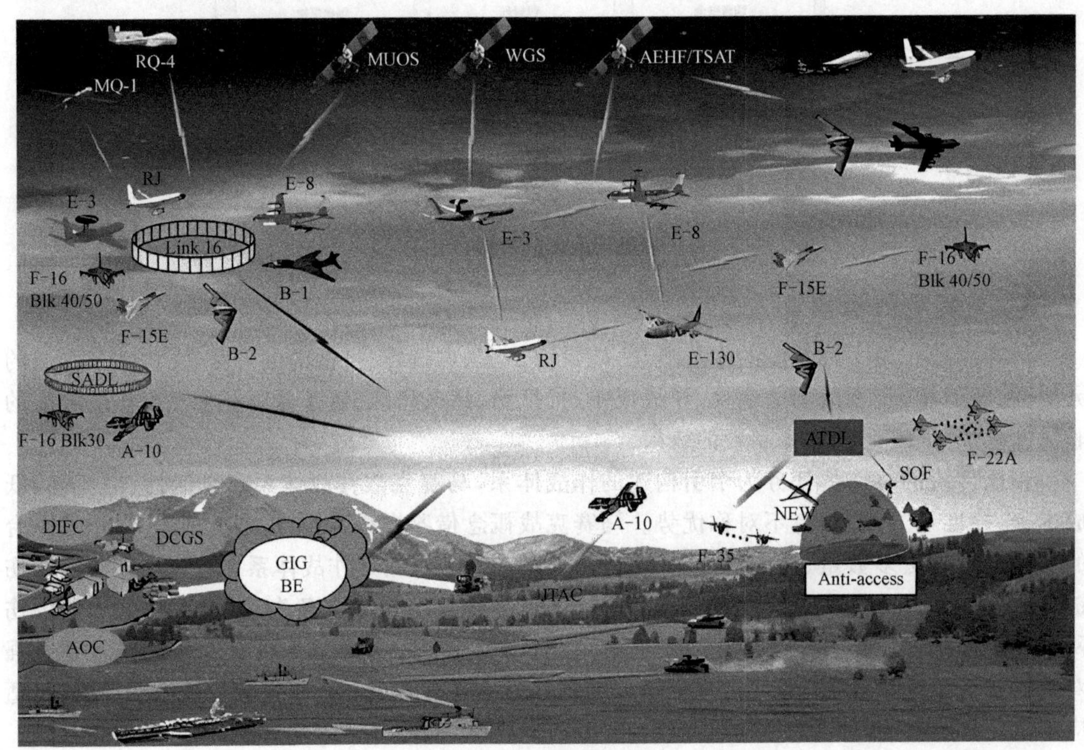

图 1-12 无人作战体系

1.3 美军 C⁴ISR 作战应用对我国的启示

1.3.1 我国 C⁴ISR 作战应用现状

综合电子信息系统（C⁴ISR）在我国又被称为军队指挥自动化系统，是现代化战争的核心，也是我国在信息化进程中的重要发展领域。我国的 C⁴ISR 系统发展较晚，于 20 世纪 60 年代开始研究，经过数十年的快速发展，目前已经基本成熟，在可靠性方面位居世界前列。但是，与国外发达国家的综合电子信息系统（C^4ISR）相比，我国的 C^4ISR 系统还存在一定的差距。

在指挥手段的功能、效应等综合集成建设方面，速度较慢，整体效益较差。在情报保障方面，情报获取能力较弱，技术装备较落后，侦察手段比较单一，各种情报力量尚未形成功能完备、优势互补的情报保障体系；信息处理能力较弱，周期较长，情报保障明显滞后，不能满足实时化指挥控制需要；情报保障力量与通信保障系统、指挥控制系统之间缺乏高度融合，战场信息和行动态势的实时传输与互通共享效率不高。在辅助决策系统方面，指挥自动化系统的应用软件功能还不够完善，特别是军事专家系统、作战模拟系统、情报处理系统、战术计算系统等智能化辅助决策功能还不够成熟稳定，作战文书自动生成、现场情况动态显示和部队行动实时监控的速度和质量，影响和制约着指挥决策的时效性和科学性。

1.3.2 美军 C^4ISR 作战应用分析

1. 注重顶层设计

纵观美军综合电子信息系统（C^4ISR）的发展历程可知，无论是全球军事指挥控制系统（WWMCCS）、全球指挥控制系统（GCCS），还是全球信息栅格（GIG）、联合信息环境（JIE）都是经过多年的顶层设计才最终落地。顶层设计往往涉及15～20年的系统建设规划，体现出长期性、复杂性和创新性。从美国国防部、参联会和联合部队司令部颁布的《联合指挥与控制功能概念》《联合作战管理、指挥与控制（JBMC2）路线图》《联合指挥与控制路线图》以及《指挥与控制联合一体化概念（C2JIC）》等可以看出，美军注重顶层设计来合理确定指挥信息系统建设的目标、内容和领域，注重运用科学方法来指导指挥信息系统建设螺旋渐进式发展。

2. 战略战术一体化

在设计时，全球指挥控制系统（GCCS）是一个战略级指挥控制系统族，并在战略上实现了一体化。但在实际作战中，从战略级指挥控制系统下达命令至执行任务部队的过程中，命令存在信息落实现象，即在具体战斗中各军兵种仍只能使用各自系统。同时，信息化战争中的战略战术行动界限越来越模糊，各指挥层次的作战行动经常混为一体。例如，战略指挥员超越战役指挥员直接指挥战术行动；一个战术分队的行动常常需动用战略和战役保障力量进行配合。因此，为使战略与战术间联系顺畅，美军后续开展了 NECC、GIG、JIE 等基础信息设施建设，试图通过增强系统间的互操作性，实现战略与战术无缝贯通，从而将作战指挥控制能力向下延伸至一线任务部队，实现真正的战略战术一体化。

3. 数据模型深度运用

在 GCCS 的最初研制建设过程中，美军就发布了国防部网络中心数据战略，十分重视对战备数据和作战模型的需求研究、深度运用和一体化设计，以确保系统整体建设效益。例如，JOPES 负责提供威胁识别与评估、作战决策、行动方案、详细计划和计划实施等功能，涉及敌我双方大量的部队部署、作战能力、武器装备和毁伤效能等作战模型与战备数据的深度运用，计划人员可根据权限方便使用这些数据模型，从而减少了方案计划生成时间。与此同时，美军在数据模型的采集与保鲜、组织与管理、存储与使用以及安全与受控访问等方面均有严格的机制和措施。在此后的 GIG 和 JIE 发展中，数据模型则得到了更多的运用，成为庞大信息网络必不可少的一部分。

4. 螺旋渐进式发展

美军综合电子信息系统（C^4ISR）建设采用螺旋渐进式发展路线，立足于系统实际情况，在不影响战斗力条件下实现系统升级换代。在面向网络中心化的需求时，美军终止 NECC 建设而将重点放在 GCCS－J 升级改造上，并将 GCCS 迁移至未来联合指挥控制能力的远景规划，向更强的网络中心能力方向发展。螺旋渐进式的发展同样体现于 GIG 和 JIE 的建设上，GIG 的建设并非另起炉灶，而是很大程度上利用了原有的信息基础设施，通过网络架构等手段打破军兵种之间的壁垒，实现整体上的互联互通；JIE 则是借鉴了 GIG 的基础建设，避免了 GIG 在建设中出现的缺乏互操作性、成本过于高昂、存在网络安全漏洞等问题，同时实现全谱优势，提高任务指挥能力、IT 效率和网络安全性。

1.3.3 对我国 C^4ISR 作战应用的建议措施

1. 加强顶层设计，注重螺旋式演进

综合电子信息系统（C^4ISR）在现代化战争中是集战场态势感知、信息收集分发、内容处理加工、指挥决策等多种核心功能于一体的庞大系统，要构建 C^4ISR 系统往往需要十数年，这就要求在前期顶层设计时要摸准发展趋势，同时做到严谨、周密、顺畅。因此，要从技术标准、安全架构、互联互通、信息共享、机动灵活等方面谋划我国的联合信息环境，建立功能强大、可信的、可互操作的国防公共基础设施环境，为我军基于信息系统的体系作战能力建设打下坚实基础。

此外，综合电子信息系统（C^4ISR）不同于单个平台或体系，其在演进过程中经常存在新旧并存的状态，这就需要有一定的连贯性和兼容性。因此，在建设 C^4ISR 系统时，要把握螺旋式演进的方法，在原有的信息基础设施上进行优化和再构建，这样既保证了整体的兼容性，又能降低建设成本与技术开发风险。

2. 探索新型技术，加强作战应用

近几年，军事科学技术飞速发展，颠覆性技术、创新性技术推动着战争形式不断进化，未来很可能由信息化战争发展为智能化战争。综合电子信息系统（C^4ISR）作为战争中的核心要素，同样会随着新型技术的发展而不断优化。美军在新形势下提出的第三次抵消战略和人工智能政策就是瞄准了未来的技术发展，同时开展了多个支撑项目进行论证。例如，跨域海上监视和瞄准（CDMaST）项目将构建一种能够间接（如利用第三方传感器实现目标指示）或跨域（指通过水下、水面及空中等不同领域）执行监视与瞄准任务的“系统之系统”体系结构，形成能够快速响应、无处不在的进攻能力。DARPA 更是在近两年开展了数十项人工智能相关项目，未来很可能会产生智能型的 C^4ISR 系统，自动把控战场局势。因此，我国同样要从面向未来战争角度探索人工智能、云计算、大数据和移动技术等新兴技术，以及商用技术和理念在军事信息领域的应用，将新技术融入于综合电子信息系统（C^4ISR），提前占领未来战场优势。

第 2 章　通信系统的现状

通信系统是现代战争作战链路中的重要一环，承载了海量信息传递的任务，整个系统更是包含通信卫星、通信链路、平台通信模块等诸多的复杂系统。以往美国军用通信系统处于烟囱式的发展状态，各作战域之间互通困难，而在新型作战需求下，美军打破以往藩篱，构建互联互通的军用通信体系。美军战场通信联络如图 2－1 所示。

图 2－1　美军战场通信联络图

美军现行通信系统可分为战略通信系统和战术通信系统，主要通信传输手段为卫星和光缆，并组成了自动电话网、自动密话网和自动数据网 3 个公用网。

美国陆军战术通信系统主要包括地域公共用户系统、战斗网无线电系统和陆军数据分发系统。其中，地域公共用户系统由三军联合战术通信系统、移动用户设备系统、地面机动部队超高频卫星通信系统和单信道特高频卫星通信系统组成。战斗网无线电系统主要包括单信道地面和机载无线电系统、改进型高频通信系统和单信道战术卫星通信系统。陆军数据分发系统主要包括定位报告系统和联合战术信息分发系统。

美国海军战术通信系统是以卫星作为信息传输的主体，主要采用极低频、高频、特高频、光纤等通信方式。舰队卫星通信系统是美国海军的一个全球通信系统，由 5 颗同步通信卫星组成，用于保障其海军舰队、飞机和其他机动部队的通信。

美国空军战术通信系统由地-地战术通信系统和地-空战术通信系统组成。地-地战术通信系统用来完成各个战术指挥中心之间、战术指挥中心与防空情报网之间、战术指挥中心与武器系统之间的通信。地-空战术通信系统包括地面控制单位与战术飞机之间的话音通信系统和数据通信系统。

2.1 国外网络信息体系发展情况

在冷战时期，世界几个核大国之间的矛盾日趋激化，国家级的联合作战成为首选。但是，苏联解体及东欧剧变使世界格局发生了根本性的变化，国家级的联合作战发展为中、小规模（战区级和师旅级）的联合作战。原先由各军兵种、各战区独立建设的烟囱式军事信息系统完全不适应中、小规模的联合作战，如不能互联通、不能互操作，互不理解、互不识别等。军事作战的强烈需求要求进行军事革命，军事系统一体化和网络中心化是军事革命的重要成果。下面以美军为例，对其信息系统，尤其是陆军信息系统进行分析。

网络中心战（Network Centric Warfare，NCW）可定义为部队在战争背景下通过部队网络化而实现的军事行动，其不仅是新的作战行动、新的作战理论和新的作战形式，而且是新的信息网络系统。网络中心化作战网络分为全军共用网络中心化作战网络和作战部队专用的网络中心化作战网络，其中，全军共用网络中心化作战网络包括全军共用信息网络、全军共用传感器网络、联合作战指挥控制网络、全军战略武器管理网络和全军共用综合保障网络等。网络中心化作战网络将传感器栅格、指挥控制栅格、综合保障栅格和武器管控栅格等交联，能够将传统部队的作战能力提高几个数量级。

在海湾战争后，美军意识到各军兵种独立建设的烟囱式军事信息系统完全不适应中、小规模的联合作战，同时信息和网络快速发展引发了新的军事革命。例如，武士 C^4I 计划建设具有互操作能力的一体化信息系统。1993 年，美国国防部开始实施国防信息基础设施（DII）、全球指挥控制系统（GCCS）和国防信息系统骨干通信网（DISN）建设，用来承担全军共用信息网络。在 DII 的建设过程中，网络及栅格技术和端对端技术的需求和发展催生了新一代信息基础设施——全球信息栅格（GIG），GIG 主要是搜集、处理、存储、传播和管理信息，以支持战斗人员、决策者和支持人员的全球互联，是端对端的信息能力、相关过程和人员的集合。GIG 系统结构分为基础层次、通信层次、计算层次、全球应用层次、使用人员层次。

GIG 系统可以提供对位于任何地方的用户和服务的信息交换进行端对端防护。美国陆军建设的陆战网（Land - War - Net）是陆军网络中心化作战网络的重要组成部分，也是陆军应用 GIG 的子网。

陆战网重复利用美国国家级的作战网络，即各种情报监视系统、国防信息网、全球广播卫星系统、移动用户目标系统（MUOS）卫星等，并入陆军的所有网络。同时，装备和完善陆军专用传感器、侦察和作战无人机、战术互联网、新开发的陆军作战指挥系统（ABCS）、未来作战系统（FCS）、战术级作战人员信息网（WIN - T）和由美国陆军牵头开发的联合战术无线电系统（JTRS）等。

美国陆军早期的通信系统是三军战术通信系统和移动用户设备，该通信系统全部采用的是电路交换制式的老设备，不能满足数据传输的需要。在伊拉克战争期间，为满足紧迫的通信需求，广泛部署了联合网络节点-网络设备，从而能够提供静中通的卫星通信能力。另外，JNN - N 项目与 WIN - T 项目在功能、开发过程等方面存在诸多相同之处，为节省开发经费，美国陆军于 2007 年底将 JNN - N 项目并入 WIN - T 项目，并将其作为 WIN - T 增量 1 阶段。从 MSE/TRI - TAC 到 JNN - N、WIN - T，经历了小范围战场区域通信到全域通信的发展，从静中通到动中通的发展，从简单话音、数据通信到具有高速服务和 QOS 的全集成网络通信发展。

2.2 国外通信设备发展情况

2.2.1 国外通信装备发展过程

美国陆军在寻求武器装备概念、技术和能力新突破的同时，也非常重视运用信息技术对现役装备的技术改造，这也是美国陆军很多主用装备“常用常新”的重要原因。

美国陆军 M109 系列 155 mm 自行榴弹炮（见图 2-2）是装备数量最多、服役期最长的自行榴弹炮之一，于 1963 年 7 月正式列装后逐步发展为 A1、A2、A3、A4、A5 和 A6 型。M109 A6 型注重信息技术的插入，实现了老装备的信息化，显示了信息技术应用带来的质变结果。根据伊拉克战争的经验教训，美国陆军为 505 辆“艾布拉姆斯”坦克安装了坦克城区生存能力组件和车辆综合防御系统，进一步提高了坦克的生存能力。其中，车辆综合防御系统包括车长辅助决策系统、红外干扰装置、烟幕、金属箔片、诱饵弹、激光报警接收机、导弹预警装置和主动防护系统。美国陆军计划通过加装改进型显示器、瞄准具、辅助动力装置和坦克步兵电话，将全部 435 辆 M1A1 坦克改进成数字化程度更高、更先进的 M1A2 SEP V2 型坦克，还计划研制一种更坚固、技术含量更高的 M1A3 型“艾布拉姆斯”坦克。M1A3 型“艾布拉姆斯”坦克将具备“即插即联入网络”的联网能力，具有更强大的网络能力、激光指示能力和复合装甲防护能力，可以实现在部队内部实时传送语音、卫星图像、数据和视频。对于 Block Ⅲ型 AH-64D“长弓”阿帕奇，主要是安装 Link-16 数据链、具备认知功能的辅助决策系统和多用途激光传感器，并使“长弓”火控雷达具备对海上目标的探测能力。

图 2-2 美国陆军 M109 系列 155 mm 自行榴弹炮

美国陆军的陆战网是军种级的通信与信息网络系统，集成了陆军现役和在研的各种网络系统，为陆军转型提供所需的信息基础设施，包括将位于美国本土的基地与设施和其支援的前线部队联接起来，以及将各种互不相干的后勤系统联接在一起，这样既能保证陆军装备体系内部纵向和横向的互联互通，又能保证该体系与联合部队互联互通，从而成为美军全球信息栅格的重要组成部分。陆战网涵盖了美国陆军所有网络和通信系统，包括联接固定设施的固定通信系统（如美国陆军后备队的后备队网、美国国民警卫队的警卫队网、GIG－带宽扩展网，以及诸如战术级作战人员信息网）、联合战术无线电系统和中继通信系统之类的机动通信系统，FCS 网络系统也将成为陆战网的子系统，从而使美国陆军整体作战力量得到进一步优化。

陆战网将使美国陆军成为一支"以知识为基础、以网络为中心"的部队，使陆军士兵可以在全球任何地点进入网络，并通过网络进行信息接收、存储、处理和传输；使在任何地方、使用任何装备的士兵都能迅速获取所需的任何信息，大大提高士兵的态势感知能力和作战能力。为满足分布式作战的通信要求，美国陆军正在开发并逐步装备联合网络节点－网络设备，通过卫星资源在师、旅、营之间构建战术卫星通信网络，通过空间通信层为战术部队提供移动、保密、抗干扰及无缝联通能力。战术级作战人员信息网集成到陆战网后，成为美国陆军的主干战术通信网络，将使营级作战部队获得足够的通信带宽。

（1）联合通信

联合作战是未来作战的主体形态，因此必须满足联合作战的信息需求，确保装备在联合作战中互联互通，以及实现信息系统互操作。为了实现互操作，就要依托技术支撑、统筹规划装备发展，避免再出现消息孤岛的烟囱式系统。

（2）软件化

从美军的装备形态可以看出，通用的硬件平台已经成为标准需求，软件定义无线电（SDR）已经成为不可逆转的趋势。另外，通过软件服务构件代替传统硬件也是综合化设备的一个重要特点，避免了增加一个功能则需增加一种硬件的传统设计方案。

（3）宽带化

随着军用传感器越来越多、越来越先进，以及满足呈几何倍数增长的态势情报和协同作战信息需要，要求传输信道资源越来越宽，速率越来越高。例如，从美军 SINGARS 电台到基于 SDR 的 GMR 电台，带宽增加了近百倍，宽带化高速传输设备将成为战场主流设备。

（4）智能组网

移动 Ad hoc 网络（MANET）已成战术通信必须具有的能力，在软件定义网络（SDN）思想的指导下，为更好地支持未来战场上各种不同功能信息网络的互操作性和不同通信应用的需求，未来通信设备需要更强大的通信组网能力。未来通信设备将通过扩展更加高速组网波形和完善并丰富其网络协议栈的方式向着网络宽带化和组网智能化的方向发展。

随着战场电磁环境越来越复杂，电子对抗频谱不断扩展，车载信息化装备不断增加，而车辆内部的安装空间和布局方式又受到严格限制，由此，对相关信息化装备进行综合，以充分利用资源的车载电子系统综合化设计思想就被提了出来。综合化设计不但可以在简化设备、节省安装空间、减轻车载武器平台负荷上取得显著效果，还可使不同设备、不同频谱的信息实现最优综合、融合和无缝链接。车载通信系统的综合化首先体现在系统结构的综合上，即将系统中传统的 HF 通信、VHF 通信、UHF 通信，以及卫星导航与卫星通信等分系统及传感器综合设计在一起，构成一个多频谱、多手段、自适应的综合一体化车载电子系统。

1. 美军的通信装备

美军在20世纪末就启动了应用于软件无线电系统的SCA架构及全军通用软件无线电波形的研究，联合战术无线电系统（JTRS）作为代表性项目于1997年8月启动，该项目原计划覆盖5个应用领域，即机载、地面移动、固定站、海上通信和个人通信领域。

在通信装备方面，按照SDR思想及相关标准研制了系列战术电台，能够加载联合作战所需的多种波形，目前的频率覆盖范围已经发展到2 MHz～2 GHz，型号系列包括JTRS GMR（JTRS地面移动台）、JTRS HMS（JTRS手持/背负/小型化台）、JTRS AMF（JTRS机载/舰载/固定台）、JTRS MIDS（JTRS多功能信息分发系统）等，具有多频段、多模式、多信道和可网络互联等特点。

在波形规划方面，减少了波形种类，将最初规划的32种波形减少至14种，其中，包括3种新增波形（宽带网络波形（WNW）、士兵电台波形（SRW）、移动用户目标系统波形（MUOS））和11种传统波形（如SINCGARS、EPLRS、HF、HAVE QUICK、Link-16、UHF SATCOM等波形），美军通信装备部分波形统计如表2-1所列；装备种类涵盖了电台、卫星、数据链等；频率范围覆盖2 MHz～2 GHz。同时，明确优先发展宽带网络波形，以帮助战场各级指挥员及时准确地通过图片、视频、地图等信息做出正确决策，从而确保网络中心战条件下指挥目标的实现。

表2-1 美军通信装备部分波形统计

种　类	波形名称	承包商	鉴定时间	状　况
兼容传统体制	SINCGARS	ATC	2007年08月	存入JTRS信息库
	EPLRS	Boeing/Raytheon	2007年12月	存入JTRS信息库
	Link-16	DLS/ViaSat	2008年08月	存入JTRS信息库
	UHF SATCOM	Boeing/RCI	2007年03月	存入JTRS信息库
	COBAR	Boeing	2005年12月	存入JTRS信息库
	WNW	Boeing	2009年06月	存入JTRS信息库
	MUOS	Lockheed/GDC4S	2010年08月	存入JTRS信息库

美国陆军通信网络架构主要分3层：底层目前由加载SRW波形的节点支持，中间层将由中间层网络波形（如WNW）来支持，上层骨干网络为由固定网、卫通和高频网络波形承载的战术级作战人员信息网（WIN-T）系统。如图2-3所示，高频网络电台（HNR）的高频网络波形作为骨干网通信的无线补充；在骨干网层之下是宽带网络波形层，其分为两个子层：一个子层用于连接车际之间的通信，另一个子层用于全局连接；末端是士兵分组网层，也分为两个子层：一个子层用于士兵通信，另一个子层用于传感器组网。

(1) 联合战术无线电系统

联合战术无线电系统（JTRS）是美军开发的适用于所有军种要求的电台系统系列，可覆盖2 MHz～3 GHz频段，并兼容现役系统，实现多种新的先进波形，极大地增强部队之间的互相通信能力。其最终目标是产生一个可互操作的、模块的、作为网络节点工作的软件定义无线系列电台，将陆海空作战人员网络连接到GIG。JTRS将成为数字化战场环境中作战人员通信的主要手段，是未来军事通信的基本组成部分。JTRS将为美军各军种节约大笔经费，并提高其互通能力。JTRS主要包括五个项目：

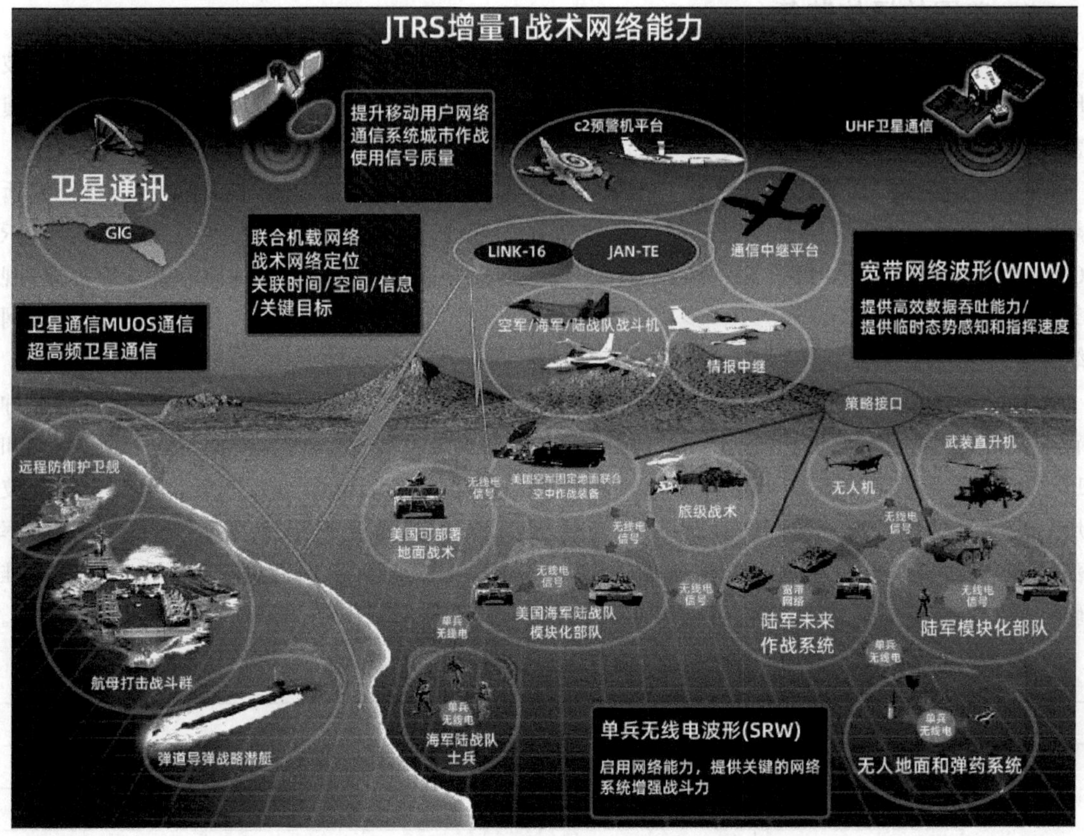

图 2-3　美陆军通信装备主要波形应用

① 网络事业领域(Network Enterprise Domain,NED)。

② 地面移动电台(Ground Mobile Radios,GMR)。

③ 手持背负小型电台(Handheld,Manpack and Small Form Fit,HMS)。

④ 空海固定台(Airborne,Maritime/Fixed Station,AMF)。

⑤ 多功能信息分发系统(Multifunctional Information Distribution System,MIDS)。

JTRS系统为美国陆军规划的装车设备是GMR电台，即Rockwell Collins公司制造的FlexNet™-Four设备。FlexNet™-Four GMR电台是美军JTRS系统的重要组成部分，其基于SCA架构，且覆盖短波、超短波等频段，并具有多个信道和统一的综合化显示设备，业务接口为以太网口，大大提升了系统的机动性、互通性和多功能性等。模块化、综合化和集成化设备是未来发展的方向。

(2) 战术级作战人员信息网

战术级作战人员信息网(WIN-T)是美军陆战场高机动、高容量的骨干通信网络，综合地面、空间和卫星通信能力，为地面部队提供一个集成、灵活、安全、生存能力强、无缝连接的多媒体信息网。

WIN-T的通信网采用分层(空间、空中和地面)的体系结构，即空间层为卫星通信系统，空中层为空中通信节点，地面层为地面通信系统，如图2-4所示。它为移动通信提供了关键的能力，使得不间断的网络连接成为可能。

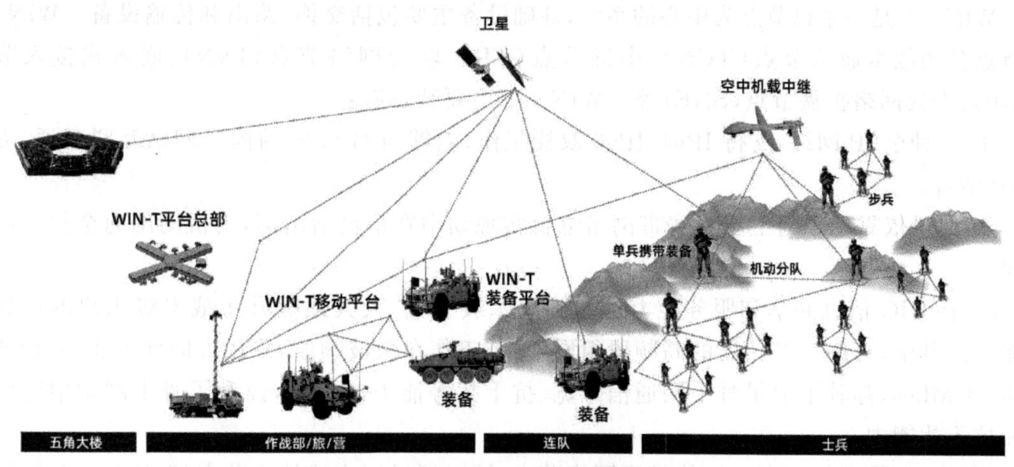

图 2-4 WIN-T 通信网体系结构

① 地面层：在士兵、传感器、作战平台、指挥所和授权节点（信号所）上，集成综合传输（无线电）系统，以及交换和路由能力。

② 空中层：由空中平台实现传输、交换和路由能力，作为授权节点和中继使用。

③ 空间层：由卫星提供传输、交换和路由能力，作为授权节点和中继使用。

WIN-T 提供的服务能够从战略、战区级延伸到机动营、连，甚至单兵，全面提升部队高速机动作战条件下的不间断动中通信能力。美军将 WIN-T 项目计划分为 4 个增量阶段，如图 2-5 所示。其中，增量 1 已部署驻伊拉克和阿富汗美军；增量 2 于 2009 年得到初步部署使用，并在 2015 年获批量产；增量 3 于 2014 年开始野外测试，以增强联网能力和安全的动中通能力，实现由传输向服务的转变，提高信息共享能力。2018 年，WIN-T 项目由于机动性和安全原因部分终止，但是部分相关装备和节点集成继续优化完善。

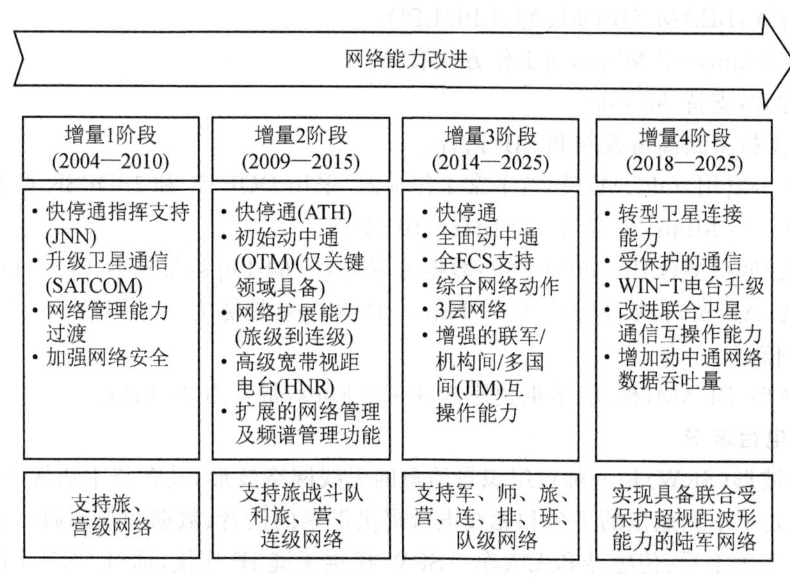

图 2-5 WIN-T 的 4 个增量阶段

WIN－T 是一个以节点为中心的系统，基础设备主要包括交换、路由和传输设备。WIN－T 的节点分为战术通信节点（TCN）、中继节点（TR）、联合网络节点（JNN）、嵌入式接入节点（POP）、士兵网络扩展节点（SNE）等。WIN－T 主要特点有：

① 一种全 IP 网络，支持 IPv4/IPv6 双栈工作，能够与 GIG 中的固定网络互联互通，支持 VoIP 话音。

② 大量依靠动中通卫星和宽带网络电台实现动中宽带灵活组网，由机动网向全移动网络转变。

③ 将 GIG 信息共享和服务能力延伸到战术级末端，大大地提升了战术级用户的信息获取能力。其中，WIN－T 新增的高频段组网电台，工作在微波频段，采用方向性天线，通信速率可达 54 Mbps，弥补了卫星骨干网通信带宽、抗干扰等能力的不足，提升了骨干网动中通信容量和抗干扰能力。

WIN－T 除了配备在旅级的骨干网络节点，同时通过嵌入式接入节点（POP）、士兵网络扩展节点（SNE）扩展到营/连级，并结合 JTRS 系统装备，为连/排级车辆和单兵提供网络接入和信息服务。

（3）宽带网络波形

宽带网络波形（WNW）是一种自组织自治愈的无线网络波形，其提供在战术战场中两者之间安全通信的联合服务，并为运行 SRW 的底层节点提供中间层接入。最创新的功能之一是移动 Ad hoc 网络（MANET）功能，其支持 WNW 网络中的节点拥有 IP 连通性，无需外部固定基础设施也可以维护一个安全网络。WNW 波形的应用支持连队及以上级别的高容量话音、数据、视频、通话交换。WNW 网络通过外部扩展或中继节点的使用，为地理上分隔的网络之间的 IP 通信自动形成一个移动 mesh 网络。WNW 还与上层网络（如 WIN－T 和 GIG）之间进行交互操作。WNW 主要技术指标如下：

① 工作频率：225～450 MHz、1 250～1 390 MHz、1 750～1 850 MHz。

② 工作方式：BEAM、OFDM、AJ、LPI/LPD。

③ 速率：50 kbps～2 Mbps，与工作方式有关。

④ 组网方式：支持 Ad hoc。

⑤ 业务：支持多路高清视频和 SIP 话音。

⑥ 正交频分复用（OFDM）模式：平常工作模式，采用 DQPSK 和 16DPSK 调制，数据速率为 55 kbps～13.74 Mbps，带宽为 150 kHz～10 MHz。

⑦ 低截获/低检测（LPI/LPD）模式：数据速率为 8～64 kbps，带宽为 10 MHz～30 MHz。

⑧ 抗干扰（AJ）模式：数据速率为 39 kbps～12 Mbps，带宽为 600 kHz～30 MHz，用于中频段到宽频段信道。

⑨ 窄带波形（BEAM）模式：数据速率为 8～50 kbps，带宽为 25 kHz。

（4）士兵电台波形

士兵电台波形（SRW）是一种自组织自治愈的无线网络波形，其在战术边缘为尺寸、重量、功率（SWAP）处于不利地位的平台和无线电台提供汇聚的话音、数据和视频通信，形态因素包括装备和未装备的士兵、传感器和无人车。SRW 提供无缝 IP 连接，通过 SRW 网关与更高一层网络进行协同操作。SRW 模块设计支持多功能应用的 C^4ISR 领域：士兵系统、无人地面传感器、智能军品系统和非视距发射系统。

SRW 波形应用提供从上述 C^4ISR 领域中任意一个到中间层网络的无缝通信网关功能，中间层网络由 WNW(或同等中间层网络波形)节点组成，这些节点又构成了战术通信系统的骨干。每一个 SRW 领域子网扮演了一个连接到中间层的底层子网，并支持该领域独特的 C^4ISR 需求。士兵系统领域特别提供了在一个多跳自组织自治愈网络架构中的同步宽带话音、位置定位信息和其他数据能力。SRW 主要技术指标如下：

① 工作频率：225～450 MHz、1 250～1 390 MHz、1 750～1 850 MHz。

② 调制方式：DBPSK/DQPSK。

③ 扩频调制：QPSK(LPI/LPD)和 QBL - MSK(CC)。

④ 速率：50 kbps～2 Mbps，与工作方式有关。

⑤ 组网方式：支持 Ad hoc。

⑥ 工作方式：战斗通信(CC)、电子战(EW)、LPI/LPD。

⑦ 业务：支持多路高清视频和 SIP 话音。

⑧ 定位：支持基于 TOA 和多边定位算法。

⑨ 战斗通信(CC)：数据速率为 900 kbps～2.4 Mbps(带宽为 1.2 MHz)和 8 Mbps(带宽为 4 MHz)。

⑩ 电子战(EW)：数据速率为 100～300 kbps(典型 225 kbps，带宽为 1.2 MHz)和8 Mbps(带宽为 4 MHz)。

⑪ LPI/LPD：数据速率为 3.9～46.9 kbps(带宽为 1.2 MHz)。

2. 其他国家的通信装备

(1) Thales 公司与 Rockwell Collins 公司合作开发的 FlexNet 电台

FlexNet 电台是按照 SCA 规范设计的多波段、多模式车载软件定义电台，符合 SCA 2.2 规范，具有 PR4G 和 PR4G F@stnet 波形，以及高速网络波形(FlexNet - Waveform)。

(2) 美、英、法、德联合开发的未来多频段、多波形、模块化战术无线电台(FM3TR)

FM3TR 项目开始于 1993 年 9 月，与 Speakeasy 项目同时进行，该项目采用了 Speakeasy 项目第一和第二阶段的系统原型，项目目标是提升多功能无线电台的能力，项目研究重点是电台的硬件和软件体系结构、数字信号处理、人机接口、射频数字化，以及网络互连技术。在互联互通方面，英国和美国首次采用跳频 FM3TR 波形实现了两国的可编程无线电台之间的通信，而英国和德国实现了两国电台的互操作。

(3) 法、德联合开发的多模式、多用途电台高级演示模型(MMR - ADM)

MMR - ADM 模型提出了未来战术无线电系统的概念，旨在演示在共享相同硬件资源的情况下，如何实现高效通信。MMR - ADM 模型的目标是通过高级演示来展示这种系统的可行性和优势，从而推动战术无线电技术的发展和应用。

(4) 英国的全综合通信系统(FICS)

为了扩展海上平台的操作能力，解决海上平台协同防御发展的通信需求，减少操作成本，英国于 1995 年提出了全综合通信系统(FICS)规范。FICS 的基本主体是通用节点，通过多个节点的互联，形成一个分布式的基于特定平台需求的结构，从而实现了从平台中心化到网络中心化的演进。FICS 覆盖了海上平台外部通信的集成管理(如 HF、VHF、UHF、SHF 和数据链)和海上平台内部消息处理、广播以及其他语音通信等内部通信管理功能。

(5) 芬兰的战术无线电通信系统(TRCS)

TRCS最初是芬兰海军支持的一个研究项目,发展至今,已经成为芬兰国防部定义和开发的一套完整无线电通信系统,从而在未来的电子战环境中提供高效而灵活的通信、控制和互操作能力。TRCS的目标是具备良好的互操作性,能够支持多种操作模式、多种业务速率,同时具有很强的低截获、低检测和抗干扰能力。

(6) 欧洲安全软件无线电参考(ESSOR)

2006年12月,芬兰、法国、意大利、西班牙、瑞典等国联合发起了欧洲安全软件无线电参考(European Secured Software Defined Radio Referential,ESSOR)项目,该项目目标是增强欧洲各国的中期软件无线电项目与美军JTRS项目的互操作性,从战略层面上提高欧洲工业部门在软件无线电领域的设计和制造能力。为此,ESSOR项目在2010—2015年解决了以下问题:与美国共同研制开发欧洲软件无线电;在欧洲与美国之间建立一个公共的安全基础,以增加互操作性;推动建立欧洲与美国在软件无线电领域里的技术平衡。

(7) 印度的军用软件无线电台

印度DRDO-BEL公司开发了多波段的背负式与车载式软件定义电台,频率覆盖VHF、UHF频段,最高速率达10 Mb/s,符合SCA 2.2.2规范,目前正在进行试验和评估。另外,印度还在开发手持式软件定义电台,目前正在进行试验。

(8) 以色列的Elbit SDR-7200设备

SDR-7200电台基于SCA架构,标准配置为2个信道,工作于30~512 MHz频段,具有统一的综合化显示设备,能够有效地节省车内空间,具有很强的通用性。

2.2.2 网链融合发展趋势

随着作战任务的复杂度和多样性的提升,单一平台、单一系统往往无法达到完成作战任务需求。自20世纪80年代开始,以美国为代表的各国均开始研究武器平台综合化信息系统及实现,打破原有系统的烟囱式结构,强调信息共享和指挥协同,逐步呈现网络化、协同(链)化乃至网链融合的发展特点。

美军车载电子信息平台集成发展趋势在物理形态上遵循了分离式设备集成、总线化板卡集成、协同网络化集成三步走的发展趋势,在软件上遵循了网链分离到网链融合的发展趋势。

2.3 典型无线通信系统及其应用

通信联络系统是现代战争作战链路中的重要一环,是指挥信息系统运行的高速公路,承载了海量的信息传递任务,整个系统更是包含了地面超短波通信、卫星通信、数据链通信、平台通信模块等诸多平台的复杂系统。随着各通信系统的逐步发展,为满足新型作战需求,以往处于烟囱式的发展状态和各作战域之间互通艰难的现状逐步被打破,构建了互联互通的军用通信体系。

经过对美国陆军装甲战术通信系统的研究,其主要包括地域公共用户系统、战斗网无线电系统和陆军数据分发系统。其中,地域公共用户系统由三军联合战术通信系统、移动用户设备系统、地面机动部队超高频卫星通信系统和单信道特高频卫星通信系统组成;战斗网无线电系统主要包括单信道地面和机载无线电系统、改进型高频通信系统和单信道战术卫星通信系统；陆军数据分发系统主要包括定位报告系统和联合战术信息分发系统。

2.3.1 联合战术无线电系统(JTRS)

1. JTRS 概述

21 世纪的数字化部队对通信速度、容量、互通性有更高要求，设备的规范化、小型化，扩展频段和减少电台品种、数量等是目前军事通信亟待解决的问题。为此，美国国防部倡议的联合战术无线电系统(JTRS)计划开发了一种适用于所有军种要求的电台系统系列，可覆盖 2 MHz～3 GHz 频段，且后向兼容传统系统，实现了多种新的先进波形，极大地增强了部队之间的互通能力。JTRS 将成为数字化战场环境中作战人员通信的主要手段，是未来军事通信的基本组成部分，是美国正在集中研制和生产的能经多波段、模式、网络来传输话音、视频和数据信号的一种无线电系统。

JTRS 利用软件无线电技术，实现了平台与波形的松耦合，并制定共用波形实现体系装备的持续演进。

JTRS 是一种硬件和软件都采用开放系统结构的，多频段、多模式、软件可重编程的无线电系统，具有灵活组网的能力。由于其实现波形软件与硬件平台分离，研制了可灵活配置、升级方便的战术电台系列，从而解决各军种战术通信系统频带、波形单一，非模块化结构成本高、升级难等问题。经过多年的发展，JTRS 覆盖了网络企业域，地面域，机载、海上和固定站域，特种电台等多个应用领域，其中主要的 4 个域及其电台组成如图 2-6 所示，即

① 网络企业域(Network Enterprise Domain，NED)主要包括波形和网络企业服务。

② 地面域主要包括地面移动电台(Ground Mobile Radios，GMR)和手持背负小型电台(Handheld，Manpack and Small FormFit，HMS)。

③ 机载、海上和固定站域主要包括空海固定台(Airborne，Maritime/Fixed station，AMF)和多功能信息分发系统(Multifunctional Information Distribution System，MIDS)。

④ 特种电台主要指联合战术通信系统增强型多波段组内/组间无线电台(JTRS Enhanced Multiband Inter/Intra TeamRadio，JEM)。

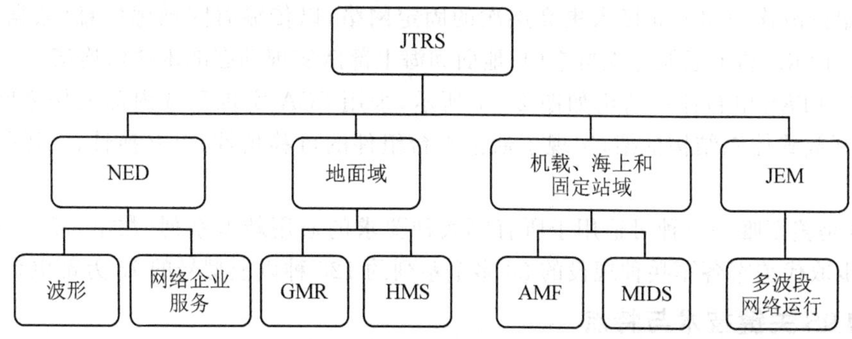

图 2-6 JTRS 四个域及其电台组成

为加强管理，2005 年 1 月美国国防部成立了 JPEO，专职管理 JTRS 计划。2006 年 3 月，美国国防部批准 JPEO 提出的 JTRS 重组计划，重组后的计划将所有研制工作归纳为 5 个重

点项目领域。2011 年 10 月，由于成本和性能问题，美军取消了 GMR 项目。2012 年，美国国防部关闭了管理 JTRS 计划的 JPEO，将其采办职能转交给陆军，并授权陆军联合战术组网中心(Joint Tactical Networking Center，JTNC)管理 JTRS 无线电台的采购任务，期望以一种更为合理的方式继续推进软件无线电项目。JTNC 的职能重点在波形和网络的运行管理，并负责利用开放标准和基于波形互操作性的认证促进低成本电台采办。

从 2012 年至今，JTRS 所有的硬件项目办公室都已经转移至各军兵种：JTRS HMS 和 JTRS AMF 由美国陆军负责；JTRS MIDS 在美国海军的监督下开展；已经取消的 GMR 项目现在以非开发项目的形式采办，即中层组网车载无线电台(Middle Networking VehicleRadio station，MNVR)；JTRS NED 计划更名为联合战术网络(Joint Tactical Network，JTN)计划。JTRS 项目已逐步调整转型为 JTNC 项目，将利用最近 10 年 JTRS 开发所取得的巨大技术进步，并利用行业开发、构建和提供高成本效益的硬件解决方案。

2. JTRS 电台体系架构

JTRS 系统的体系结构是以美国国防部可编程模块通信系统(PMCS)综合小组指导文件定义的 JTRS 系统参考模型(SRM)为基础，消除了烟囱式的无线电台采购方式，并增强了互通能力。SMR 包括实体参考模型(ERM)和软件参考模型(SwRM)，其中，ERM 包含 8 个功能实体：RF、Modem、Black - side 处理、信息系统保密(INNFOSEC)、网际互联、系统控制、人机接口(HCI)及一种临界系统(为满足美国国家安全局签署的要求而设的黑色互连和红色互连)；SwRM 涉及 SMR 中的各功能实体软件及这些实体之间的软件关系。JTRS 系统的开放性和模块化主要在软件中实现，因此，对软件的要求是：模块化，能适应不同硬件结构；可扩展，能适应质的增长(如功能、波形、网络、接口的增加)；可伸缩，能适应量的增长(如模块加倍以适应多个信道)；可移植，与硬件、互连方式、操作系统独立；可靠，能采用美国国家安全局"委托功能完备模块"进行设计；可复用，能提供波形、功能和基元库及其维护；开放性，能利用商用语言、接口和工具。

JTRS 电台采用多频段、多模式，一部电台可以完成多项功能。JTRS 体系结构以软件可编程和模块化为基础，既兼容传统波形/电台，又支持功能不断升级。JTRS 电台使用众多战术无线电构建模块化、多波段和多模式的移动自组网(Mobile Ad hoc Network，MANET)，在作战现场能自由移动和无缝接入更高层次的固定网络，以传输时间敏感信息(数据、话音、视频、图像)。JTRS 动中通能力支持空中、地面和海上部队实现动态战术通信连接。

典型的 JTRS 电台体系结构如图 2 - 7 所示，采用 SCA 实现系统内部模块之间的通信。SCA 采用开放式体系结构框架，实现了通信平台组件的可移植性、可互换性、互操作性、软件重用性。

JTRS 是美军唯一一种可适用于所有军兵种要求的通用新型系列(数字)战术电台，其主要用于逐步取代美军各军兵种现役的 20 多个系列约 125 种以上型号的 75 万部电台。

3. JTRS 关键技术与特点

JTRS 有赖于以下关键的启动技术：

(1) 射频微机电系统

微机电系统(MEMS)是采用整体表面微切削加工集成电路处理技术装配的电子或机械设备。射频 MEMS 技术提供了一种可在一块芯片上产生小型的、可调的、高性能无源元件的

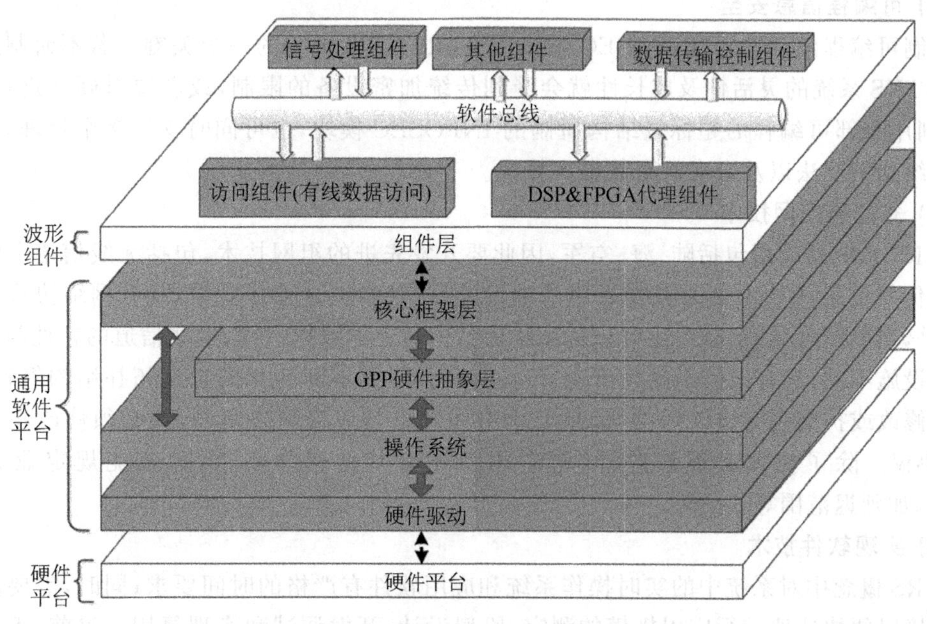

图 2-7 典型的 JTRS 电台体系结构

方式，可彻底改革 RF 信号的处理。该技术将有可能实现真正的高性能、低成本的单芯片射频系统。

（2）先进的射频专用集成电路

尽管现代专用集成电路（ASIC）技术在窄带、单模式、蜂窝手机等方面的应用已达到较高级的集成，但仍难以支持多模式、多信道、宽带的 JTRS 要求，因此迫切需要开发低功耗、大容量、更小型的电子设备。先进的射频专用集成电路（RT ASIC）技术可使 JTRS 的硬件获得彻底改变。

（3）可编程射频前端

美国国防部高级研究计划局（DARPA）正在研究可编程射频（RF）前端接收机原理，把新的射频电路、模/数变换器（ADC）、数字信号处理（DSP）以及封装技术最佳组合，设计出一种新型、高度通用的接收机系统。这种接收机组合了以可调谐 RF 滤波器和软件可编程 DSP 为基础的微机电系统（MEMS），提供了高度灵活性和可编程能力，并降低了成本。

（4）模/数变换器

模/数变换器（ADC）正在向以较高的速率把信号数字化的方向发展。这种演变使新的、高度灵活的 JTRS 成为可能。其他 ADC 技术的发展允许对较高的输入频率直接进行数字化，从而大大简化了射频前端的设计。

（5）可编程调制解调器

可编程调制解调器（Modem）负责把信息（话音和数据）映射到射频载波。有关专用波形的大部分处理都在这里完成，因此大部分软件复用也是在这里实现。工业部门正在加大力度研制功能更强、功耗更低的数字信号处理器。

(6) 可编程信息安全

研制可编程信息安全(INFOSEC)模块是 JTRS SRM 成功的一个关键。若不研制这种模块,则 JTRS 系统的灵活性及成长性就会受到传统加密设备的限制,或者要对硬件进行改进。目前,利用全部可编程的超标量结构研制的 INFOSEC 模块,也可同时支持多个处理,可支持多种传统加密算法以及未来的高数据率算法。

(7) 先进的组网技术

JTRS 系统的应用包括陆、海、空军,因此要开发先进的组网技术,包括无线信道上的数据组网。传统的组网技术是为有线通信基础设施研制的,在这种环境中,现有网络协议是最佳的;但是,当前军/民航空应用还应包括无线通信信道上的数据组网,这些信道的特性与有线通信基础设施不同,具有误码率高且可变、传输时延长以及不断变化的连接拓扑结构等特性,这就要求修改或扩充现有协议标准,如果要求有线网络与无线网络互通,也必须修改端-端(如 TCP)协议。除了协议必须修改外,军事用户还有其他网络需求,且应能规定业务质量(QOS),如延迟范围等。

(8) 实现软件技术

JTRS 概念中对系统中的实时操作系统和应用软件有严格的时间要求;同时,需要高档的开发环境以便快速地进行应用规模的测定、原型设计、开发调试和实现复用。目前,正在发展的 JTRS 操作系统是基于 Windows NT 中 Win32 API 的实时内核。

JTRS 战术电台系列包括了从波形有限、低成本的终端到多频段、多模式、多信道、可网络互联的电台,其功能特点如下:

① 工作频谱为 2~2 000 MHz,可传输话音、数据和图像。

② 协同工作,并可与现有电台互连互通。

③ 具有开放的体系结构。

④ 硬件/软件模块化,便于升级及新技术的引入。

⑤ 波形、功能可编程。

⑥ 可扩展至多种应用领域(如移动、固定台站、舰载、机载)。

4. JTRS 典型应用场景

(1) 在美国陆军中的应用

JTRS 计划中研发的 WNW 和 SRW 已应用到美军最新 WIN-T 中。WIN-T 是美国陆军当前及今后模块化部队开发的一种自组织、自愈合、自定义的综合网络,是美军陆战网的核心部分,也是美国陆军的核心战术网。

① JTRSWNW 提供了高速数据吞吐量、改善态势和指令快速下达,并装备在有人操作的车辆通信系统中,为地面/机载、域内/间提供十线路由基础设施,组成了 WIN-T 地面战术网的十线。WNW 网络规划可同时提供主十链路(第 2 层)和子网链路(第 1 层)的连接,并提供这两层之间的网关功能。

② JTRSSRW 为小型作战单元部队和无人系统提供局域网连接和通信服务,包括语音、数据和视频功能,是美国陆军底层梯队战术网络的基石,主要用于连、排、班部队以及单兵。SRW 网络通过网关连接到 WNW 网络。

(2) 在美国空军和海军中的应用

① JTRS 计划中增加了 MIDS 集群,即 MIDSJTRS 将保持 MIDS-LVT 结构。MIDS-

LVT 共包含 4 个信道，其中，1 个信道具有 Link-16 功能，并保留 200 W 本机发射功率；其他 3 个信道提供 2 MHz~2 GHz(后期扩展到 2.5 GHz)的 JTRS 波形功能，具有 JTRS 多通道电台所拥有的无中心、自组网等 JTRS 全部功能，增强了地-空通信能力。

② JTRS 计划中增加了下一代通用数据链系统(Common Data Link Management System，CDLS)。美国海军下一代 CDLS 旨在连接机载传感器和航空母舰及其他水面舰艇，将机载传感器搜索到的信号和宽带图像传输到航母或其他舰艇。CDLS 支持多种波形，一套系统能够支持、加载传统 14 种数据链波形，并制定了与 JTRS 兼容的联合战术无电线系统软件通信体系架构的公共数据链标准。

③ JTRS 计划中增加了战术目标瞄准网络(Tactical Targeting Network Technology，TTNT)。TTNT 吞吐量更高，时延更低，比 Link-16 更快更新精确信息。TTNT 作为 JTRS 计划中软件通信体系中波形的一个组成部分，美军希望任何一个 JTRS 系统平台都具备 TTNT 数据链能力，即 TTNT 数据链进入 JTRS 波形库当中，任何一种包含 TTNT 数据链硬件都能够运行。

美国海军计划将 TTNT 作为海军综合火力控制-防控系统的通信系统。未来美军各军兵种可以选择把 JTRS 软件移植到其专用设备、复用其他军兵种已经部署的设备或改装商用现货设备以满足其需求。JTRS 典型应用场景如图 2-8 所示。

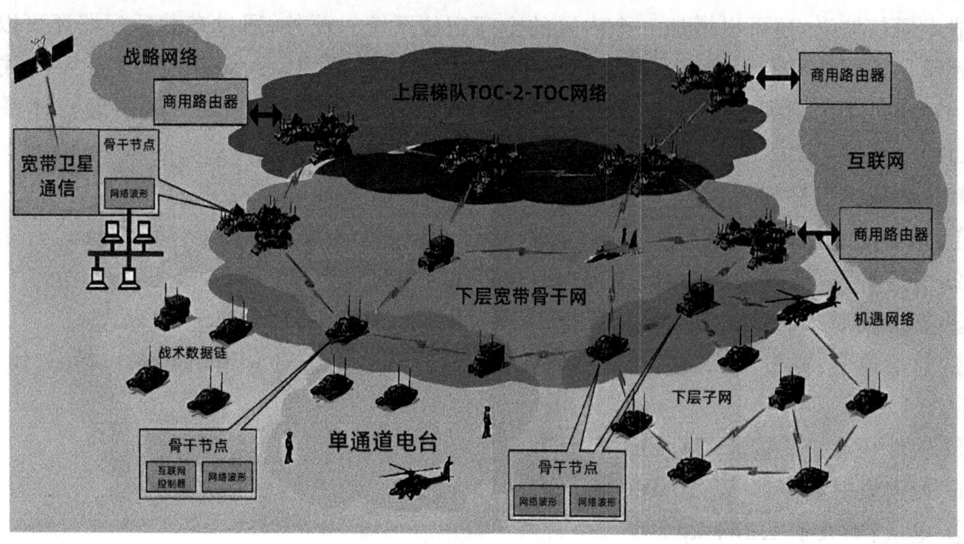

图 2-8 JTRS 典型应用场景

5. JTRS 系统主要设备

(1) GMR 设备

Rockwell Collins 公司的 FlexNet™ - Four 设备，如图 2-9 所示。其中，FlexNet™ - Four GMR 电台是美军 JTRS 系统的重要组成部分，其基于 SCA 架构，覆盖短波、超短波等频段，并具有多个信道和统一的综合化显示设备；其业务接口为以太网口，大大提升了系统的机动性、互通性、多功能等能力。但是，GMR 设备并未大量列装美国陆军，其主要原因是 FCS 系统暂停，而 GMR 作为 FCS 系统配套设备，不满足其他作战平台的要求；另外一个原因是 GMR 设备价格高昂。然而，模块化、综合化、集成化设备仍是未来发展的方向。

图 2-9 FlexNet™-Four 设备

(2) HMS 设备

HMS 设备包括手持单信道单兵电台、手持双信道领导者电台以及双信道背负电台。

1) AN/PRC-152A 手持式电台

AN/PRC-152A 手持式电台是哈里斯(Harris)公司研制的一种单信道、多波段战术无线电台，如图 2-10 所示。该电台支持 SINCGARS、HAVEQUICK-Ⅱ、ANW2、SATCOMS 等多种战术通信波形，还可以增加一个内置的全球定位系统。此外，通过车载适配器还可以将其安装到满足美国标准的无线电支架上，从而作为车载电台使用。AN/PRC-152 手持式电台是第一种通过美国国家安全局认证的采用联合战术无线电系统(JTRS)软件通信体系结构(SCA)的电台。

其主要技术指标如下：

① 频率范围：窄带 30～512 MHz、宽带 225～450 MHz、集群 762～870 MHz。

② 信道带宽：窄带 12.5 kHz、25 kHz；宽带 1.2 MHz。

③ 支持波形：SINCGARS、HAVEQUICK-Ⅱ、ANW2、SATCOMS、SRW。

④ 通信速率：宽带 64～170 kbps(GMSK)、380 kbps～1.2 Mbps(PSK)；窄带 16 kbps(FSK/ASK)。

⑤ 软件环境：SCA2.2.2(JTEL 认证)。

⑥ 最大发射功率：5 W、10 W(SATCOM)。

⑦ 重量：不大于 1.134 kg。

⑧ 体积：74 mm×244 mm×48.5 mm(宽×高×深)。

2) AN/PRC-154 手持式电台

AN/PRC-154 手持式电台是泰雷兹(Thales)公司研制的一种最新的多频段手持电台，如图 2-11 所示。该电台特点为：比现行战术手持台小 20%以上，且有足够的电池寿命来完成任务；通过 Ad hoc 网中的其他电台路由信息，在都市和严酷的环境中能够提供可靠话音通信；在地图上可看见整个小组，允许领导自动跟踪和接入步兵 GPS 位置和其他重要的态势信息；班级应用允许同时话音、聊天和图像；将保密班内通信带到战术前沿；将网络带到战场最前沿的任何战斗者。其支持 SINCGARS、HAVEQUICK-Ⅱ、ANW2、SATCOMS、SRW 等多种波形。

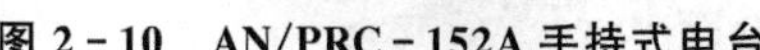

图 2-10　AN/PRC-152A 手持式电台

图 2-11　AN/PRC-154 手持式电台

其主要技术指标如下：

① 频率范围：225～450 MHz(UHF 段)，1 350～1 390 MHz/1 755～1 850 MHz(L-波段)。

② 支持波形：SINCGARS、HAVEQUICK-Ⅱ、ANW2、SATCOMS、SRW。

③ 软件环境：SCA2.2.2(JTEL 认证)。

④ 最大发射功率：2 W。

⑤ 重量：不大于 1 kg。

⑥ 体积：不大于 524.38 cm³。

3) 猎鹰 AN/PRC-117G 电台

猎鹰 AN/PRC-117G 是目前战场应用最多的战术宽带网络电台，如图 2-12 所示。该电台通过连接作战人员和战术互联网可提供战场态势感知能力；通过其宽带架构可满足流媒体视频、语音和数据同传、协同聊天、安全网络联网等应用。该电台支持 SINCGARS、HAVEQUICK-Ⅱ、ANW2、SATCOMS、SRW、WNW 多种工作波形。

图 2-12　猎鹰 AN/PRC-117G 电台

其主要技术指标如下：

① 频率范围：30 MHz～2 GHz。

② 支持波形：SINCGARS、HAVEQUICK－Ⅱ、ANW2、SATCOMS、SRW、WNW。

③ 软件环境：SCA2.2.2(JTEL 认证)。

④ 移动 Ad Hoc：自适应、自组织、自愈合网络。

⑤ GPS：内置。

⑥ 最大发射功率：窄带 10 W、20 W(SATCOM)；宽带：20 W(峰值)/5 W(平均)。

⑦ 重量：不大于 4.5 kg。

4）双信道 AN/PRC－155 单兵背负式电台

双信道 AN/PRC－155 单兵背负式电台可完成陆军战术级网络低层与高层的连接，如图 2－13 所示。一台双信道 AN/PRC－155 单兵背负式电台可以取代两台单信道电台。该电台的重量比传统单信道电台轻 33%，降低了士兵负担。AN/PRC－155 单兵背负电台通过了美国国家安全局语音和数据通信类保密认证，是目前在营部和士兵之间、车辆与徒步步兵之间唯一可靠的双信道无线网络数据通信设备。

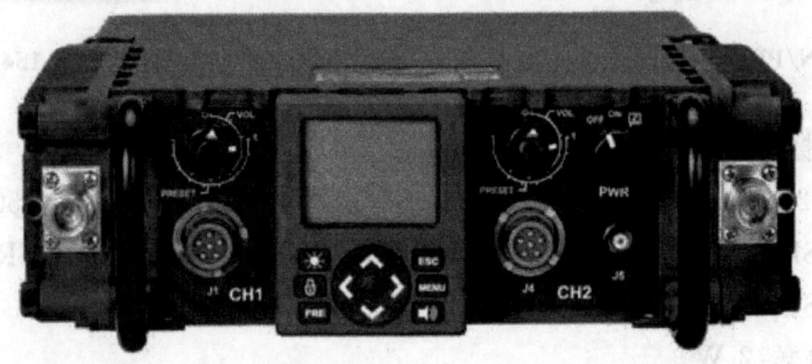

图 2－13　双信道 AN/PRC－155 单兵背负式电台

AN/PRC－155 单兵背负式电台可增强士兵的态势感知能力，提高作战效率。该型电台是士兵和指挥官数字化的连接点，可通过 WIN－T 增量 2 阶段实现本地和全球信息共享；通过将视距无线电与卫星通信系统连接，还能使士兵在作战区域内的任何地点共享当前坐标，接收侦察信息或其他数据以快速确认或调整作战任务，并能利用卫星通信网络回到地区总部。AN/PRC－155 单兵背负式电台已经完成小批量试生产阶段，并成为美国陆军列装的第一种双信道无线电台。

其主要技术指标如下：

① 频率范围：2 MHz～2.5 GHz。

② 信道数量：2 个。

③ 支持波形：SRW、MUOS、SINCGARS、EPLRS、SATCOM、HF SSB。

④ 移动 Ad Hoc：自适应、自组织、自愈合网络。

⑤ GPS：内置。

⑥ 最大发射功率：10 W。

⑦ 重量：不大于 6.3 kg。

2.3.2 单信道地面和机载无线电系统(SINCGARS电台)

1. SINCGARS电台的概述

单信道地面和机载无线电系统(Single - channel Groundand Airborne Radio System, SINCGARS电台)是战斗网无线电台VHF - FM中的一个系列,是美国陆、海、空和海军陆战队在近距离应用的新一代甚高频战斗网无线电通信系统,是战术战场指挥员在前沿20 km地域内指挥部队和空中支援的主要手段。该系统广泛采用新技术和模块化结构设计,具有很强的抗截获和抗干扰能力,并能与北约国家的战斗网互通。该系统型号有背负式、车载式和机载,如图2-14所示。

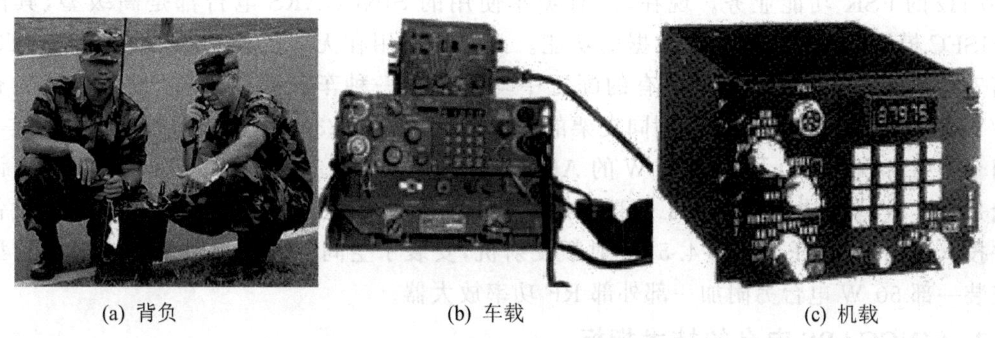

(a) 背负　　(b) 车载　　(c) 机载

图2-14 SINCGARS电台系列

SINCGARS电台的任务是为作战部队提供可靠的保密话音通信和数据通信。其通信网包括供坦克排和前沿侦察部队使用的小型单个VHF通信网、主要的战术VHF通信网,以及进一步扩大通信距离的转播网。这些VHF通信网常常叠加在连接旅级司令部和一级指挥部的高频通信网上。SINCGARS电台可装备美军的师和独立部队,直至坦克、战车、直升机、榴弹炮和执行任务的排、班或组等小部队。该电台于20世纪70年代中期研制,并于80年代末期装备部队。

SINCGARS电台采用跳频技术实现了高度安全的ECCM保护,并率先应用于通用的通信业务。SINCGARS电台用以取代美国现在使用的少数电台,主要是VRC-12电台系列。SINCGARS电台最新的改进型SINCGARS(SIP(SINCGARS改进计划))的数据传输速率已提高到5 000 bits/s,反映了超短波电台数字化的发展趋势,预计未来型号的数据传输速率会更高。

2. SINCGARS电台的组成要素

SINCGARS电台采用模块化结构,背负电台和车载电台的收发信机模块中的RT-1439收发单元相同,由RT-1439收发单元加上其他各模块就可组成背负电台和车载电台。电台在研制中采用了以下先进技术:

① 在ECCM模块中,采用了跳频技术,最大限度地减少了敌方干扰设备的影响。在跳频模块设计中,不要求有专门的时钟电路,由温度补偿晶体振荡器产生工作频率,并提供计时。

② SINCGARS电台广泛使用了数字技术,在控制部分使用微处理器及低功耗大规模集成电路。在整个电台中共用了20种不同的CMOS大规模集成电路,分别应用在控制模块、频率合成器模块、数据适配器以及遥控单元中。

在所有 SINCGARS 电台的核心结构中，最主要的是一个 4.5 W 的 RT1702E 型或 RT1523E 型北约收发信机。该收发信机可调频后输出，并且可使用 2 320 个信道在 30～88 MHz 频率范围进行接收，可提供 8 个单信道，6 个跳频预调频道，在基本的收发转换（RT）中，有一个 ECCM 跳频装置，此装置跳频速率超过 100 hops/s。HopSet 数据可通过前端的面板控制连接器，由一个 ECCM 加载装置加载。MX－18290 在射频链路（RFLink）上进行数据加载。该电台备有对任何给定的 HopSet 数据的频率库，并且可以选择单一频率或从 2 320 个信道的任意组合中选择。此外，任何信道及信道组都是可以独立于给定的 HopSet 数据的。

SINCGARS 电台内部的数据模块可向数字信息设备、传真、电传提供 600 bits/s～16 kbits/s 的数字数据信息输送与接收业务，而且还可为 TACFIRE 及小型系统提供 1 200/2 400 Hz 的 FSK 功能业务。现在，所有美军使用的 SINCGARS 电台都是高级型，其内部 COMSEC 模块提供有话音保密数据的功能。此模块与用在无线电设备上的 KY－57/TSEC 通信安全装置是兼容的，几乎所有的配置中均采用了一种车载式放大器转换器，其装有与 AN/VRC－12 的 MT－1029 型相同支架的防震架。AM－7239 型放大器转换器可支持一个或两个发射/接收机，以及一个 50 W 的 AM－7238 型放大器。以这些组合为基准，任何设备无论是 4.5 W 单工电台还是双工远程结构都可组配。目前，已开发出一种小型的电台设备支架并投入使用，其可托架一部 4.5 W 射频发射机，安装于空间条件欠缺的车辆中。这种型号可安装一部 50 W 电台另附加一部外部 RF 功率放大器。

3. SINCGARS 电台的技术指标

① 频率范围：30～87.975 MHz。

② 调制方式：调频（数字或模拟）。

③ 信道数：2 320 个。

④ 信道间隔：25 kHz。

⑤ 工作方式：单信道和跳频（跳频速率 100～300 hops/s）。

⑥ 预置信道：6（单信道工作）。

⑦ 频偏：±5 kHz 和±10 kHz（对任何手动或预置频率）。

⑧ 频率输入：通过键盘输入频率稳定度为$\pm 3\times 10^{-6}$。

⑨ 保密通信能力：与美国现有的保密设备配套。

⑩ 数据通信能力：75 bits/s～16 kbits/s（频率键控或数字方式）。

⑪ 自检方式：微机控制加 LED 显示。

⑫ 调谐方式：全电子式。

⑬ 电池：平衡式锂电池；背负式为 DC 12 V，车载式为 DC 28 V 且符合 MIL－STD－1275，机载式为 DC 28 V 且符合 MIL－STD－704。

⑭ 工作温度：车载式为－60～125 ℃；机载式符合 MIL－E－5400 类 1A。

⑮ 体积：8.5 cm×23.7 cm×37 cm（高×宽×深）（不含 COMSEC 模块）。

⑯ 质量：8.3 kg（不含 COMSEC 模块）。

⑰ 接收机特性：噪声系数为 10 dB；镜像抑制为 80 dBm（最小）；中频抑制为 100 dBm（最小）；音频输出为 50 mW/（600 Ω）。

⑱ 发射机特性：输出功率为 4.5 W（背负式）、50 W（车载式）、10 W（机载式）；噪声响应为 100 dB；频偏为±6.5 kHz。

⑲ 通信距离：背负式为 8 km；车载式近距离为 8 km、远距离为 35 km；机载式为 35 km。

4. SINCGARS 电台的特点与能力

(1) SINCGARS 电台的特点

① 综合性强，主要体现在多频段和多功能方面。

② 大量采用跳频自动信道搜索、自适应天线调零、猝发传输等抗干扰技术，以及加密技术。

③ 频段宽，波段间隔小，可用波道多，电台之间的兼容性和互通性好，便于组织战术协同通信。

④ 普遍采用频率合成技术，从而缩小波道间隔和减少波道选择时间；采用软件编程，从而增大预置波道的存储和自动选择能力。

⑤ 大量采用微小型化器件和集成电路，因此功耗小，体积和质量明显减小，可靠性大大提高。

(2) SINCGARS 电台的能力

① 采用模块化设计，可在各种地面和机载配置之间实现最大的通用性。背包和所有车辆配置均使用通用 RT，因此这些单独的组件可以从一种配置完全互换到另一种配置。此外，模块化设计减轻了物流系统提供维修配件的负担。

② 可在 SC 或 FH 模式下运行，可与当前所有美国和跨国 VHF 无线电在 SC 非安全模式下兼容。另外，在 FH 模式下，可与其他 USAF、USMC 和 USNSINCGARS 兼容。可存储 8 个 SC 频率：提示和手动频率，以及 6 个独立的跳跃组。

③ 可在 30～88 MHz 范围的 2 320 个通道中的任意一个上运行，通道间隔为 25 kHz，可用于在核或敌对环境中运行。

④ 可接受数字或模拟输入，并将信号施加到 SC 或 FH 输出信号上。在 FH 中，输入在部分战术 VHF 范围内每秒改变频率约 1 000 次，这会阻碍威胁拦截和干扰单位定位或破坏发方通信。

⑤ 可提供 600 bps、1 200 bps、2 400 bps、4 800 bps 和 16 000 bps 的数据速率，1200N、2400N、4800N 和 9600N 增强数据模式（EDM）和数据包以及推荐的标准 232 数据。系统改进计划（SIP）和高级系统改进计划（ASIP）无线电可提供 EDM，从而提供前向纠错（FEC）速度、范围和数据传输精度。

⑥ 具有控制输出功率的能力。RT 具有 3 种功率设置，传输范围为 200 m（656.1 ft）～10 km（6.2 mile）。添加功率放大器（PA）可将 LOS 范围增加到 40 km（25 mile）。可变的输出功率水平允许用户减少无线电设备发出的电磁信号。

⑦ 对于在多个网络中运行的主要指挥所（CP）使用较低的功率尤为重要。为了减少 CP 处的电子签名，网络控制站（NCS）应确保网络中所有成员以维持可靠通信所需的最小功率运行。

⑧ 具有 BIT 功能，可在 RT 发生故障时通知 RTO，还可以识别有故障的电路以进行维修或维护。

⑨ 可通过呼叫方式提供外部网络访问。提示频率为 SINCGARS 提供了呼叫能力。当呼叫时，网外的个人会按照提示频率联系备用 NCS，但 NCS 必须保留对网络的控制，让备用 NCS 继续运行提示有助于在不中断的情况下管理网络。在主动 FH 模式下，SINCGARS 向

RTO 发出声音和视觉信号，表明外部用户想要与 FH 网络进行通信。SINCGARS 备用 NCS-RTO 必须更改为提示频率才能与外部无线电系统通信。

⑩ 网络可使用手动通道进行初始网络激活。手动通道为网络中所有成员提供通用频率，以验证设备是否正常运行。在初始网络激活期间，网络中所有 RTO 使用相同的频率调谐到手动频道。在手动通道上建立通信后，NCS 将跳频集变量传送到外站，然后将网络切换到跳频模式。NCS 负责打开和关闭网络、维护网络纪律、控制网络访问、知道谁是网络成员、实施网络控制的工作。

2.3.3 增强型定位报告系统(EPLRS)

增强型定位报告系统(EPLRS)是集通信、导航定位、识别于一体的综合性战术系统：通信功能可以进行保密的非视距数据通信，实现战术数据的分发；导航定位功能可近实时给出各作战单元及友军的位置信息，形成战场态势，从而提高战场态势感知能力，系统能在用户提出请求时，对用户进行辅助导航、走廊引导和区域告警；识别功能可以保证在通信和定位的同时，完成网内成员间的相互识别。

EPLRS 系统可以应用于美国陆军、海军陆战队、空降兵、装甲兵、炮兵等兵种的指挥控制和协同作战，与 JTIDS 结合将加强数据分发能力，实现三军联合作战。EPLRS 对提高指挥员的指挥控制效率，提高部队在电子战环境中的生存能力、快速反应能力和充分发挥武器效能有重要作用。因此，EPLRS 是美国陆军数据分发系统的核心，是美国陆军 C^3I 的重要组成部分，也是数字化战场的关键设备，是陆军、炮兵和坦克部队等兵种急需的电子信息系统。

EPLRS 具有提供战场计算机控制的通信网络的能力，采用无竞争的自愈网络结构，提供保密抗干扰(LPD/LPI)跳频扩频波形、自动网管和中继，同时提供鲁棒的移动高速数据交换。指控信息(C^2)数据分发和定位报告是其两个主要功能。

美军 EPLRS 系统典型设备为 RT-1720 电台，如图 2-15 所示。该电台为 RAYTHEON 公司开发生产，主要应用于步兵、炮兵的轻型装甲车和坦克等，是下层(营-连)TI 主要通信平台之一。

图 2-15 RT-1720 电台

其主要技术指标如下：

① 工作频段：420～450 MHz。

② 信道数量：单信道。

③ 信道带宽:4 MHz。

④ 发射功率:100 W。

⑤ 加密:支持通信加密、传输加密。

⑥ 通信波形:EPLRS。

2.3.4 近期数字化电台(NTDR)

近期数字化电台(NTDR)是ITT公司研制的一种采用开放体系结构的网络无线电台,用来完成在战术互联网内的关键节点间建立大容量数据网络的近期需求,是数字化师指挥所与指挥所之间的数据通信骨干链路,为营和旅指挥所之间的数据分发提供主要的宽带通信网络。

NTDR系统结构的设计采用了一个两层的分级网络概念,在该系统中,一个中间数据簇的主干信道为不同数据簇用户之间提供包中继。在每一数据簇中的一个NTDR被指定为一个数据簇头,并且这个NTDR电台工作在主干信道和本地数据簇的两个信道上。这种结构是以OSPF路由协议区域概念为基础的,一个NTDR数据簇头可作为一个组合本地区域或数据簇的节点之间的区域路由器,在数据簇内的本地拓扑结构的变化和路由的更新不在数据簇之外传播。美军具有代表性的NTDR电台为AN/VRC-108电台,如图2-16所示。

图2-16 AN/VRC-108电台

其主要技术指标如下:

① 频率范围:225~450 MHz。

② 信道间隔:625 kHz。

③ 信道带宽:4 MHz。

④ 工作方式:直接序列扩频。

⑤ 数据传输能力:288 kbps。

⑥ 最大发射功率:20 W。

第3章 通信系统的设计

无线电接收与发射设备是高频电子线路的综合应用，是现代通信系统、广播与电视系统、无线安全防范系统、无线遥控与遥测系统、雷达系统、电子对抗系统、无线电制导系统等必不可少的设备。对一台通信设备来说，其收发系统是重中之重，这将直接影响到设备的通信距离和适用范围，本章将对通信设备的原理和设计进行简单的介绍。

一个典型的无线通信系统基本由前端电路、后端电路和用户电路组成，如图3-1所示。前端电路一般工作于射频（高频），是处理射频信号的电路，通常被称为射频前端或射频收发器（收发信机）。前端电路主要包括发信机（发射机）、收信机（接收机）、天线和馈线，以及一些辅助或支持电路等。

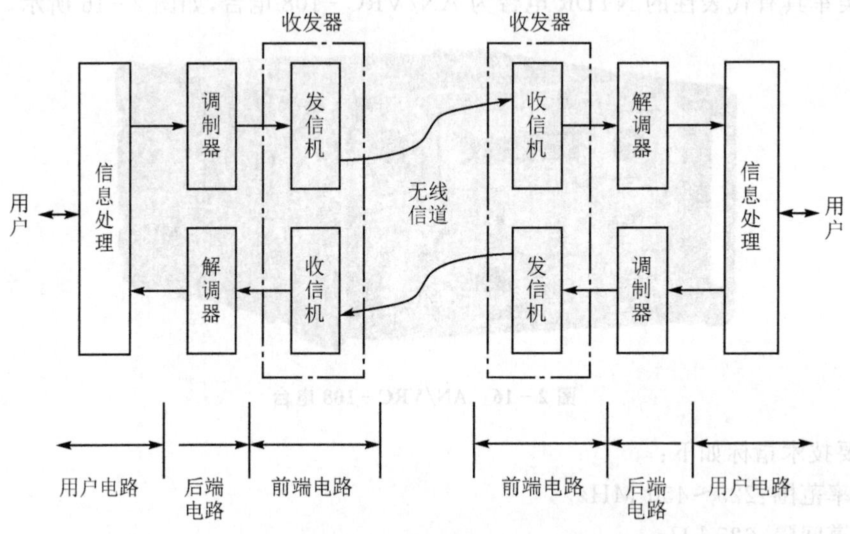

图3-1 典型的点对点双向无线通信系统基本组成示意图

发射机将调制后的信号变换到频率较高的载波上，使所传送信号的时域或频域特性更好地满足信道的要求，与信道特性相匹配。

接收机将动态范围很宽的射频信号由高频变换到适宜处理的低频。接收机接收到的是高频、小信号、大动态范围和低信噪比的信号，因此接收机通常采用高精度的滤波器、低噪声放大器和混频器等模拟电路。

3.1 发射机系统

3.1.1 发射机的结构

发射(信)机主要完成调制、上变频、功率放大和滤波等功能。根据调制和上变频是否合二为一,发射机的结构可分为直接变换结构和两次变换结构两种方式,在每种方式中也都可以采用单通道调制和双通道正交调制方式。

1. 直接变换结构

直接变换结构将调制和上变频在一个电路中完成(通常在射频上),实现比较简单,但发射后的强信号会泄露或反射回来影响本地振荡或载波的稳定。直接变换结构原理框图如图 3-2 所示。

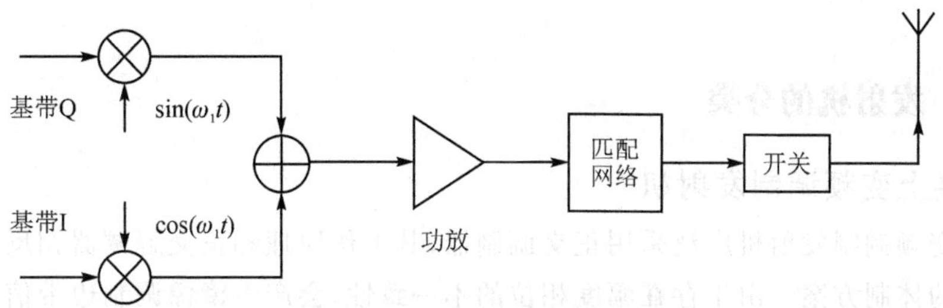

图 3-2 直接变换结构原理框图

2. 两次变换结构

两次变换结构将调制和上变频(或倍频)分开进行,可避免上述直接变换结构的缺点。但是,第二次上变频后,必须采用滤波器滤除另一个不需要的边带,为了达到发射机的性能指标,对这个滤波器的要求比较高。两次变换结构原理框图如图 3-3 所示。

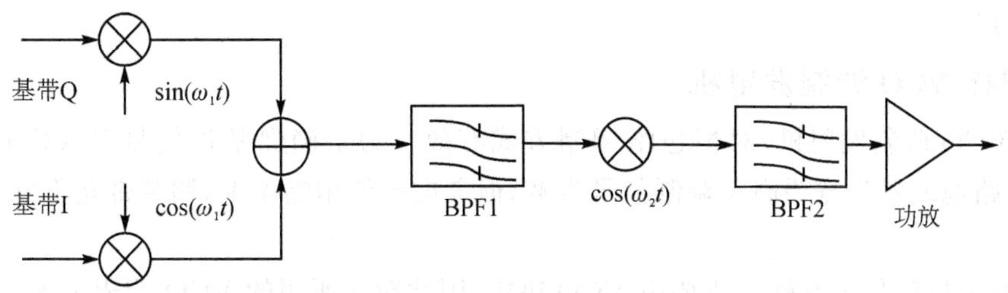

图 3-3 两次变换结构原理框图

发射机的种类最多,但一般以调制方式作为分类依据,如 AM 发射机、FM 发射机、单边带(SSB)发射机等。发射机的调制可以采用基带调制、中频调制、射频直接调制等,目前中频调制被采用得较多。上变频也可以采用一次变频或二次变频等。无论调制方式如何,其组成基本相同,成链状结构。发射机的典型结构一般由调制器、中频放大器与滤波器、发信本振信号源、上混频器和射频功率放大器等部分组成,如图 3-4 所示,其特点是调制在中频上实现,具有较好的调制特性与设备兼容性。

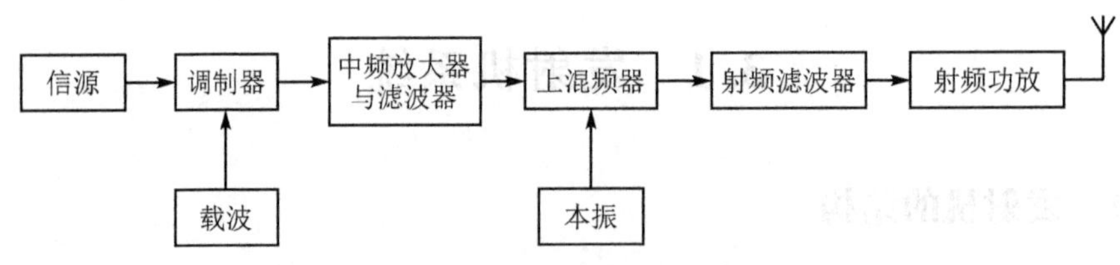

图 3-4　发射机的典型结构

3.1.2　发射机的作用

发射机的作用是将带有相关信息的基带信号通过调制器调制到载频上，再通过上变频电路将调制好的边带信号切换到所需要的发射频率，同时滤除组合频率和杂散干扰，最后经功率放大器放大到所需功率，在满足相关指标和频谱指标要求后，通过发射天线向目标传播。因此，发射机的设计难点在于对无用的调制边带信号的抑制、功率放大的设计和频谱纯度的考虑。

3.1.3　发射机的分类

1. 直接上变频调制发射机

直接上变频调制发射机广泛采用正交调制器，其工作原理和正交解调器相反，调制方式适合任何形式的体制方案。由于存在幅度相位的不一致性，会产生镜像调制边带信号，因此为抑制镜像边带信号，一方面可以提高调制器的幅相平衡特性，另一方面也可以在调制输出加镜像抑制滤波器来实现。

由于正交调制器的本振频率和最终载波的发射频率相同，因此功放泄露会对本振产生迁移作用，如果隔离不充分，会影响到调制器的边带抑制，通常要求 60 db 以上的隔离度。

由于采用正交调制方式，因此需要两路正交基带调制信号。另外，由于调制频率直接工作在载波上，因此会提高对调制器幅相平衡要求的实现难度。但这种结构的发射机相对体积较小，容易集成。

2. 间接 VCO 调制发射机

间接 VCO 调制发射机，对恒包络调制方式有效。为了确保基带信号对 VCO 的正确调制，因此环路滤波器带宽要高于调制信号带宽，但考虑到低相噪需求，调制带宽不宜太宽，适合窄带调制。

由于发射机信号远端噪音主要由 VCO 决定，因此对于所用的 VCO 希望是大功率和低噪声的，同时也可降低对末级功放的要求。由于末级功放和 VCO 的频率相同，因此功放泄漏对 VCO 的牵引效应不可忽视，这就对功放和 VCO 的隔离度提出了很高的要求。由于受到基带带宽的限制，对输出信号杂散的抑制会受到影响，因此会有潜在的杂散信号出现。

3. 单级或多级上变频发射机

单级或多级上变频发射机，其原理是下述超外差式接收机的逆过程，也是最常用的发射机结构。首先，基带信号通过正交调制器调制到载频上；然后，滤波放大后经一次混频单元上变

频到频率 f_1，通过滤波放大后通过第二混频单元，频率又接着变至需要的频率 f_2；最后，经功放放大后送至天线。如果调制频率较高，对镜像频率的抑制比较容易实现，也可以采用一次上变频电路，相对简单，成本也可以降低。

3.2 接收机系统

3.2.1 接收机的结构

接收机的任务是有选择地放大空中微弱电磁信号，尽可能地将非所需信号和噪声排除在外，并经解调恢复出有用信息，而且要尽可能地提高输出基带信号的信噪比，以保证信息的质量。接收机的结构主要有超外差式(super heterodyne)、直接变换式(direct conversion)或零中频(zero IF)式、镜频抑制式和数字中频(digital IF)式等，长期以来，超外差式都是接收机结构的主流方式。

1. 超外差式结构

超外差就是在接收过程中，将射频输入信号与本地振荡器产生的信号混(变)频或差拍(heterodyne)，并由混频器后的中频滤波器选出射频信号与本振信号频率的和频或差频。超外差式接收机可采用一次变频、两次变频，甚至多次变频结构，以降低滤波器实现的难度，提高镜(像)频(率)抑制能力。传统的超外差式接收机采用向下变频(down conversion)方式。一次变频超外差式接收机结构如图 3-5 所示。

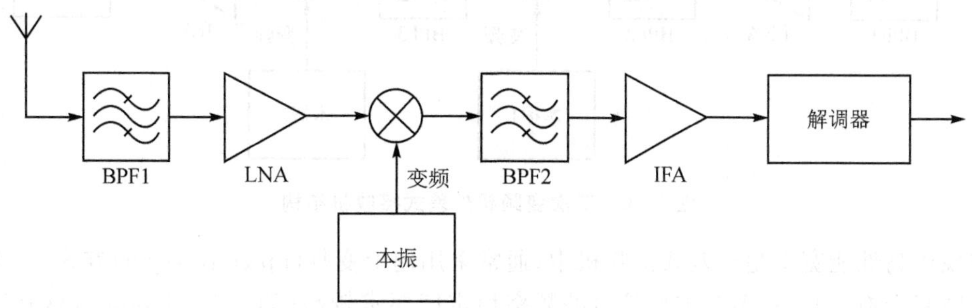

注：BPF为带通滤波器，LNA为低噪声放大器，IFA为中频放大器。

图 3-5 超外差式接收机结构

首先，接收信号通过 BPF1。BPF1 的中心频率较高，因此带宽比较大，用来选出所需频率并削弱干扰，特别是镜频干扰。BPF1 可以放在 LNA 前或者 LNA 后，放在后面对降低系统噪声系数有利，放在前面可以对进入 LNA 的信号进行预选，滤除了很多带外信号，也就减少了由于 LNA 的非线性引入的各种互调失真干扰。

然后，信号被送入低噪声放大器(Low-noise Amplifier，LNA)进行放大。因为变频器的噪声一般都比较大，而前端的带通滤波器 BPF1 是无源滤波器，有一定的损耗，按多级线性系统级联的噪声系数的公式可知，若无此低噪声放大器，则整个系统的噪声系数将很大。而在变频器前引入具有一定增益的低噪声放大器可以减弱变频器和后面中频放大器的噪声对整个系统的影响，从而对提高灵敏度有利。但 LNA 的增益不宜太高，因为变频器是非线性器件，进入它的信号太大，会产生众多非线性失真。

最后，放大之后的信号进入混频器进行下混频，从而得到中频信号。中频信号经中频滤波器滤波后再进入自动增益控制(AGC)放大器或限幅放大器中放大到合适电平，经解调器恢复出基带信号。

由于无线信道存在衰落，输入接收机的信号电平变化范围很大，因此需要接收机具有大的动态范围。同时，要求输出信号幅度尽可能在小的范围内波动，这可以通过 AGC 电路实现。

超外差结构的优点是结构简单、成本低，但对于宽带应用，其前端选频网络不易设计，且当用于较高频段时，前端选频网络的可调谐性也很难克服。

超外差结构最大的缺点是组合干扰频率点多，尤其是镜像频率干扰。要消除镜频干扰的唯一办法是阻止其进入变频器，这要靠 BPF1 来滤除，且需要 BPF1 具有高 Q 值，信号损耗不能过大。因此，只能在有限 Q 值范围内，尽可能增大中频频率。高的中频频率会使镜像频率远离有用信号，由于抑制镜频干扰，提高输出中频信噪比，因此也有利于提高接收机灵敏度。但高的中频频率会使具有相同 Q 值的中频滤波器的带宽变大，降低其对相邻信道的抑制能力，而接收机选择有用信道抑制邻信道干扰主要靠 BPF2，因此高的中频频率降低了接收机的选择性。综上，中频频率的选择主要根据接收机对主要干扰的抑制要求和滤波器的可实现性。

二次变频方案刚好解决了灵敏度和选择性的矛盾。二次变频超外差式接收机结构如图 3-6 所示。

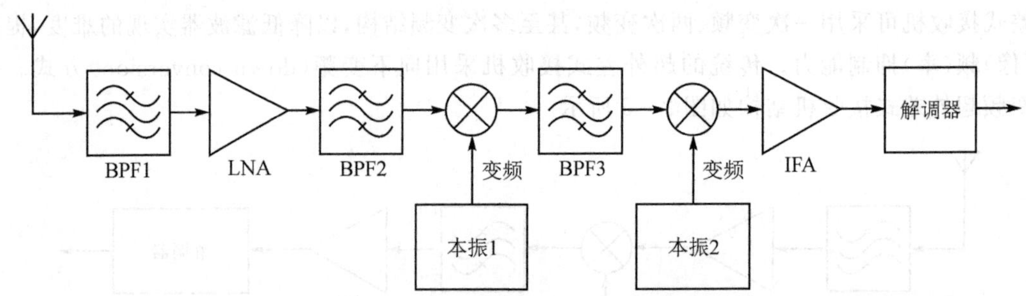

图 3-6　二次变频超外差式接收机结构

在现代高性能宽带超外差式接收机中，通常采用向上变频(up conversion)方式，并至少需要两次频率变换。其中，多个本振信号的频率稳定度要求较高(如 0.5～1 ppm)，这就需要采用复杂的锁相环或高性能的频率合成电路，也可以采用本振频率漂移抵消设计，但这增加了系统成本和复杂性。

2. 直接变换式结构

直接变换式结构也是按照超外差原理设计的，只是使本地振荡频率等于载频，中频为零(因此也称零中频式结构)，也就不存在镜像频率，从而避免了镜频干扰的抑制问题。接收的信号通过直接变换处理成为零中频的低频基带信号，但不一定经过解调，可能需要在基带上进行同步与解调。

直接变换式结构的优点是射频部分只有高放和混频器，增益低，易满足线性动态范围的要求；由于下变频后为低频基带信号，只需用低通滤波器来选择信道即可，省去了价格昂贵的中频滤波器，且体积小，功耗低，便于集成，多用于便携式的低功耗设备中。但是，直接变换式结构也存在着本振泄漏与辐射、直流偏移(DC offset)、闪烁噪声、两支路平衡与匹配问题等缺点。直接下变频方案原理图如图 3－7 所示。

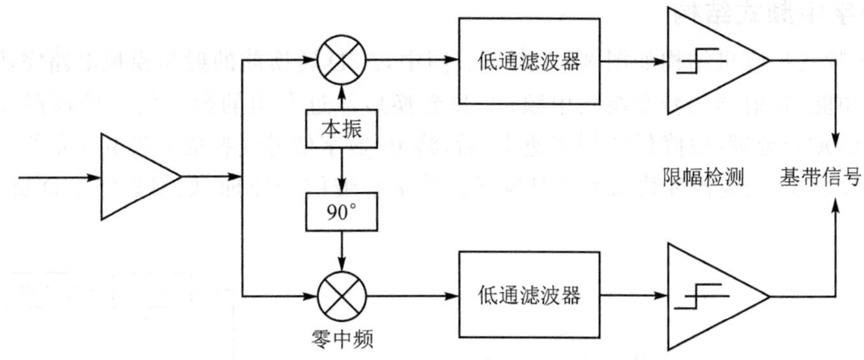

图 3－7　直接下变频方案原理图

3. 镜频抑制式结构

镜频抑制式接收机结构有 Hartley 和 Weaver 两种，如图 3－8 所示。

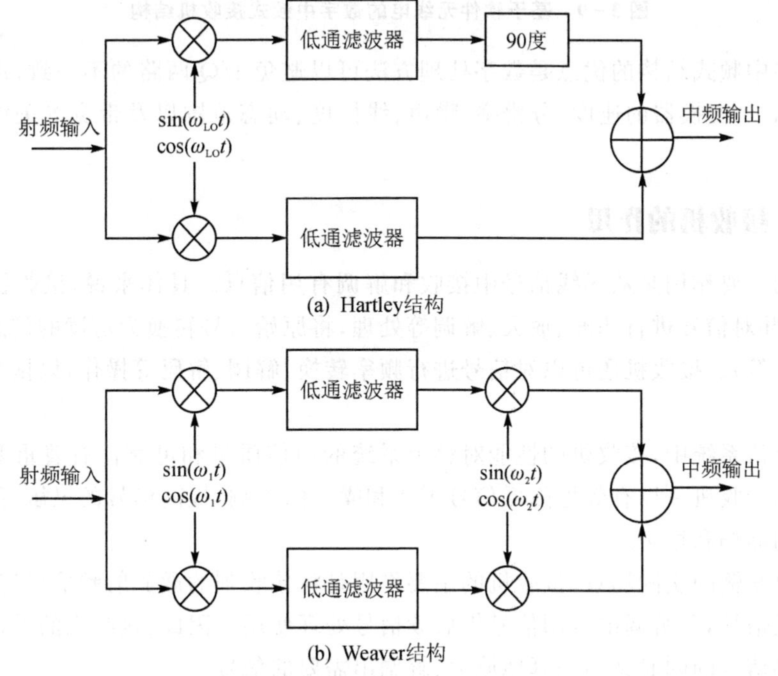

图 3－8　镜频抑制式接收机结构

Hartley 与 Weaver 变换结构理论上完全消除了镜频响应和镜频噪声，且结构比较简单，然而，这两种方法在实践中都有明显的缺点。在 Hartley 结构中，两路信道功率增益失配与相位失配相对较低，但是无法实现宽带中频(IF)下变换，要实现宽带固定移相器相当困难，且频率越高，难度越大；Weaver 结构是宽带 IF 下变换的基础，第一级变频后的第一中频是固定的，第二中频可以调谐到要求的 IF 频率，但结构相对复杂，两路信道的失配度相对较大。

这两种结构方案的效果取决于最终实现所得到的镜频抑制度。在实际中，由于两路信道的增益与相位失配，完全抑制镜频响应是不可能的。而且，随着失配增大，镜频抑制度也会降低。在给定镜频抑制要求情况下，可以在前端预选器和接收机结构之间进行折中设计。

4. 数字中频式结构

数字中频式接收机结构如图 3－9 所示。图中，A/D 转换前的射频模拟电路完成放大、变频、滤波等功能，将射频信号变换到中频；A/D 转换后经过专用的数字信号处理器件（如数字下变频器(DDC)）处理（以降低数据流速率）后，将 IF 数字信号变换成基带数字信号，再送到通用 DSP 进行处理（完成各种数据率相对较低的数字基带信号处理，如用数字 I/Q 解调器进行 I/Q 解调等）。

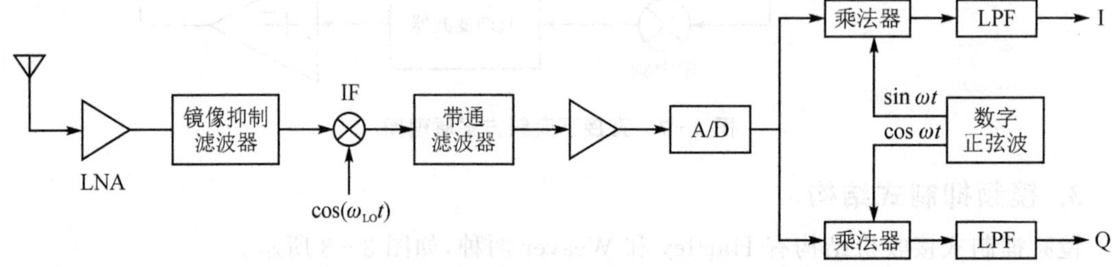

图 3－9 基于软件无线电的数字中频式接收机结构

采用数字中频式结构的优点是数字处理方法可以避免 I/Q 两路的不一致，但数字中频方案的实现对 A/D 变换器的速度、分辨率、噪声、线性度、动态范围以及带宽等关键性能指标要求非常高。

3.2.2 接收机的作用

接收机的主要作用是从无线信号中接收和解调有用信息。具体来说，接收机通过天线接收无线信号，并对信号进行滤波、放大、解调等处理，将原始信号转换为可读的信息（如语音、数据或图像信息等）。接收机还可以对信号进行频率转换、解调、解码等操作，以恢复原始的发送信息。

在无线通信系统中，接收机的性能对整个系统的通信质量和可靠性有着重要的影响。一个性能良好的接收机可以有效地降低信号干扰和噪声的影响，提高信号的灵敏度和准确性，从而保证通信的顺畅和稳定。

针对装甲车辆的实际场景，接收机的主要作用是将接收到的微弱射频信号进行放大，滤除不需要的干扰信号，并解调出有用信号供后续信号处理使用。因此，接收机的设计难点是如何在滤除不需要信号的同时又不失真地放大、解调出需要的信号。

3.2.3 接收机的分类

接收机按照用途可以分为导航型接收机、测地型接收机和授时型接收机。

导航型接收机主要用于运动载体的导航，其可以实时给出载体的位置和速度。该类接收机一般采用 C/A 码伪距测量，单点实时定位精度较低，一般为±25 mm，当 SA 影响时为±100 mm。该类接收机价格便宜，应用广泛。根据应用领域的不同，该类接收机还可以进一步分为：车载型，用于车辆导航定位；航海型，用于船舶导航定位；航空型，用于飞机导航定位

(由于飞机运行速度快,因此在航空上用的接收机要求能适应高速运动);星载型,用于卫星的导航定位(由于卫星的速度高达 7 km/s 以上,因此对接收机的要求更高)。

测地型接收机主要用于精密大地测量和精密工程测量,其定位精度高,仪器结构复杂,价格较贵。

授时型接收机主要利用 GPS 卫星提供的高精度时间标准进行授时,常用于天文台和无线电通信中时间同步。

接收机按照接收信号类型可以分为模拟接收机和数字接收机。

数字接收机是指利用数字处理技术进行信号处理和解调的接收机,其具有较高的灵敏度、抗干扰能力和灵活性,但电路比较复杂,需要相应的数字信号处理技术支持。下面重点介绍模拟接收机。

3.2.4 模拟接收机

模拟接收机按照复杂程度、技术性和应用需求可以分为调谐射频接收机、再生式与超再生式接收机、零拍接收机、直接变换接收机、低中频接收机、镜像抑制接收机和超外差式接收机等形式。

1. 调谐射频接收机

调谐射频接收机是无线电技术出现后仅次于非调谐直接检波接收机的第二代接收机,其所有选择性由前端带通滤波器提供,在低频段,采用高 QL－C 电路就可以满足要求;在高频段,前端选择滤波器通常采用 SAW 来实现。实际上的接收机可以是没有射频放大器的最简单电路,如早期的矿石接收机。现在无线应用时,偶尔也会采用 TRP 接收机,用于短距离 RF 识别或遥控。为了获得额外的增益,滤波器和放大器可以级联,但是存在在某一频率增益太高而造成不稳定的问题。

后来采用的一种改进的 TRP 接收机,被称为放大器混合关联(ASH)接收机,通过延迟线在时间上代替频率上的 IF 来分离放大器增益问题,因而对于引起不稳定的低频反馈信号的时间总量,很容易获得需要的隔离。这样就解决了高增益带来的不稳定的问题。但这种接收机很敏感,高频率的选择性差。

2. 再生式与超再生式接收机

简单接收机的选择性是前端滤波器决定的,而灵敏度主要由检波器决定。与有 IF 的接收机相比,仅检波器前端的 RF 增益受限,该检波器前端增益可达 100 dB。大多数简单的检波器都有明显的损耗,这同时也增加了获得足够可用灵敏度的问题。

在 1915 年前后,研发出了能够在震荡的临界工作点处使用的再生式检波器。在波峰处,当反馈在输入调节电路中产生高 Q 值时,通过该电路的信号增益达到很高的值。再生式接收机包括调节反馈的手动再生控制,因此检波器的震荡阀值可以随频率的改变而保持不变,但输入信号对其影响很大。由于需要手动调节,因此再生式接收机不适合大批量生产的无线通信应用。

超再生式检波器的发明改善了上述不足。这里的“超”是在超音频信号时工作的关键。在超再生式检波器中,手动再生控制被听不见的猝歇震荡信号替代,检波器通过临界增益点超音频速率循环,其结果是,该检波器具有接近再生检波器的灵敏度,但不需要手动调节。

3. 零拍接收机

零拍接收机是比较早的一种接收机，如 AM 收音机。零拍接收机常用在低成本测量 RF 输入信号的网络中，如比幅定向 DF 系统；还可以用来测量输入 RF 信号间的相对相位，如比相定向 DF 系统。把射频宽带信号折叠到固定中频的零拍接收机功能，使得幅度测量可以在中频执行，改善了测量精度和动态范围。由于这里的固定中频可以选择标准处理频率，如 160 MHz，在多通道应用中可降低成本，通过避开测量过程中的 RF 输入频率来改善测量精度，因此，可以选择相对较低的固定中频频率，使得动态和成本的改善得以实现。

零拍接收机基本原理为：RF 输入频率经放大器放大后被 RF 带通滤波器滤波，该信号通过定向逻辑会提供给镜像抑制混频器和第二混频器。本振信号源向镜像抑制混频器提供偏移频率 f，输出和频 f_0+f_d 经滤波放大后提供给第二混频器，在第二混频器中与输入射频信号混频后输出差频 f_d。对任何输入 RF 信号，输出中频始终维持在固定的偏移频率。尽管在算法上偏移频率可以大于输入 RF 带宽，但由于很高的频率会增加 IF 部件成本，因此实际应用中不采用这种偏移频率选取方案。如果镜像抑制混频器输出信号在 RF 放大器增益足够高的情况下，则第二混频器的本振信号电平可以保持在恒定的功率电平，中频输出信号电平正比于输入 RF 信号电平。因此，零拍接收机可提供正比于输入 RF 电平，但与输入 RF 频率无关的固定中频频率输出。多个零拍接收机分接不同的天线，构成了基本的比幅或比相定向 DF 系统。

尽管零拍接收机有很好的理论和实践基础，但实际应用中还是受到许多因素的限制。首先是镜像抑制混频器的性能限制。镜像抑制混频器的目的是去掉混频后的镜像边带，但由于镜像抑制混频器中存在负向误差，因此对镜像一直影响很大。其次是同时出现多个信号对零拍接收的影响。如果在偏移频率带宽内出现两个等功率的射频信号，则第二混频器就有两个等功率的本振信号。由于 RF 端有两个信号，LO 端有两个信号的混频器产生相应和频、差频信号产生的 4 个输出到中频混频器，对中频信号的本质影响体现在图像的误差上。

一般来说，零拍接收机产生的幅相峰值误差与弱镜像抑制的情况类似，解决的办法也与镜像抑制问题中讨论的相类似，即减少偏移频率通道的带宽，以降低由偏移频率通道同时出现多个信号的可能。

对偏移频率通道带宽变化的信道化零拍接收机可以有效解决宽带多天线定向系统的实用性成本问题。对于基本性零拍接收机，其灵敏度与晶体视频接收机相同；而对于信道化的单个信道接收机，其灵敏度得到本质的改善，接近超外差接收机的灵敏度。

4. 直接变换接收机

对于直接变换接收机，其外差接收的本振（正交注入混频器）频率与变频前信号载频相同。由于信号载频与本振频率重合，没有镜像分量，因此对变频前的射频放大器和变频器的选择性要求大为降低，其关键是需要一个高增益、高隔离度、宽动态范围和低噪声的混频器。

直接变换接收机与零中频接收机的主要区别是不需要锁相模块来实时调整晶振偏差，而直接使用一个自由本振，与一般意义上的软件接收机的区别在于 A/D 的位置不同。

直接变换接收机的优点是把射频信号下变频到接近于直流的低频信号，从而避免了直流成分对信号的影响；相对于零中频接收机比较容易实现载波恢复；具有零中频接收机集成度高、体积小的优点。其缺点是 I/Q 不平衡度很敏感，像外差接收机一样需要考虑镜像频率的抑制问题。

5. 低中频接收机

低中频接收机的架构与零中频接收机类似，RF 前端也没有镜像抑制滤波器，也不需要进行频率规划，但是中频不是 DC，而是一个很低的频率。

与零中频接收机架构相比，低中频接收机架构的优点在于：

(1) 闪烁噪声要更低

低中频虽然频率不高，但是毕竟不在直流，所以闪烁噪声相对要低，这对于 CMOS 工艺的集成电路很有吸引力。

(2) 没有直流偏移问题

因为有用信号距离直流隔着一个中频，所以没有直流偏移问题；但是，与零中频接收机架构相比，其缺点也是镜像抑制问题。因为 IF 很低，所以无法在 RF 前端通过 RF 滤波器来滤除。

由于接收链路的二阶非线性会对具有幅度调制的干扰源进行解调，所以需要选择合适的中频，将这种干扰产物排除在中频之外。关于二阶非线性的对 AM 的解调，可以参考二阶失真产物——零中频接收机的另一个痛点。

一种低中频接收机架构的典型应用如图 3－10 所示，其中，包括了具有偏移锁相环(OPLL)的超外差发射机的框图。低中频接收机是通过数字双正交下变频器来获得链路所要求的镜像抑制的。

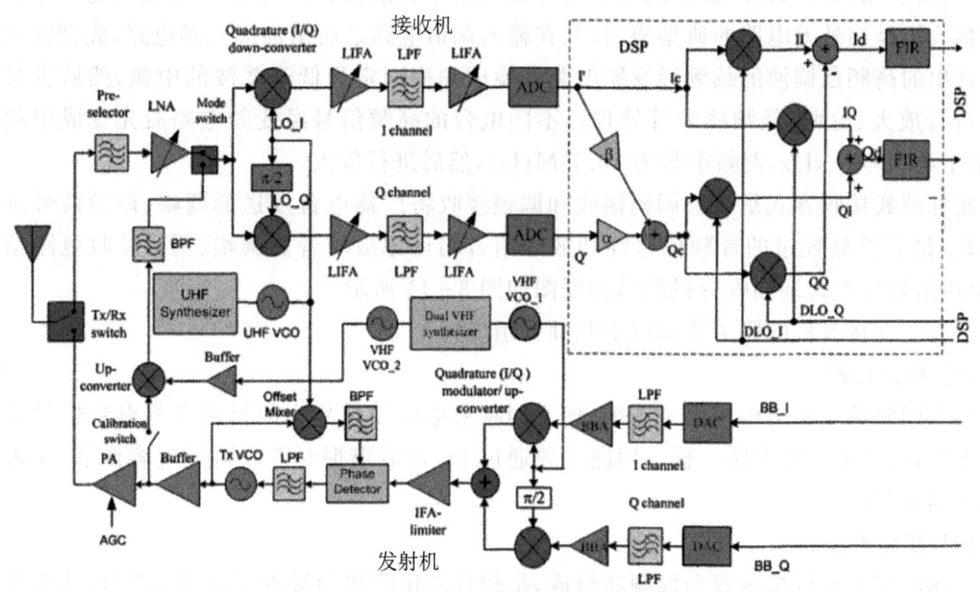

图 3－10 低中频接收机架构的典型应用

低中频接收机的工作模式有两种：一种是正常接收模式，另一种是校准模式。在正常接收模式下，Mode switch 接通天线与 LNA 的通路，Calibration switch 断开。接收信号先通过预选滤波器并被低噪放放大后，进入 IQ 正交混频器变频到低中频 I 路和 Q 路信号，然后再经过低频放大器放大，LPF 滤除高频分量后再进入 ADC，转换为数字 I 路和 Q 路信号。在 ADC

模块之后，信号的处理都是在数字域进行。

因为模拟 I、Q 路低中频信号会有 IQ 不平衡，所以采样得到的数字 IQ 信号也存在 IQ 不平衡。这种 IQ 不平衡，会恶化接收机的镜像抑制度。因此，在进一步下变频前，需要对 IQ 不平衡进行补偿，补偿量则是通过校准工作模式获得。补偿后的 I 路和 Q 路信号，进入数字双正交下变频器，从而产生数字基带信号，分别为 II、IQ、QI 和 QQ。数字双正交转换器的最终 I 路输出为 II－QQ，最终 Q 路输出为 IQ＋QI。

6. 镜像抑制接收机

外插式接收机的主要缺点是镜像频率的干扰。我们知道，镜像频率和工作频率以本振信号为中心对称分布，在混频器中，镜像频带和本振混频下变频到工作频带一样的中频频带的现象称为镜像频率干扰。因此，镜像频带内的信号和干扰就会干扰到中频频带内的工作信号。

为保证接收信号的质量，传统的镜像抑制方法是在射频频率的镜像频段利用滤波器来去除镜像频率，对于更高的抑制要求，则采用滤波器和镜像抑制混频器相结合的方法。镜像抑制构架对于研发集成解决方案，减少诸如滤波器元器件数量尤为重要。两种常见的镜像抑制技术为哈特利结构和韦弗结构。

7. 超外差式接收机

超外差方法最早是由 E. H. 阿姆斯特朗于 1918 年提出。这种方法是为了适应远程通信对高频率、弱信号接收的需要，在外差方法的基础上发展而来的。外差方法是将输入信号频率变换为音频，而阿姆斯特朗提出的方法是将输入信号变换为超音频，故而称之为超外差。超外差式接收机是超外差电路的典型应用，其在输入调谐电路之后增加了变频电路，先把输入调谐回路选出的高频已调波的载频经变频电路变换成频率固定且低于载波的中频，然后再对中频信号进行放大、解调、低频放大等处理。不同电台的高频信号经变频电路后先变成中频信号(调幅中频为 465 kHz，调频中频为 10.7 MHz)，然后进行放大。

超外差式接收方式是通过调幅接收和调频接收将广播电台发送的调幅、调频信号进行加工处理，最后将处理过的音频信号经功放送给音箱还原成声音。调幅、调频接收电路结构相似，单声道超外差式调幅收音机的结构框图如图 3－11 所示。

超外差式接收机电路主要由以下几部分组成：

(1) 输入回路

输入回路最主要的作用就是选频，把不同频率电磁波信号中的特定频率电台信号选择并接收下来，送入下一级电路。输入回路一般通过 LC 串联谐振对双联可变电容调节，实现选频及频率同步跟踪。

(2) 变频电路

变频电路由本机振荡器和混频器组成，是超外差接收机中最重要的组成部分，主要作用是将输入电路选出的各个电台信号的载波都变成固定中频(465 kHz)，同时保持中频信号与原高频信号包络完全一致。因为 465 kHz 中频信号的频率是固定的，所以本机振荡信号的频率始终比接收到的外来信号频率高出 465 kHz，这也是“超外差”得名的原因。

(3) 中频放大电路

中频放大电路又称为中频放大器，其作用是将变频级送来的中频信号进行放大，一般采用变压器耦合的多级放大器。中频放大器是超外差式收音机的重要组成部分，直接影响着收音

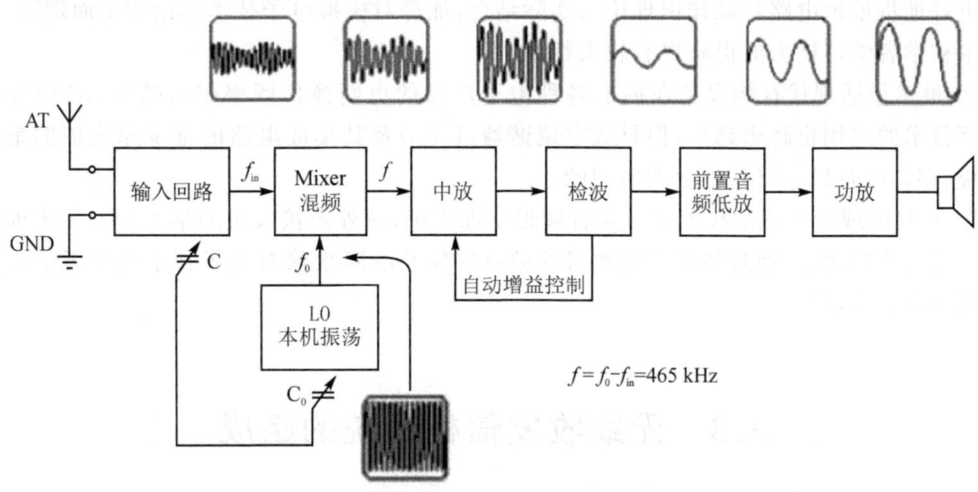

图 3-11 单声道超外差式调幅收音机的结构框图

机的主要性能指标。

(4) 检波和自动增益控制电路

检波的作用是从中频调幅信号中取出音频信号，常利用二极管来实现。音频信号通过音量控制电位器送往音频放大器，而直流分量与信号强弱成正比，可将其反馈至中放级实现自动增益控制(AGC)，从而使检波前的放大增益随输入信号的强弱变化而自动增减，以保持输出的相对稳定。超外差式接收机的中频放大电路采用了固定调谐电路，这一特点与直放式接收机相比有如下优点：

① 用作放大的中频，可以选择易于控制的、有利于工作的频率(我国采用的中频频率为465 kHz)，以便适合于管子和电路的性质，能够得到较为稳定和最大限度的放大量。

② 各个波段的输入信号都变成了固定的中频，电路将不因外来频率的差异而影响工作，从而各个频带就能够得到均匀的放大。这对于频率相差较大的高频信号(短波)来说，是特别有利的。

③ 如果外来信号和本机振荡相差不是预定的中频，就不可能进入放大电路。因此，在接收一个需要的信号时，混进来的干扰电波首先就在变频电路被剔除掉。又因为中频放大电路是一个调谐好的带有滤波性质的电路，所以收音机的灵敏度、选择性、音量和音质等方面，都远优于简易型收音机。

超外差式接收机的缺点是线路比较复杂，晶体管和元件使用较多，故而成本较高，同时也存在着一些特殊的干扰，如像频干扰、组合频率干扰和中频干扰等。

随着科技的发展，收音机从矿石收音机、电子管收音机、晶体管收音机、集成电路收音机，到使用微电脑处理器的数字调谐收音机；收音机的基本电路形式也从直接放大式、超外差式，到多次变频式电路。DTS(数字调谐系统)技术收音机的问世，标志着收音机的数字时代已经到来，但同时也应该看到模拟技术下的超外差式接收机电路，依然有其存在价值：

① 虽然集成电路和微电子技术的发展越来越快，电子技术数字化、集成化程度也越来越高，但是数字化程度再高，最终也必须转换成模拟的声音、色彩等才能被人类所感知。因此，模拟电子技术依然是整个电子技术的基础，通过系统了解超外差式接收机各部分电路工作原理，

可以更好地将模拟电路基础知识理论与实际结合，加深对模拟电子技术理论的全面理解，对电子技术初学者学习能力的提高也有较大帮助。

② 虽然包括现代音响设备在内的各种电子产品的更新换代频率越来越快，IC设计电路及数字技术的应用也越来越广，但是数字调谐器（DTS）及其集成电路的基本原理依旧是建立在调幅、调频收音机电路基础上而实现的。

③ 在我国现行中职学校电子专业音频设备课程中，超外差接收机的学习及安装实训仍然占有一定的课时比重，通过超外差接收机的整机安装及故障维修对电子技术初学者学习能力的提高也有较大帮助。

3.3 无线收发信机系统的组成

一般的收发信机系统由发射机和接收机两部分组成，从而实现无线信号的接收和发射功能。以超短波通信设备为例，超短波收发信机设备主要由显控单元、基带处理单元、中频/频合单元、射频单元和电源单元等5部分组成，其组成框图如图3-12所示。

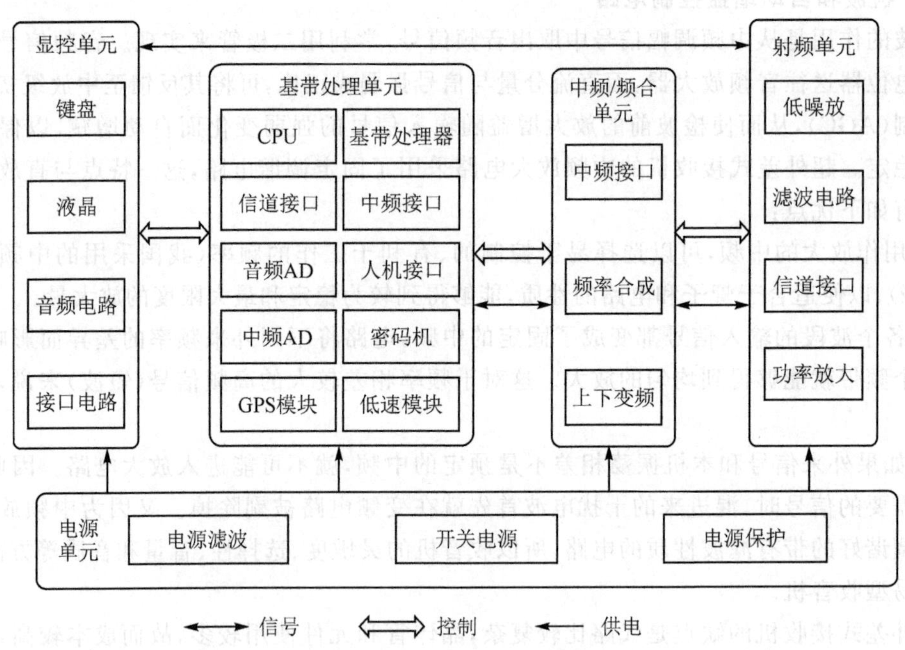

图3-12 超短波通信设备组成框图

各单元主要功能如下：

1. 显控单元

显控单元主要完成面板操作显示，音频信号滤波放大，提供各类对外接口，以及完成数字信号电平变换等功能。

2. 基带处理单元

基带处理单元主要完成系统状态维护、调制解调、上下变频、跳频控制/纠错编码、信道管理、MAC控制和分组无线网等功能。

3. 中频/频合单元

中频/频合单元主要完成本振信号产生、中频滤波和放大、场强检测和自动增益控制等功能。

4. 射频单元

射频单元主要完成收信号放大、调谐滤波、收自动增益控制、发信号滤波放大、发功率控制和收发控制等功能。

5. 电源单元

电源单元主要提供各单元需要的电源，与车载适配器通信的红外接口，以及参数保存功能等。

3.4 无线收发信机系统的设计

3.4.1 无线收发信机系统架构概述

随着科技的发展进步，无线收发信机系统架构也随之迭代和飞速发展，经历了“ARM+DSP+FPGA”分离式架构、软件无线电架构(SCA)，以及近年来的单片SoC架构完成整个收发信机处理。其中，基于SCA架构是应用最广泛也最受欢迎的一种技术架构，单片SoC架构是近年来发展的趋势。

1. 软件无线电架构发展情况

软件通信体制结构是软件无线电设计方法的核心思想体现，从系统层面上提出了构造软件无线电台的方法和要素，以及在该框架下软件的通信体制和管理方法。一个基于SCA架构的系统由一个操作环境(Operating Environment，OE)和一个或多个应用程序(application)构成。操作环境负责管理和执行SCA组件(component)，又可细分为操作系统(Operating System)、传输机制(Transfer Mechanism)、核心框架(Core Framework Control)和平台设备(Platform Device)、平台服务(Platform Service)。SCA的体系结构如图3-13所示。

欧美军用无线通信电台历经数代的发展，目前已经全面进入了基于SCA架构的宽频段、多任务网络电台时代，如Thales公司的AN/PRC-148电台、Harris公司的AN/PRC-155电台，都具有完善的配套附件，为单兵在战场上提供安全、可靠的话音、数据通信。

综合分析以美军为代表的综合化通信装备的现状，总体而言，通过软件无线电技术的运用，解决了美军现役战术通信系统频带波形单一、带宽和功率难以调整、非模块化结构成本高、升级难等问题。目前，软件无线电技术应用已比较成熟，美军软件无线电装备已大量投入实战。相较于传统战术电台，美军软件无线电装备呈现以下发展趋势：

(1) 轻量化软件平台设计技术

软件无线电小型化装备受功耗、资源等条件限制，无法配置较高性能处理器，为保证波形

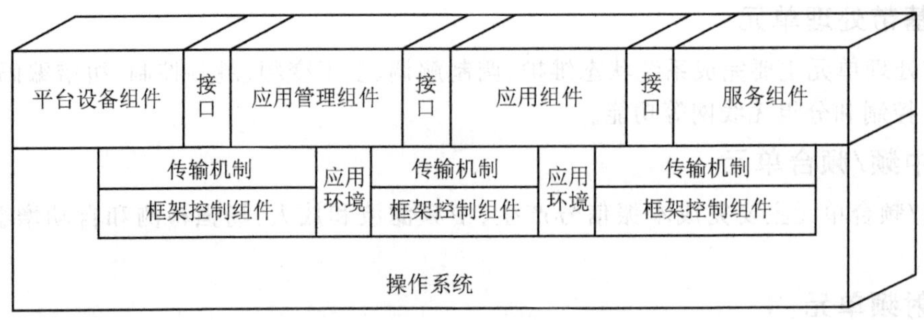

图 3-13 SCA 体系结构图

软件的运行性能，要求通用软件平台必须是轻量级的。

软件平台体系遵循 SCA 架构规范，结构如图 3-14 所示，包括硬件抽象层、操作环境层、核心框架层和应用组件层。

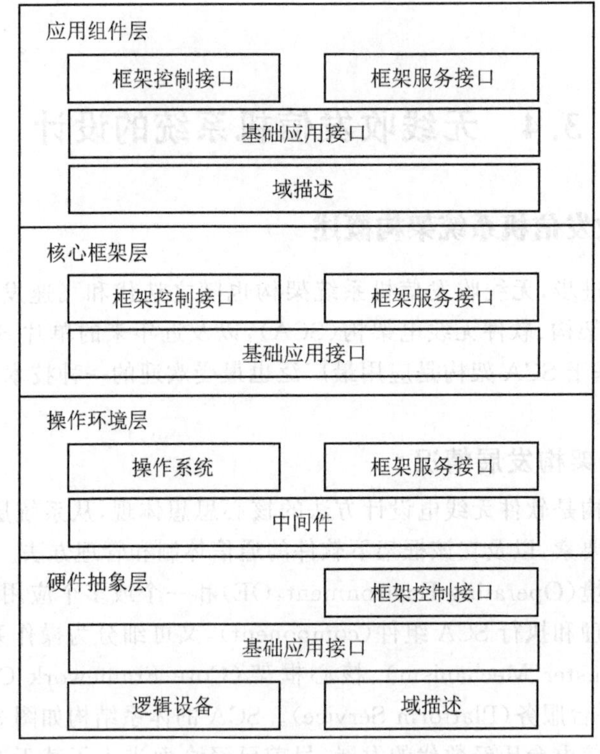

图 3-14 SCA 软件结构

硬件抽象层提供相关硬件模块底层驱动和基于中间件的逻辑设备接口，其中，基于中间件的逻辑设备接口可以实现系统对硬件的控制、管理与配置。

操作环境层包括实时操作系统和中间件，其中，实时操作系统为整个软件体系架构提供必要的底层服务和多线程处理能力的支持；中间件是逻辑软总线，为处于不同层次的不同软件模块提供标准化的接口服务，实现不同软件模块在系统中的即插即用。

核心框架层主要实现符合 SCA 架构的核心框架服务（如核心框架域管理、核心框架控制接口等），并对相关核心框架服务进行封装，提高核心框架在不同操作系统上的移植性。

应用组件层实现软件无线电系统的各项具体功能和波形，由波形设计人员开发，需要严格遵循 SCA 架构所定义的各种服务接口。

在该软件体系架构的支撑下，平台系统可有效屏蔽不同硬件模块的差异，为系统软件提供标准的硬件操作接口，实现平台系统功能的软件化。

(2) 硬件抽象层技术

硬件抽象层为硬件模块上的软件模块间的通信提供了一个独立的硬件平台。硬件抽象层通过对具体的硬件实现进行抽象，其介于硬件平台和运行于硬件平台的软件之间，负责完成软件设计中与硬件相关的内容，完成相关的接口功能，使软件的设计能很好地独立于硬件，有效地提高软件设计的可移植性，是软件无线电通信装备实现软件设计与通用硬件平台开发相分离的关键技术之一。

多体制软件无线电通信平台主要完成信息处理、网络协议处理、基带数字信号处理和中频数字信号处理等业务数据到射频信号的处理功能，支持基于交换的信道与基带资源动态重组与功能重构，以及不同通信波形的加载运行。

图 3-15 是多体制软件无线电通信平台硬件架构，主要由多频段信道模块、信号处理模块、控制管理模块、业务接口模块，以及电源、时频源、存储、健康管理等系统和红黑隔离的数字交换网络组成，并支持符合统一接口标准的其他扩展模块插入。信道方向以射频拉远及交换矩阵方式与多天线及射频前端连接，管理业务方向通过管理/业务接口接入平台系统。

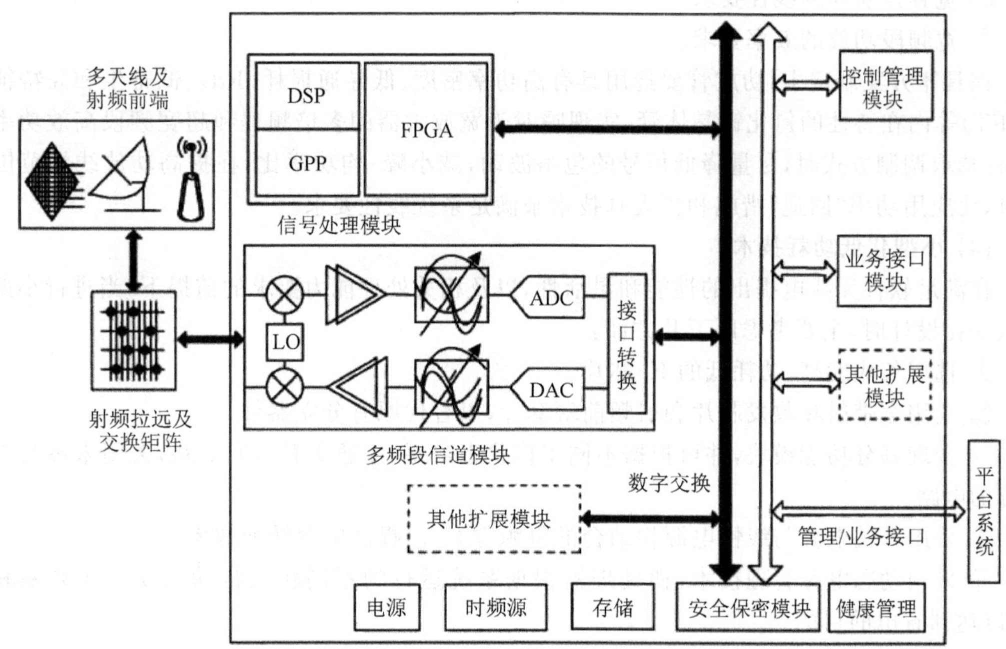

图 3-15　多体制软件无线电通信平台硬件架构

以软件为核心的平台系统要求系统硬件在架构上具备通用性，以满足波形组件运行时的动态加载和维护时期的更新、移植，并保证平台的可扩展性。平台硬件设计采用面向对象的方法进行硬件模块划分，并规定关联属性。在运行各波形应用时，依据这些属性把波形组件分配至 FPGA、GPP、DSP 等相应硬件资源，从而实现在统一的硬件平台运行不同的通信体制波形。

(3) 宽带可重构射频技术

1) 射频芯片化

采用单芯片射频平台解决方案，RF芯片集成LNA、Mixer、放大器和IQ调制器等RF前端以及IF电路(ADC、DAC)，单一芯片可以完成收发通道的射频及中频处理，提供零中频的数据流给FPGA、DSP或者其他的基带芯片。该方案相比射频分立方案功耗极低，并可大幅度减小模块体积。

2) 统一射频接口规范

软件无线电设备的一个重要特点是硬件模块具有通用性，同样的硬件模块能够支持不同的波形。由于在现役通信装备中，不同厂家按照自定义的方式设计自己的射频接口，这就造成射频模块不具有通用性，无法支持不同的波形，从而严重影响了整个设备的通用性。设计一个能够满足所有规划波形要求的射频接口规范，根据该规范统一各单位研制的射频模块接口，从而真正实现波形与硬件平台的相互独立。

3) 宽带线性功率放大器

宽带信道用于传输高效数字调制波形，高效数字调制势必要求通信信道为线性信道。而末级功放为整个发射信道的核心部分，其线性度决定了整个发射信道的线性度。因此，对2 MHz～2.55 GHz宽带功放设计需考虑以下三个方面要求：

① 宽频段功放的功率平坦度要求。

② 宽频段功放的线性要求。

③ 宽频段功放的效率要求。

在具体方案制定中，功放管要选用具有高功率密度、低导通损耗(Rd)、低寄生和高特征频率(FT)等内在特性的氮化镓晶体管，实现瞬时带宽放大器的多倍频程和超宽频段高效功率输出；在选取调制方式时，尽量降低信号的包络波动，减小峰-均功率比；在提高功放线性范围的同时，要应用功率“回退”措施和预失真技术来满足系统线性要求。

(4) 小型化低功耗技术

在满足软件无线电提出的性能和灵活性，以及相关处理能力要求的前提下，当进行小型化和低功耗设计时，主要考虑以下几方面：

① 选用集成度高、功耗低的IC芯片。

② 采用宽带射频收发芯片和射频前端套片，以替代原有分立器件。

③ 合理划分功能模块，并可根据不同工作状态需要，接通所需功能电路，关闭未参与工作部分的电路。

④ 采用开关电源与线性电源相结合的电源方案，以提高电源转换效率。

⑤ 采用动态电源管理技术，使处理器根据系统运行的不同状况自动切换工作频率和电压，以达到省电的目的。

2. 分离式架构发展情况

在注重硬件平台的开放性，贯彻通用化、组合化、系列化设计原则下，采用标准总线及模块化设计。在保证电子元器件自主可控的前提下，广泛应用通用的ARM、SoC、FPGA等大规模集成电路和制造工艺，提高整机集成度，减小体积重量。通过有效的设计措施以满足产品的可靠性、维修性、测试性、保障性、安全性以及环境适应性等要求。注重设备电磁兼容设计，满足同频段和不同频段多部无线通信设备同址工作的应用场景，进一步提升信号传输的可靠性和稳定性。

3. 基于SoC芯片架构发展情况

SoC是System on Chip英文缩写，称为系统级芯片，也称为片上系统，一般情况下，其集成了芯片逻辑控制模块、微处理器CPU模块、数字信号处理DSP模块、存储器模块，以及外部通信接口，如图3-16所示。

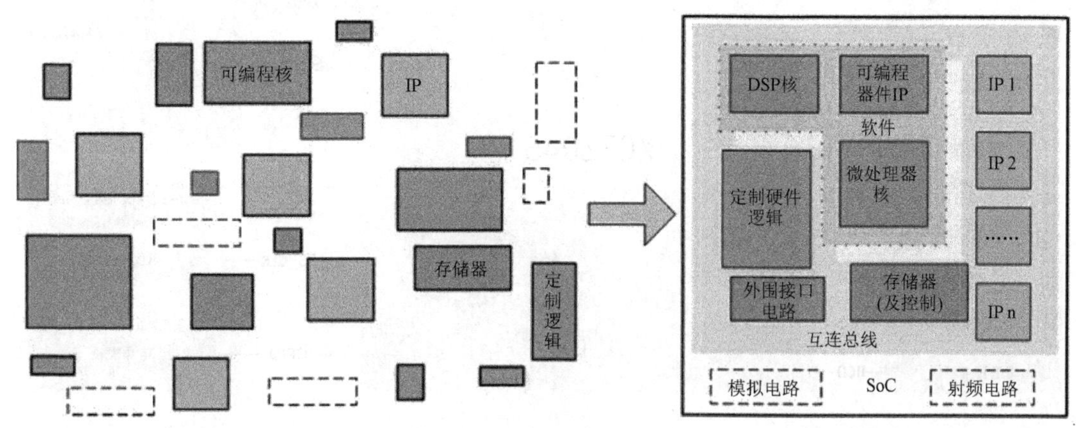

图3-16 SoC芯片组成

SoC芯片具有三个显著的特点：一是硬件规模庞大，通常基于IP设计模式；二是软件比重大，需要进行软硬件协同设计；三是芯片上集成了更多的配置电路，节省了集成电路的面积，也节省了成本、功耗。可见，SoC在性能、成本、功耗、可靠性以及生命周期与使用范围各方面具有明显的优势，因此它是集成电路设计发展的必然趋势。目前，在性能和功耗敏感的终端市场，SoC已经占主导地位。

目前较为常用的SoC芯片是赛灵思XC7Z系列，其拥有高达800 MHz主频的高性能四核处理器集群，是片上系统的核心，具有32 kB指令缓存(I-Cache)和32 kB数据缓存(D-Cache)，以及256 kB的L2-Cache。片上系统包括片上DDR3存储器、高速外部存储器接口、高速通信USB和千兆以太网接口、通用存储器接口和丰富的标准外设接口。DDR3存储器能满足大量的高速数据存储需要；几个普通的32位计时器可以作为计时基础；多通道DMA控制器可以用来分担处理器的工作，加速数据在片上存储器、DDR存储器、众多外设，以及FPGA内部存储器和FPGA扩展的外设之间的传输；Quad SPI Flash接口可以提高CPU访问的速度，使得处理器可以直接在Flash上运行程序；FPGA可编程逻辑提供高达350 K逻辑资源(型号不同则FPGA资源不同)；多种片上存储器模块和数字信号处理单元能满足用户自定义的接口和系统设计。芯片内部使用高性能AMBA总线连接处理器、存储器、众多外设和可编程逻辑部分。

基于该芯片，外围设计AD/DA芯片、射频PA、LNA、电源管理、接口处理等辅助模块，可实现一个完整的无线通信设备硬件方案，如图3-17所示。

3.4.2 典型的无线收发信机方案

典型的无线收发信机硬件部分主要由接口控制模块、信号处理模块、射频信道模块、功放

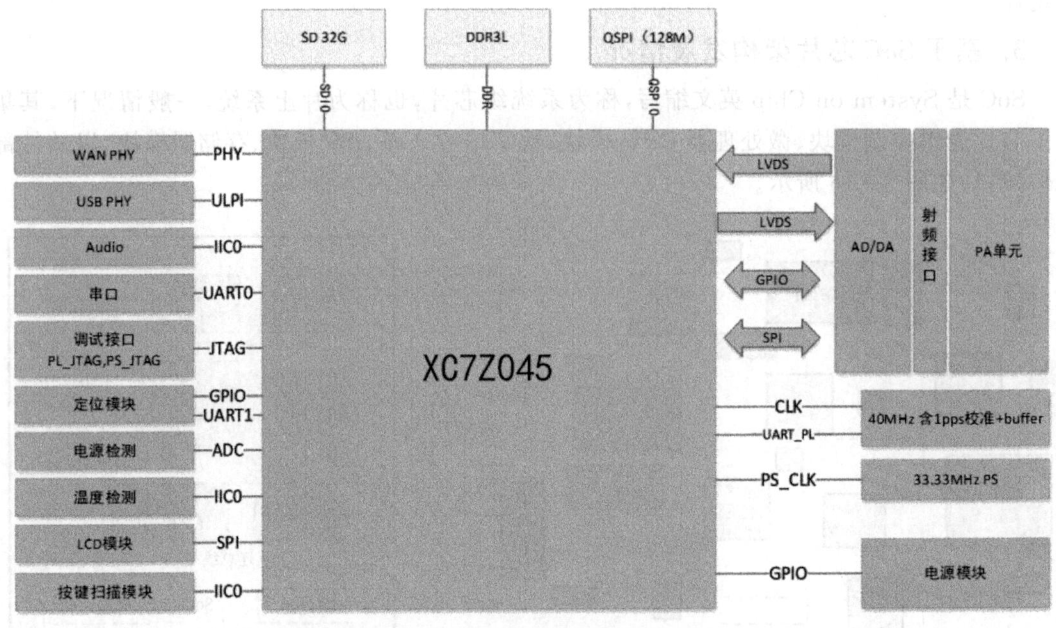

图 3-17　基于 SoC 架构的无线通信收发信机框图

滤波模块、电源模块等组成，连接关系如图 3-18 所示。

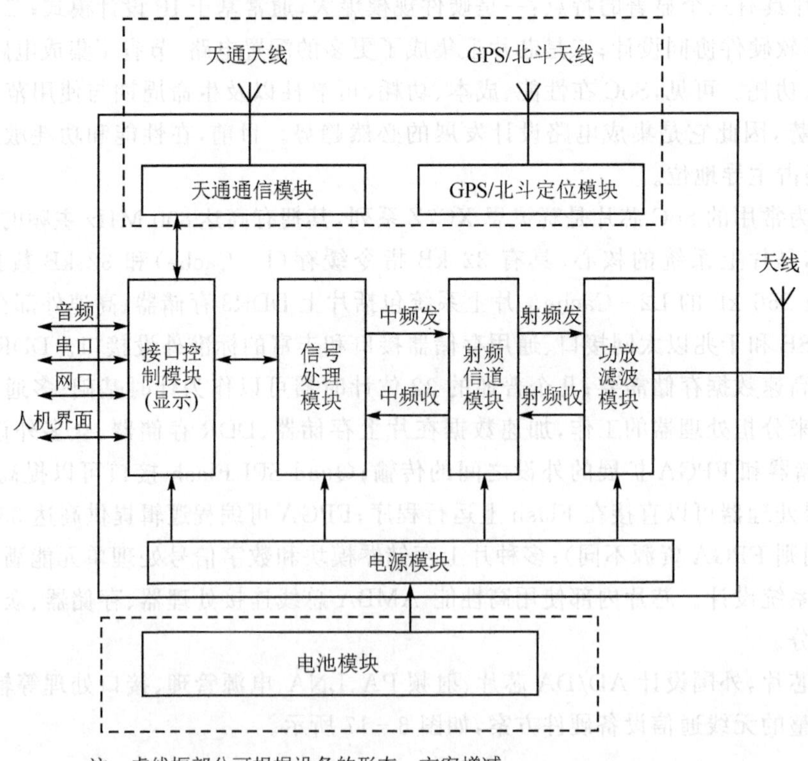

注：虚线框部分可根据设备的形态、方案增减。

图 3-18　典型的无线收发信机原理框图

1. 信号处理模块

(1) 功能描述

信号处理模块是通信主机的核心，用来实现无线通信系统的基带数字信号处理，包括信道编解码、调制解调、上下变频、跳频抗干扰、时序控制等物理层信号处理，逻辑链路控制、MAC接入控制等链路层处理，无线网络应用等网络层协议处理功能。

(2) 技术指标

1) 处理资源

① 1片SoC，双核ARM(Cortex A9)＋FPGA。

② SoC外挂1 GB DDR3、256 MB QSPI Flash、32GB SD card。

2) AD/DA指标

① 射频收发集成12 bit DAC和ADC。

② 射频收发频率范围：70 MHz～6 GHz。

③ 信号带宽：＜200 kHz ～ 56 MHz。

(3) 实现方案

信号处理模块原理框图如图3－19所示。

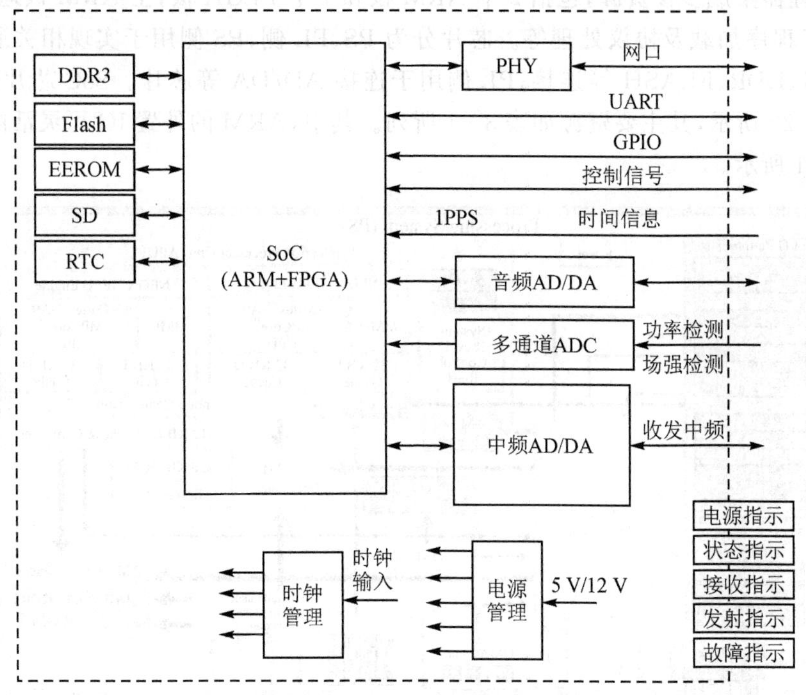

图3－19 信号处理模块原理框图

信号处理模块采用高性能处理器为核心进行构建。在设计中充分考虑了可扩展、可重用性，单板上的软硬件模块可复用、系统可重构、波形可加载、新波形易扩展。

① SoC处理器中ARM部分用于加载链路控制组件，实现波形运行时的链路控制、网络协议控制实现等功能；同时，通过加载通用软件体系架构为波形应用提供底层支持，以及实现网口、串口等对外接口功能。DSP部分用于加载信源编解码组件、纠错编解码组件、调制解调

组件、链路控制组件和信道控制组件，可实现信源编解码、信道编解码、交织、调制解调、信道控制以及波形流程控制等处理；当通信波形信号带宽较宽、信号速率较高时，部分编解码与解调运算处理在 FPGA 中完成，采用 DSP 与 FPGA 协同处理方式实现基带信号处理。FPGA 部分主要用于加载中频处理组件、均衡同步组件、扩频解扩组件以及调制解调组件，实现信号发送时扩频、调制、上变频处理，以及接收时下变频、均衡同步和解扩处理；同时，通过封装底层驱动的方式扩展其他对外接口。

② 中频 AD/DA 实现常规通信信号收中频的 AD 采集和发中频激励信号输出功能。

③ 音频 AD/DA 实现音频信号的发送和接收。

④ FLASH 中存储各芯片运行的软件程序。在加电时，由 ARM 进行软件加载控制；RAM 中存储系统运行时的波形相关参数（频率、功率、数据速率等）、预置频率表等参数，用于波形运行时调用。

⑤ 时钟：FPGA 实现同步等精度要求较高的算法，所使用时钟与算法精度相关，其时钟由外部高精度时钟参考经频率合成后送过来提供；处理器的时钟为晶振单独提供。

⑥ 电源：使用开关电源或线性电源转换芯片提供各芯片内核及 IO 电压。

1）SoC 处理器选型设计

SoC 处理器集成多核资源，包括 2 个 ARM 核和 1 个 FPGA 核，主 ARM 核运行嵌入式操作系统，用于程序加载及协议处理等。芯片分为 PS、PL 侧，PS 侧用于实现相关通用接口，包括网口、串口、DDR、FLASH 等连接；PL 侧用于连接 AD/DA 等芯片。SoC 芯片的总体架构框图如图 3-20 所示，其主要资源如表 3-1 所列。其中，ARM 的外置 IO 可灵活配置，配置方式如图 3-21 所示。

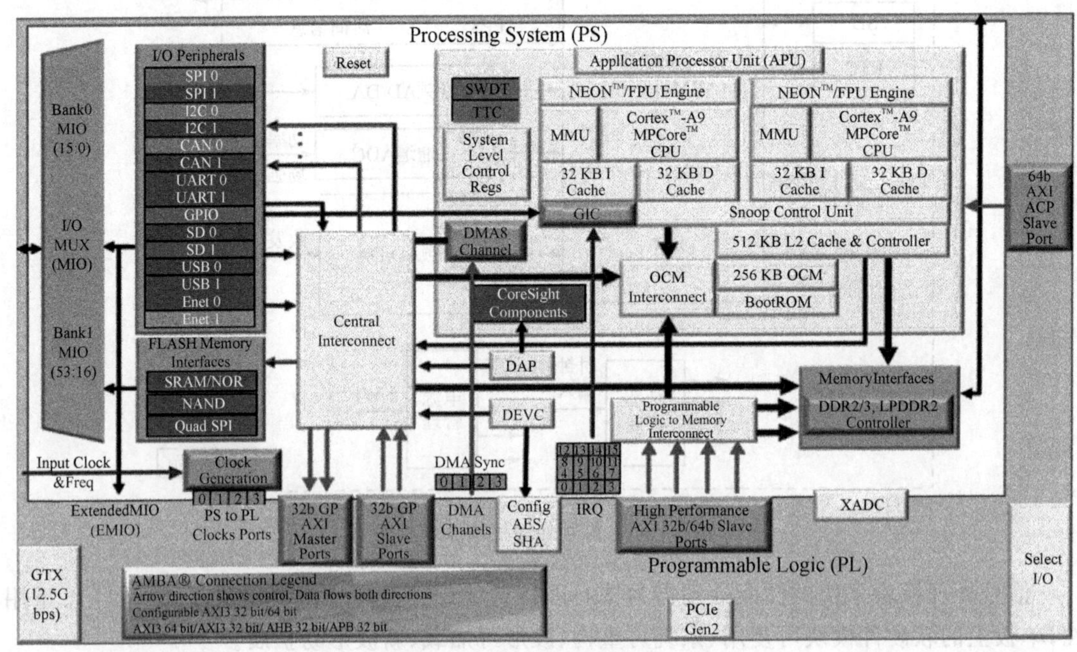

图 3-20 SoC 芯片总体架构框图

表 3-1 SoC 主要资源说明

序 号	资源名称		处理资源	备 注
1	PS 侧	处理器	双核 ARM Cortex A9	
2		工作频率	667 MHz	
3		L1 Cache	32 kB/32 kB	
4		L2 Cache	512 kB	
5		片上存储	256 kB	
6		接口	UART、USB、IIC、SPI、Gigabit Ethernet、SD	
7	PL 侧	Logic Cells	275 K	
8		LUTs	171 900	
9		Flip-Flops	343 800	
10		DSP Slices	900	
11		Total Block RAM	17.6 MB	

2）AD/DA 选型设计

AD/DA 选型为高性能、高集成度的射频捷变收发器，工作频率范围是 70 MHz～6 GHz，集成了射频前端、灵活的基带混合信号、频率合成器、两个模拟数字转换器和两个直接转换接收机，为处理器提供可配置数字接口，简化整体设计。接收通道支持独立的自动增益控制、数字滤波、高动态模数转换等；发射通道采用直接变频，实现较高的调制精度和超低噪声。AD/DA 选用 AD9361，其资源情况如表 3-2 所列。其详细功能框图如图 3-22 所示。

表 3-2 AD/DA 资源说明

序 号	项 目	指 标
1	RF Band	70 MHz～6.0 GHz
2	Tunable Channel BW	<200 kHz～56 MHz
3	RF Connections	4 TX、4RX、2 TX monitor
4	Max output power	6.5～8.0 dBm(典型)
5	Max input power (RX)	2.5 dBm(峰值)
6	Max input power (TX mon.)	9 dBm(峰值)

2. 射频信道模块

(1) 功能描述

射频信道模块采用超外差变频架构，实现对超短波输入输出信号变频、滤波和增益调节，以及对超短波信号的收发和控制。射频信道模块处理通信主机前端射频信号，在接收时，把功放滤波模块送来的信号下变频到适应信号处理模块处理的频率和幅度；在发射时，把信号处理模块产生的低中频调制信号上变频到射频信号，送经功放滤波模块放大后通过天线以电磁波的形式辐射出去。

(2) 实现方案

射频信道模块包括接收通道和发射通道。其中，接收通道由信号输入保护电路(限幅器)、

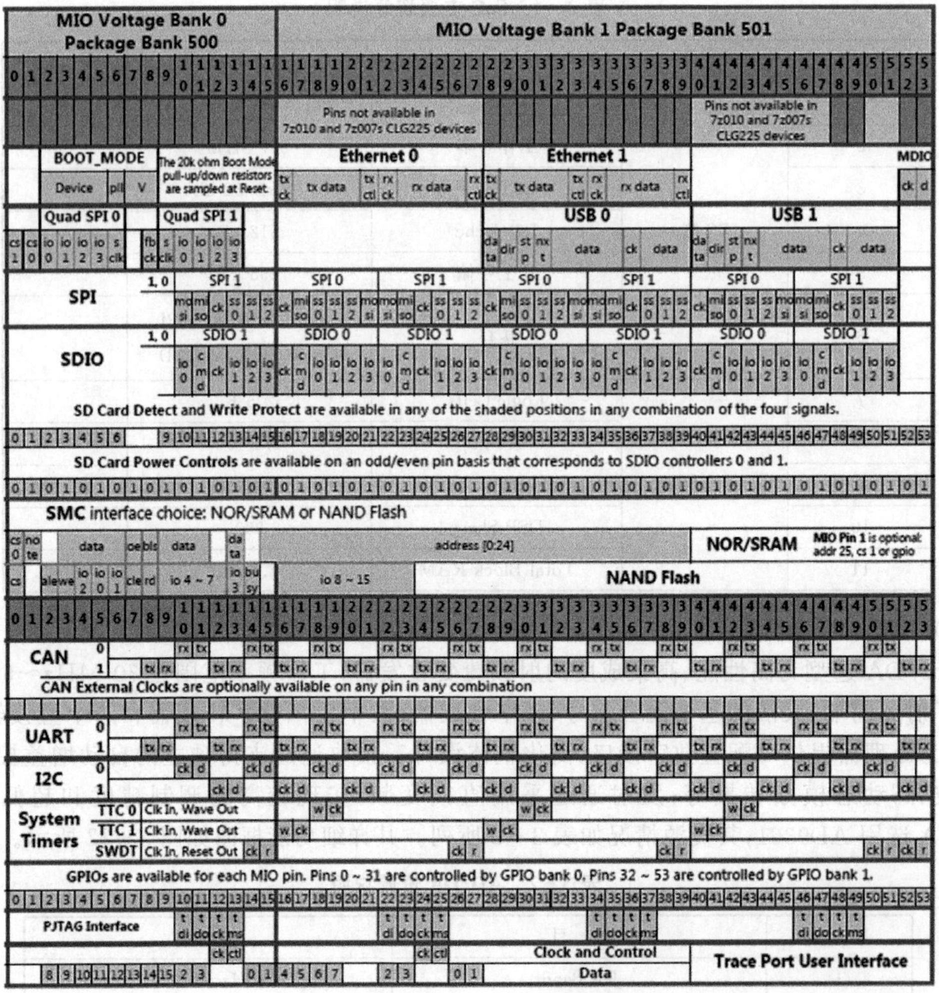

图 3-21　ARM 外设 IO 配置方式

低噪声放大器、混频器、声表滤波器、增益控制电路、供电电路等组成；发射通道由放大器、混频器和带通滤波器组成。

接收通道用于对超短波天线接收的射频信号进行限幅、放大、滤波和频率变换处理，输出中频信号。设计的接收通道采用变频方式，能有效优化带外抑制、动态范围，噪声系数等指标。发射通道中激励信号通过信号处理模块产生的高频率激励信号与一本振信号混频后，经过跳频滤波、放大及增益控制电路后输出，可更好地提高谐波抑制性能。

通道内置功率检测电路，可对收发端口的功率进行检测；内置 AGC 控制电路，可有效防止接收饱和并保证激励信号在允许范围内。射频信道模块收发通道原理框图如图 3-23 所示。

根据技术指标的要求，对接收通道的性能指标进行详细的设计，并根据指标要求调整增益分配，合理分配动态指标，最大限度地发挥接收前端的性能，以达到良好的接收效果。

接收通道接收到 30 MHz～512 MHz 的射频信号后，首先进入限幅器，然后进行低噪声放大，再对信号进行开关滤波选择，经过衰减放大后与本振信号混频，得到中频信号（带宽 20/5/

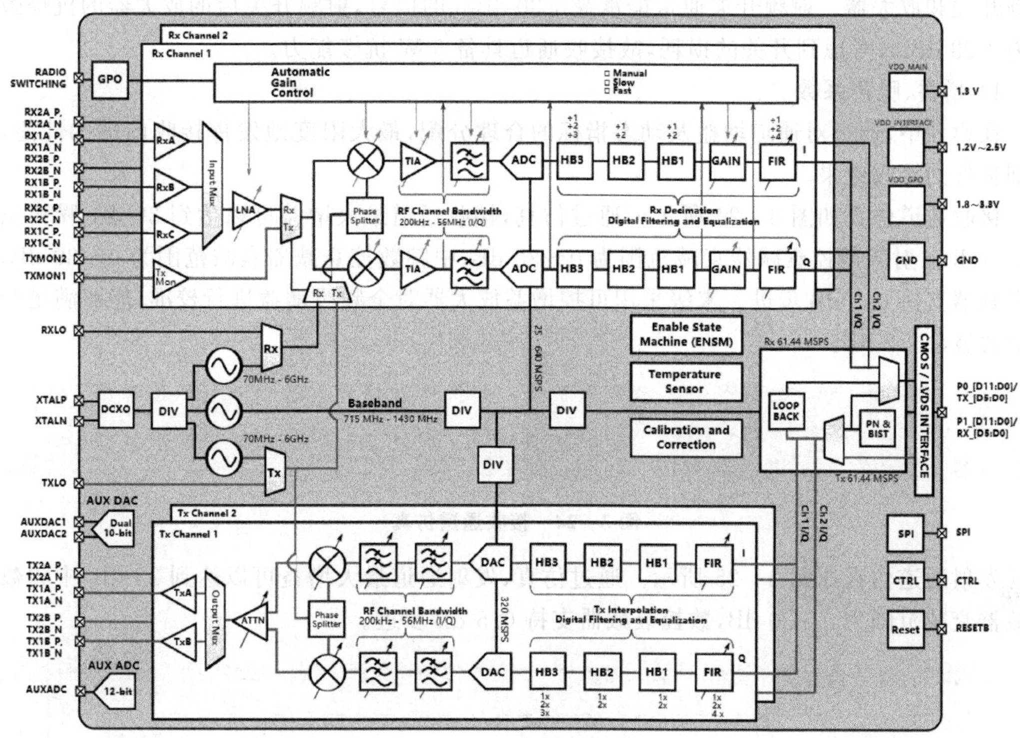

图 3-22 AD/DA 功能框图

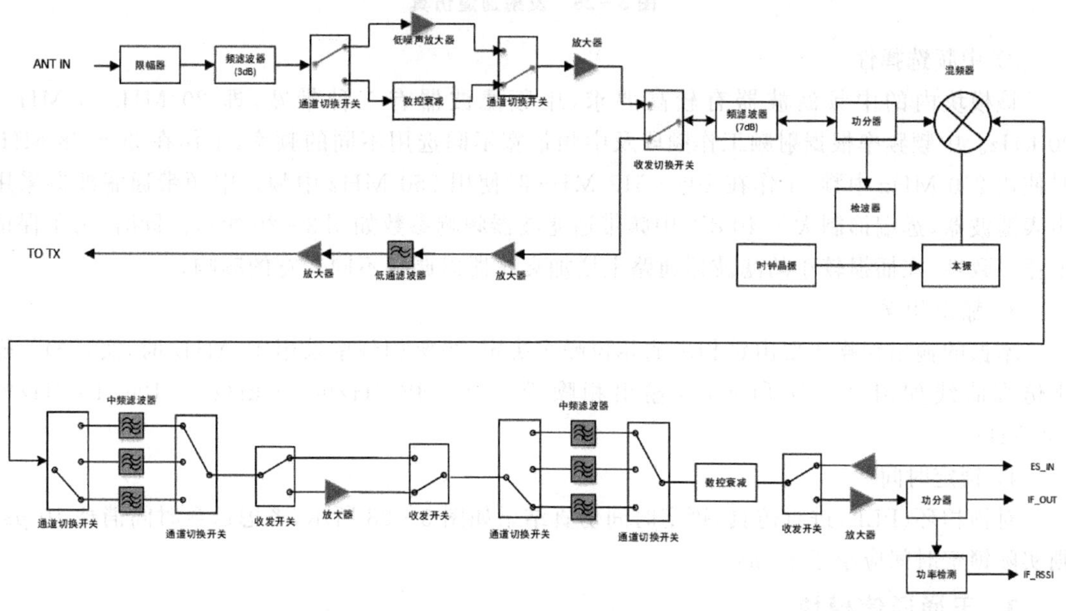

图 3-23 射频信道模块收发通道原理框图

0.09 MHz)，再经过放大、滤波、衰减后输出。

考虑到接收通道对大信号的接收能力和对器件的保护能力，在接收机射频输入端使用了限幅器，能够将输入 5 W 的信号限幅到 +12 dBm，因此抗烧毁功率主要取决于限幅器后级的射频开关和放大器。射频开关通常能承受+30 dBm 的信号，射频开关后的放大器的抗烧毁功率为+23 dBm，考虑到开关的损耗，故接收通道具备 5 W 抗毁能力。

1）增益、噪声系数

在设计中，通过对通道增益及动态指标的合理分配，最大限度地发挥接收前端的性能，以达到良好的接收效果。

接收通道仿真如图 3－24 所示。通过仿真，接收通道最大增益可以达到 39 dB、噪声系数为 5.3 dB。射频数控衰减器衰减范围为 0～30 dB，中频数控衰减器衰减范围为 0～30 dB，数控衰减器支持 0.5 dB 步进。末级采用可控增益放大器对全频段增益进行校准，能够满足全频段增益波动±2 dB。

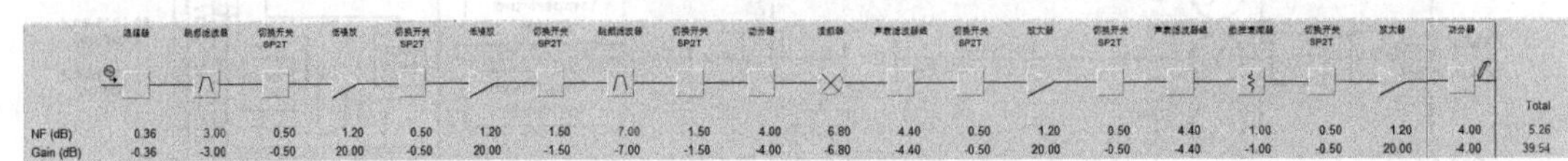

图 3－24　接收通道仿真

发射通道仿真如图 3－25 所示。通过仿真，发射通道最大增益可以达到 28 dB，中频数控衰减器衰减范围为 0～30 dB，数控衰减器支持 0.5 dB 步进。

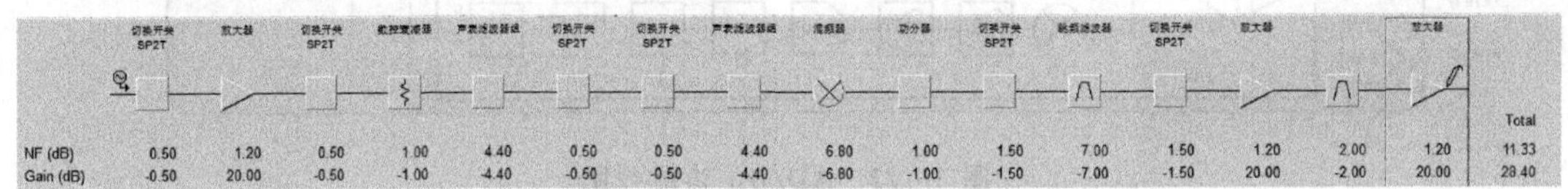

图 3－25　发射通道仿真

2）中频选择性

该模块内的中频滤波器有较高要求，中频滤波器有三种带宽，即 20 MHz、5 MHz、90 kHz。中频频率根据射频工作频段及中频带宽不同选用不同的频率，工作在 30～88 MHz 时使用 250 MHz 中频，工作在 108～512 MHz 时使用 750 MHz 中频。中频带通滤波器采用声表滤波器，远端抑制大于 40 dB，中频带通滤波器频响参数如图 3－26 所示。同时，为了保证增益一致性，在插损较小的滤波器通路上增加衰减器以调整不同带宽的频响。

3）输出相噪

本振的输出相噪主要由锁相环的相位噪声决定，当鉴相频率采用 40 MHz 时，实际相位噪声仿真曲线如图 3－27 所示，故输出相噪为－108 dBc/Hz@10 kHz，－106 dBc/Hz@100 kHz。

4）锁定时间

对锁相环（PLL）进行仿真，锁定时间仿真结果如图 3－28 所示，考虑送数时间消耗 10 μs，则实际锁定时间应小于 80 μs。

3. 天通通信模块

（1）功能描述

天通模块主要实现接入我国自主发射和运营的天通一号卫星移动通信系统。该系统于 2018 年正式实现商用，商用后可为用户提供多类卫星业务服务，可满足行业用户、个人用户在应急保障、野外探险、远海航行等特殊场景下使用。目前，该系统由中国电信运营，个人用户可

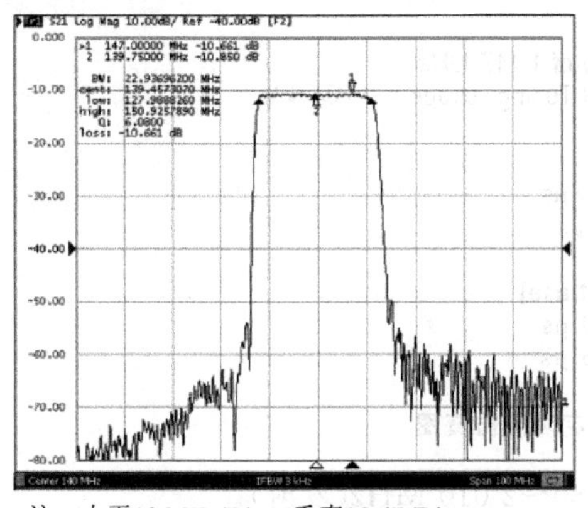

注：水平10 MHz/Div，垂直10 dB/Div。

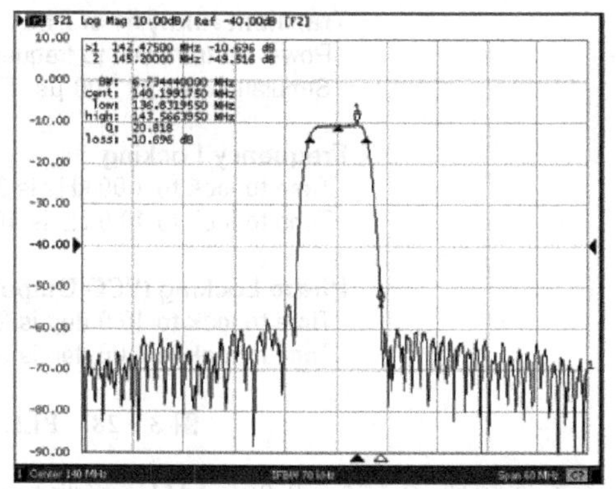

注：水平6 MHz/Div，垂直10 dB/Div。

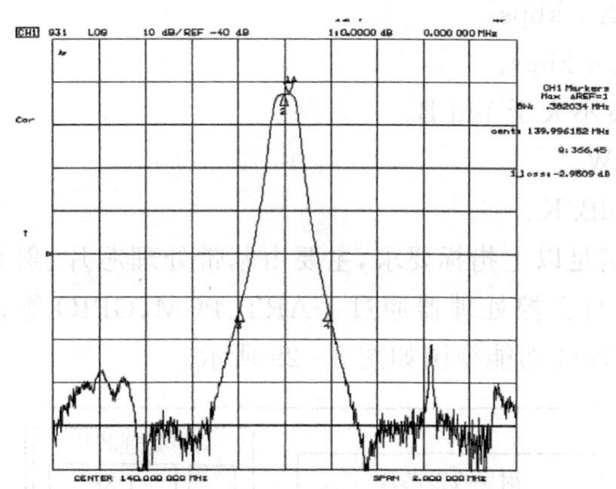

图 3-26　中频带通滤波器频响参数

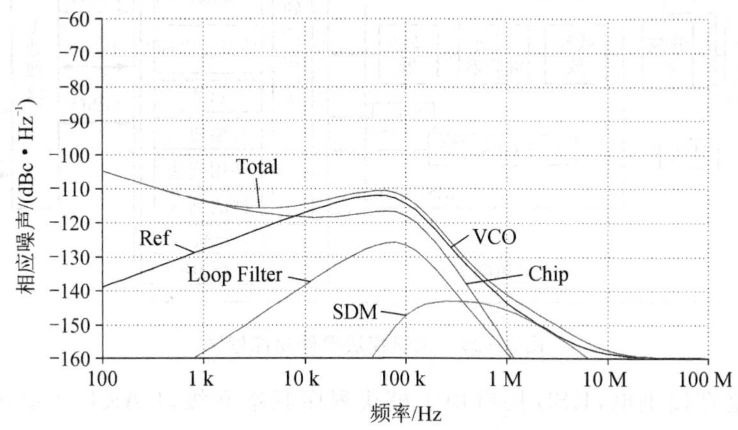

图 3-27　二本振在 1 447 MHz 处的相应噪声仿真曲线

通过电信营业厅申请开通用户权限，以及卫星通信业务，主要包括 1.2 kbps/2.4 kbps/4.0 kbps 的话音业务和短消息业务。

(2) 实现方案

天通通信模块主要技术指标如下：

Transient Analysis of PLL

Power up transient to frequency of 1.447 GHz

Simulation run for 100 μs Final Tuning voltage = 2.204 4 V

Frequency Locking

Time to lock to 1.00 kHz is 34.8 μs

Time to lock to 10.0 Hz is 46.7 μs

Phase Locking (VCO Output Phase)

Time to lock to 10.0 deg is 29.0 μs

Time to lock to 1.00 deg is 34.5 μs

图 3－28 PLL 锁定时间仿真图

① 工作频段:2 170～2 200 MHz(接收),1 980～2 010 MHz(发射)。

② 话音业务速率：2.4 kbps。

③ 数据业务速率:2.4 kbps。

④ 短消息:消息长度不大于 140 B。

⑤ EIRP 值:≥5 dBW。

⑥ G/T 值:≥－24 dB/K。

天通通信模块为了满足以上指标要求,主要由基带处理芯片、射频收发器芯片、2 W 功率放大器及辅助电路组成,与主控处理器通过 UART、PCM、GPIO 等接口连接,实现卫星通信控制及信息传递功能,其硬件功能框图如图 3－29 所示。

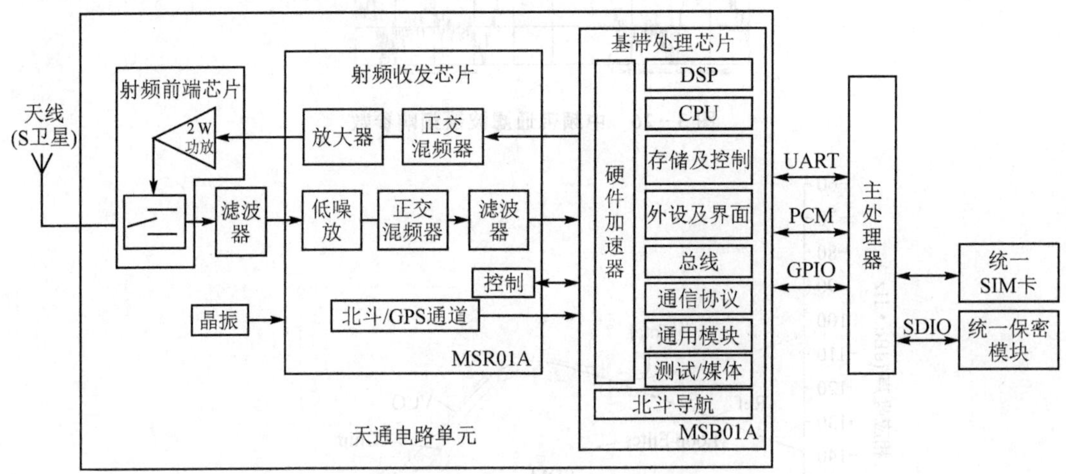

图 3－29 天通模块硬件功能框图

模块由直流直接供电,USB 接口用于模块程序版本升级,UART 接口用于数据传输,PCM 接口用于话音传输,天通模块需外接 SIM 卡用于鉴权。

4. GPS/北斗定位模块

(1) 功能描述

GPS/北斗定位模块是一款支持 GPS、北斗二号定位、授时的定位模块。采用北斗专用基带和射频芯片设计,不仅具备接收北斗信号的能力,还能兼收 GPS 等系统的定位信号等数据。

(2) 实现方案

GPS/北斗定位模块主要技术指标如下：

① 支持 BDS/GPS/GLONASS 多系统联合定位和单系统独立定位。

② 最大定位更新率可以达到 10 Hz。

③ 冷启动捕获灵敏度：−148 dBm。

④ 跟踪灵敏度：−162 dBm。

⑤ 低功耗：BDS/GPS 双模连续运行时<23 mA(@3.3 V)。待机时～10 μA(@3.3 V)。

⑥ 电源管理：支持 2.7～3.6 V 电源供电，典型 3.3 V 供电；RTC 和备份电路电源可低至 1.5 V；内核电压 1.2 V。

AT6558E 是一款高性能 BDS/GNSS 多模卫星定位接收机 SoC 单芯片，片上集成射频前端、数字基带处理器、32 bits 的 RISC CPU 和电源管理功能。芯片支持多种卫星导航系统，包括中国的 BDS(北斗卫星导航系统)、美国的 GPS、俄罗斯的 GLONASS，并且可实现多系统联合定位、导航与授时，芯片内部组成如图 3-30 所示。

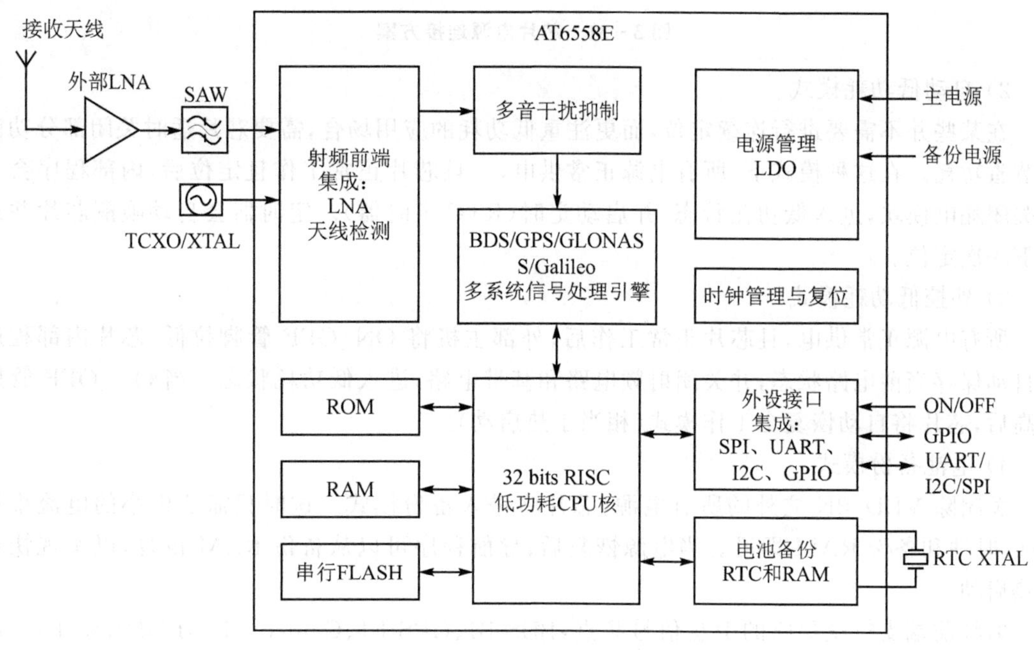

图 3-30 AT6558E 芯片组成框图

整个芯片使用主电源 VDD_3.3V 供电，连接到 VDD_IO 给芯片的 IO PAD 和 FLASH 供电；同时给内部 POR 供电，并通过一个二极管给备份区域供电；还给天线检测和有源天线部分供电。VCore 也接到主电源 VDD_3.3V，由内部的 LDO 对芯片的射频前端部分、模拟部分和数字部分供电。外接纽扣电池作为备份电源(VBAT)对芯片的备份区域供电，可在主电源掉电的情况下为备份电路供电。芯片电源连接方案如图 3-31 所示。

芯片的工作模式如下：

1) 全工作模式

当所有电源正常供电，且 ON_OFF 管脚为高电平时，芯片处于全工作模式，进行正常的信号接收和解算。

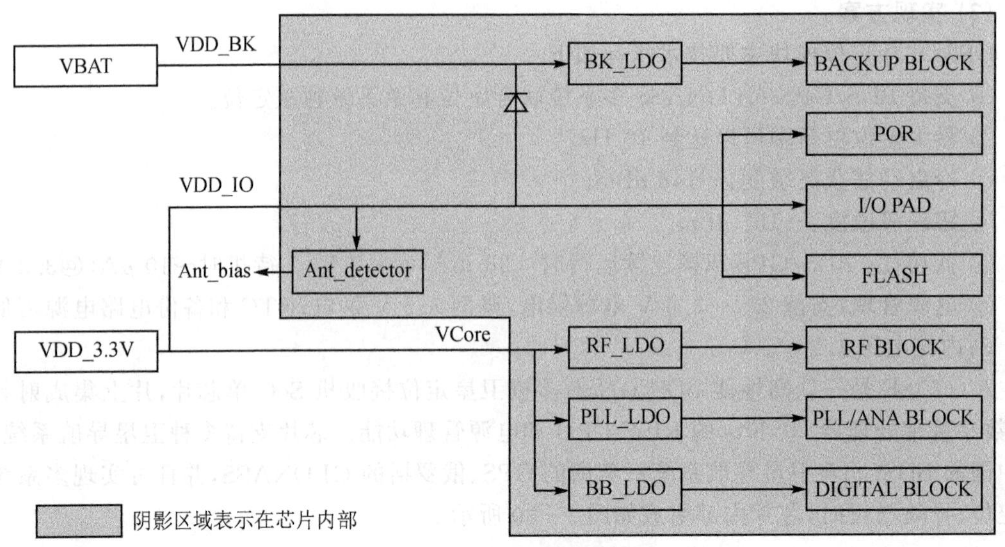

图 3-31　芯片电源连接方案

2）自动低功耗模式

在某些并不需要进行连续定位，而更注重低功耗的应用场合，需要芯片适时关闭部分功能以节省功耗。在这种模式下，所有电源正常供电，一旦芯片正常工作且定位后，内部程序会自动关闭耗电模块，进入低功耗状态，并启动定时（RTC 定时器）。定时器会自动唤醒芯片并进行下一次定位。

3）外控低功耗模式

所有电源正常供电，且芯片正常工作后，外部主机将 ON_OFF 管脚拉低，芯片内部程序会自动保存当前电路状态，并关闭射频电路和基带电路，进入低功耗状态。当 ON_OFF 管脚拉高后，芯片将自动恢复全工作模式（相当于热启动）。

4）电池备份模式

关闭除 VDD_BK 之外的所有电源，芯片将进入备份模式。这时只需要极小的电流维持 RTC 时钟和备份 RAM 即可。当电源恢复后，导航程序可以从备份 RAM 恢复，以实现快速的热启动。

射频前端支持全星座的卫星信号频点：BDS B1、GPS L1、Galileo L1、GLONASS L1。芯片射频前端如图 3-32 所示，数据通道共用 LNA/RFA 和 PLL，支持多种参考频率；集成有源天线检测电路和时钟倍频电路，ADC 采样频率可配置。

5. 功放滤波模块

(1) 功能描述

功放滤波模块主要用于将主机送来的激励信号放大，当获得足够的射频功率后，馈送到天线上辐射出去。功放滤波模块由收发切换开关、功放、谐波滤波器组、耦合器、检波器、采样控制电路、功放电源等组成。功放滤波模块具有以下功能：

① 控制功能：具有收发控制功能。

② 保护功能：具有过流、过温、驻波保护功能。

③ 通信功能：具有串行通信接口。

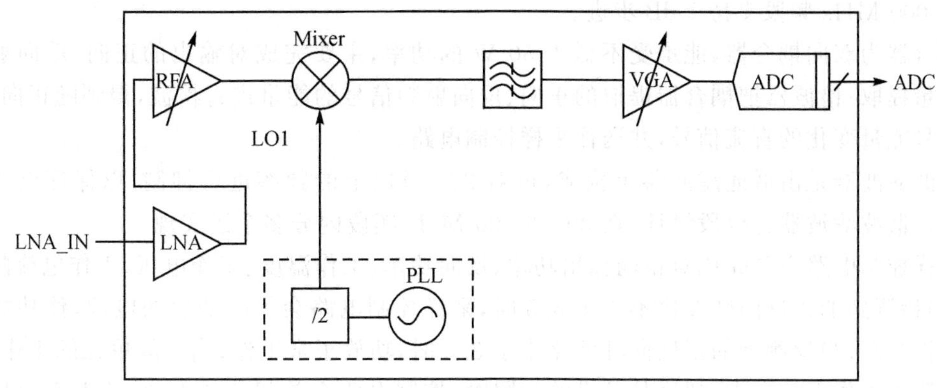

图 3-32 芯片射频前端框图

(2) 实现方案

功放滤波模块组成及原理框图如图 3-33 所示。

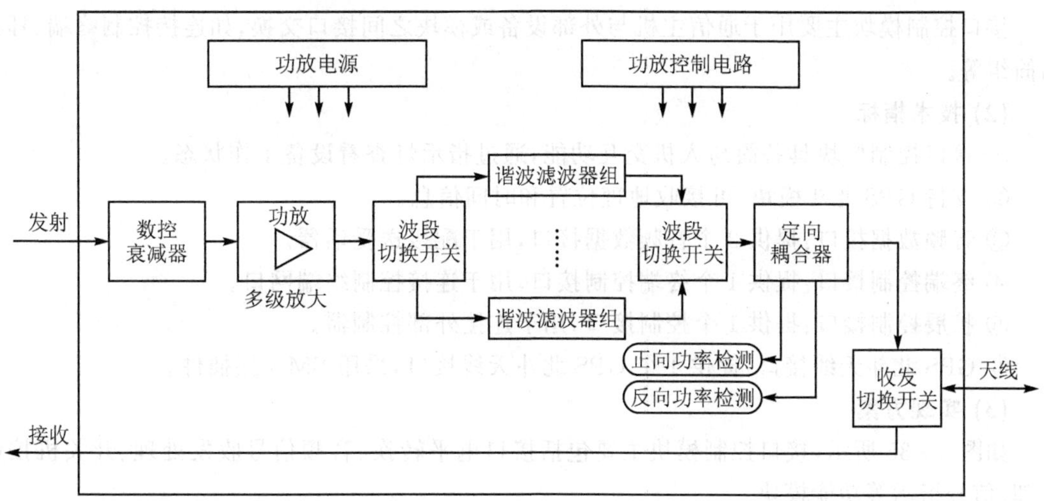

图 3-33 功放滤波模块组成及原理框图

功放滤波模块分段实现，分为 30～1 000 MHz 和 1 000～3 000 MHz 两段，这两段的外部接口及尺寸大小一致，内部组成原理也一致。

其中，功放部分是由前级功放、中间级功放和末级功放共同组成，其链路增益不小于 37 dB，主要完成对输入幅度为 0～10 dBm 的射频信号进行放大，输出幅度不小于 37 dBm 的射频信号。功放增益分配如图 3-34 所示。

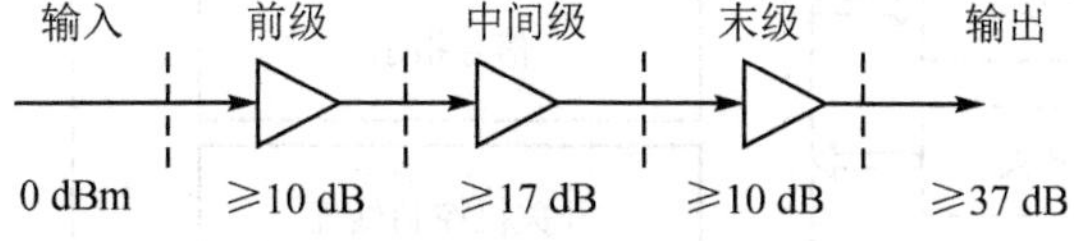

图 3-34 功放增益分配图

功放输入端最前级设计有数控衰减器，支持 0.5 dB 步进，最大 31 dB 的增益控制，可进行功放输出平坦度闭环，也可进行输出功率调整，在 30～512 MHz 频段支持 0.5 dB 步进，在

512～3 000 MHz 频段支持 1 dB 步进。

耦合器为双向耦合器，能承受不低于 50 W 的功率，主要完成对输出的正向、反向射频信号的能量提取；检波器把耦合器提取的正向、反向射频信号的能量进行检波，得到随正向、反向射频信号能量变化的直流信号，并送往采样控制电路。

谐波滤波器是由低通滤波器组构成，可对 $2f_0$ 及以上的频率进行抑制，以保证谐波及杂散指标。谐波滤波器为分段设计，在 30～3 000 MHz 频段内分多个段实现。

采样控制电路主要完成对正向输出功率、反向功率、工作温度、工作电压、工作电流的采样控制：当检测到的正反向驻波比不小于 3.5 时，采样控制电路会关闭功放的电源，使功放处于自我保护状态；当检测到的正反向驻波比小于 3.5 时，功放正常工作；当功放单元的工作温度、工作电压或工作电流异常，超过其预设的门限时，控制电路会关闭功放电源，从而实现功放单元的自我保护。

6. 接口控制模块

(1) 功能描述

接口控制模块主要用于通信主机与外部设备或模块之间接口交换，如连接控制终端、耳机话筒组等。

(2) 技术指标

① 接口控制模块具备简易人机交互功能，通过指示灯查看设备工作状态。

② 支持 GPS 北斗模块，可接收地理位置和时间信息。

③ 音频数据接口：提供 2 个音频数据接口，用于配接送受话器。

④ 终端控制接口：提供 1 个终端控制接口，用于连接控制终端网口。

⑤ 扩展控制接口：提供 1 个控制接口，用于连接外部控制器。

⑥ GPS 北斗天线接口：提供 1 个 GPS 北斗天线接口，采用 SMA 接插件。

(3) 实现方案

如图 3-35 所示，接口控制模块主要包括接口电平转换、音频信号收发处理、开关机控制处理、信号指示等功能模块。

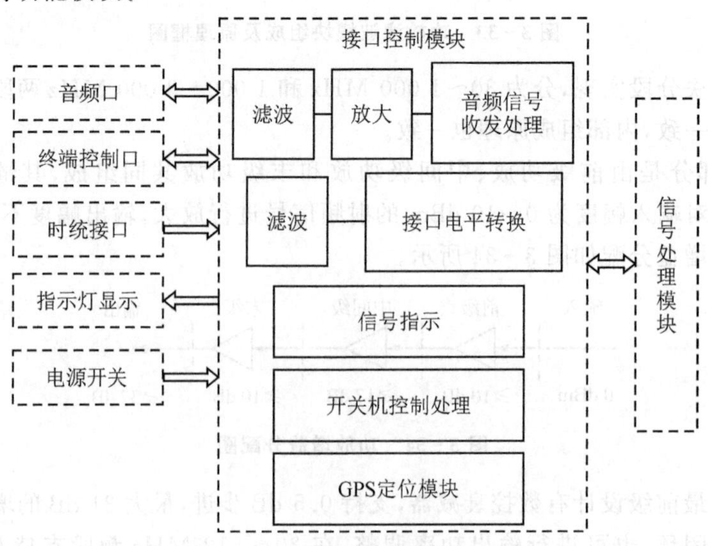

图 3-35　接口控制模块原理框图

1）接口电平转换功能

接口控制模块是通信主机与外界交互的窗口，所有外设均需要从接口控制模块接入，如控制终端等设备。由于通信主机内部通信使用的是 TTL 电平，而外设用接口有多种，因此接口控制模块上使用了大量电平转换电路。

2）音频信号收发处理功能

音频信号处理的作用是：通信主机在发送状态时把经耳机话筒组完成发话音的声电转换出的微弱电信号进行放大，滤波、限幅处理后的 TXAF 信号送到信号处理模块；在接收状态时负责把由信号处理模块送来的 RXAF 信号进行放大、滤波处理。

3）信号指示功能

信号指示是将通信主机的工作状态、收发状态、电源状态、故障状态等进行指示灯显示。

7. 电源模块

(1) 功能描述

电源模块主要用于将主机外部输入的电源转换成为各种直流工作电源，供给主机其他各模块使用。同时，对外接电源进行检测，具有输入开路、短路保护，电源反接保护及电源过热保护功能。

(2) 技术指标

① 电源输入范围：10～20 V。

② 输出电压：5.5 V、12 V、28 V、－3.3 V、100 V 等多路输出。

(3) 实现方案

如图 3－36 所示，电源模块主要由多路 DC－DC 变换电路、输入保护电路、电源指示电路、开关机控制电路、检测电路以及告警电路等组成。

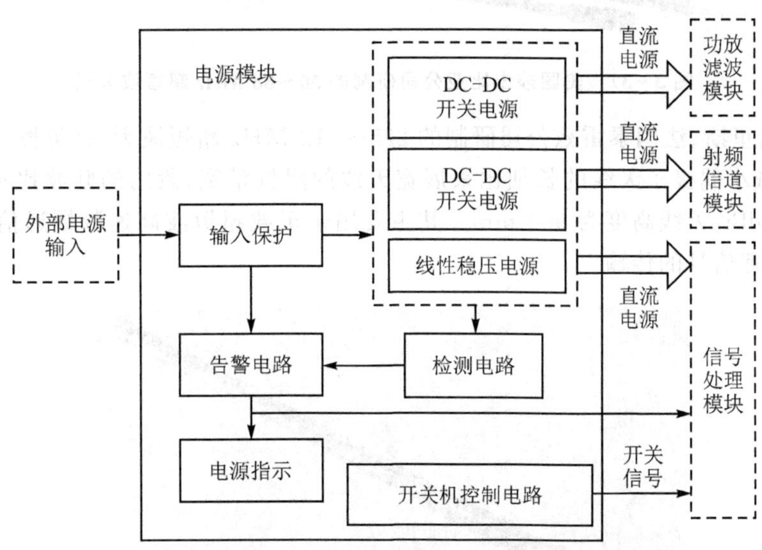

图 3－36　电源模块原理框图

1）DC－DC 变换电路

DC－DC 变换电路由多个高效率、小体积的 DC－DC 转换模块连接外围电路组成，其可靠性高、模块化程度高、输入范围较宽，能满足 9～32 V 电源输入，并根据需要转换成不同电压。

2）输入保护电路

输入保护包括电源正负极反接保护、过压保护、过流保护和过热保护等。

3）开关机控制电路

开关机控制电路包括有通信主机电源开关控制、告警、电源指示等。其中，主机电源开关控制包括系统通电和关机控制，还能在系统待机状态下，对各个模块的电源进行控制（关断部分电源），以达到降低系统功耗的目的；电源告警还包括当电源电压低于或将要低于系统电源需求范围时，电源控制电路输出告警信号。

8. 天线设计

(1) 国外天线应用现状

国外早期陆军体系 VHF/UHF 通信频段划分为 30～88 MHz、225～512 MHz、500～2 500 MHz 等多个频段，国外公司开发了相应的天线，美国以及欧洲国家陆军部队曾大量列装此类天线，典型产品有：

① 美国莎士比亚公司研制的 30～88 MHz 超短波天线（见图 3－37）为鞭状天线，利用套筒天线原理，采用多支节阻抗匹配技术进行宽频带阻抗匹配，频段内的驻波比不大于 3.5，平均增益达到－3 dBi。其主要用于车载超短波通信设备的语音和数据传输。

图 3－37　美国莎士比亚公司研制的 30～88 MHz 超短波天线

② 美国哈里斯、法国泰雷兹公司研制的 225～512 MHz 超短波天线（见图 3－38）为偶极子天线，通过减小偶极子天线的长细比来展宽天线的阻抗带宽，段内的驻波比不大于 3.5，平均增益达到 0 dBi，天线高度为 900 mm。其主要用于车载超短波高速数据通信设备的语音、数据和图像处理信号的传输。

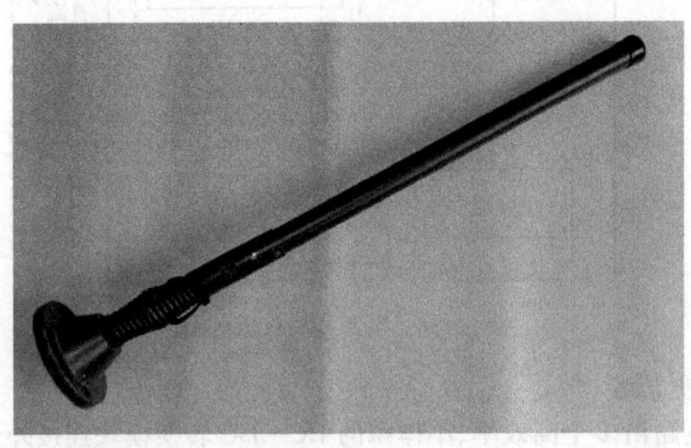

图 3－38　美国哈里斯、法国泰雷兹公司研制的 225～512 MHz 超短波天线

③ 美国莎士比亚公司研制的用于 Win－T/Wi－F 数字应用用途的宽带 500～2 500 MHz 战术车载天线(见图 3－39)为直线阵列天线，由两组宽频带天线单元组成，段内的驻波比不大于 2.5，平均增益达到 4 dBi，天线高度为 800 mm。其主要用于战场局部通信网络的数据和图像传输。

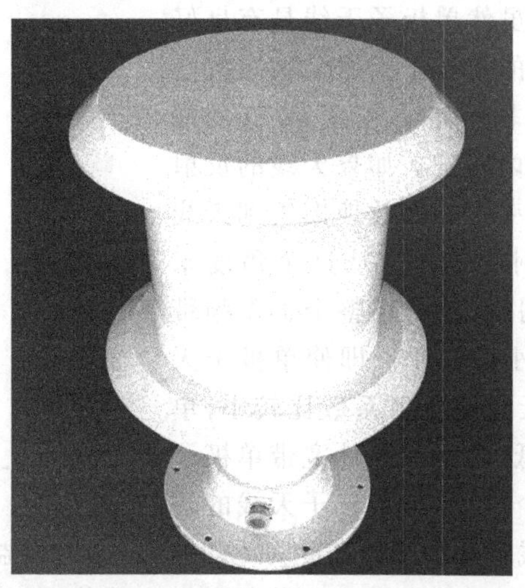

图 3－39　美国莎士比亚公司研制的宽带 500～2 500 MHz 战术车载天线

美军现役电台频率覆盖范围为 2～2 000 MHz，将天线划分为三个频段天线，即 2～30 MHz 短波天线、30～512 MHz 超短波天线和 512～2 000 MHz 微波天线。在现已公布的产品中，比较具有代表性的是美国莎士比亚公司研制的 30～512 MHz 超短波天线(见图 3－40)，天线高度为 2.6 m，驻波比小于 3.5，90％频带内的水平增益大于－3 dBi。该天线的综合性能在同类型产品中是较高的。

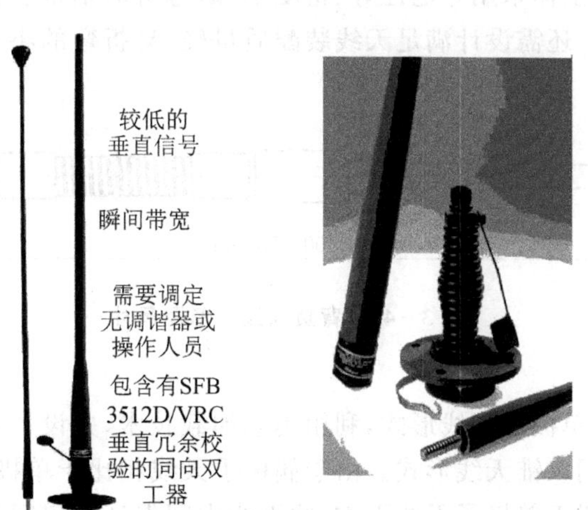

图 3－40　美国莎士比亚公司研制的 30～512 MHz 超短波天线

莎士比亚公司的另一款 512～2 000 MHz 微波天线(见图 3－41)，天线高度为 1.2 m，驻波比小于 2.5，平均增益大于 4 dBi，也是同类型天线中的佼佼者。

(2) 典型天线设计

1) 背负天线设计

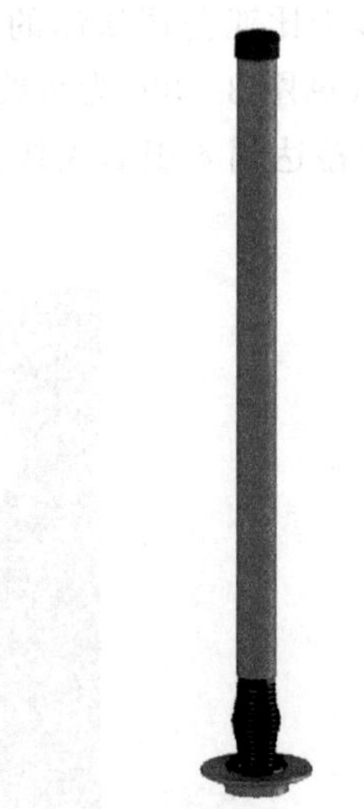

图 3-41　美国莎士比亚公司研制的 512～2 000 MHz 微波天线

背负天线的应用平台主要是背负电台。这些应用平台上都可将电台外壳的金属板作为天线的接地面,有利于提高天线性能。虽然单极子天线具有良好的全向辐射性能,但是标准的单极子天线输入阻抗随频率呈周期性变化,其带宽非常有限,对于 50 Ω 的端口阻抗,只能在较窄的范围内匹配。如果天线的反射系数太大,则电台发出的功率不能有效地馈入到天线上,也就无法保证信号辐射的强度。从这个角度来说,必需设计宽带的匹配网络,使得在整个工作频带内天线的反射都处于比较小的水平。即使单极子天线的匹配可以做到很好,天线的反射系数比较小,单极子天线的增益也可能很低,这是在设计宽带单极子天线时需要考虑的另外一个问题,即单极子天线的辐射方向图特性。单极子天线理想的工作高度为 1/4 波长,最大增益辐射在垂直于天线的水平方向,但是由于工作频带宽,在有些频率上可能超过 1 个波长,天线上的电流分布超过一个驻波,因此在水平方向上方向图发生分裂,导致水平方向上的增益降低。为了保证单极子天线在工作频带内的水平方向上辐射方向图不出现零点,就必须采用加载技术改变天线上的电流分布。

背负天线结构外形及尺寸如图 3-42 所示。辐射体护套选用符合军用通信装备标准的聚氯乙烯材料,该材料具备绝缘、质量轻、延展性好等特点。同时,采用热缩紧固技术,可以保证天线辐射体不进水。辐射体采用导电性好、密度小、耐弯折的钢带制作,以满足背负天线小型化、易折叠的使用要求。还需设计满足天线装配质量轻、易折弯的小型变向器,以保证天线可以方便地使用及收纳。

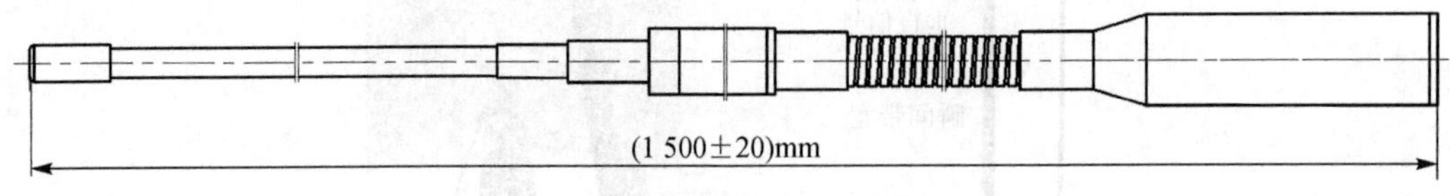

图 3-42　背负天线外形及尺寸

2) 车载天线设计

车载天线一般采用单极子天线形式,利用集总加载技术,并设计宽带匹配网络,以拓展其工作带宽;部分天线采用双锥天线形式。由于偶极子天线相比于单极子天线受安装平台影响较小,因此将双锥天线置于单极子天线下方,两天线中间保证一定间距,以减少天线间的互耦影响。

车载天线结构外形及尺寸如图 3-43 所示。在辐射体设计中,低频段单极子天线选用导电性良好的金属导体,高频段双锥天线辐射体选用一定厚度的铜管。这样可以大大减轻天线的重量,也保证了天线体的强度。由于天线长度达 3 m,当安装到载体平台后,在载具行进过程中天线体必定产生一定程度的振动和摇摆,因此,采用结构坚固、质量轻的鼓簧可以很好解决此类问题。天线底座选用车载天线绝缘基座,其具备结构强度好、耐候性强的特点,可安装于开有各类筒型安装孔的载体平台,提高了天线的适用性。

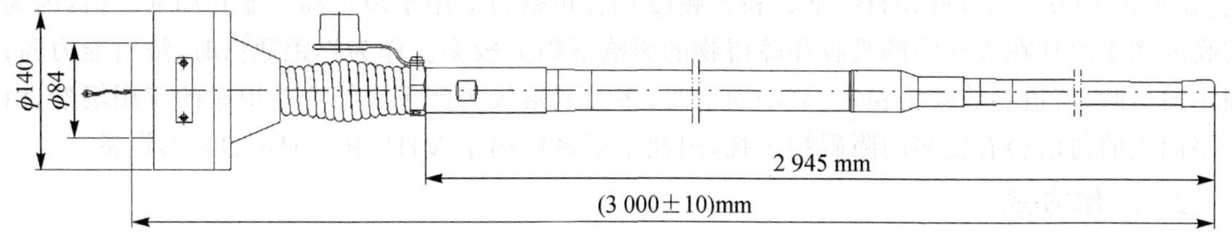

图 3-43 车载天线外形及尺寸

9. 接口设计

无线通信收发信机对外接口包括天线、GPS北斗天线、电源、网络、音频、扩展数据等接口,无线通信收发信机外部连接关系如图3-44所示。

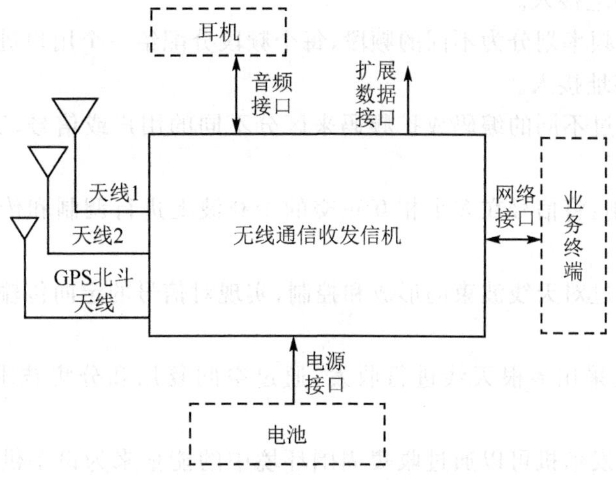

图 3-44 无线通信收发信机外部连接关系

3.4.3 无线收发信机系统的主要技术指标

下面以车载形式无线通信设备无线收发信机系统主要技术指标为例。

1. 工作频段

车载无线通信设备工作频段一般分为:

① VHF 的频率范围为 30~88 MHz(频段可扩展)。

② UHF 的频率范围为 108~512 MHz。

③ L 频段的频率范围为 1 000~2 000 MHz。

④ S 频段的频率范围为 2 000~3 000 MHz。

民用超短波频段为 30~300 MHz(VHF,甚高频)。军用超短波频段一般为 30~88 MHz,目前其频率高端又往上扩展,甚至扩展大于 500 MHz(高端频段进入 UHF 特高频,300~3 000 MHz),详细划分为:30~512 MHz(30~88 MHz、108~174 MHz、225~512 MHz)、30~870 MHz、30~2 000 MHz、30~2 500 MHz、225~2 500 MHz。

在军用 30～512 MHz(即 VHF 和 UHF 频段)上,频率低适合于长距离传输和广播,因为较低的频率有助于信号在大气中传播,且在障碍物穿透方面表现较好,但受大气条件的影响较大;在军用 1 000～3 000 MHz(即 L 和 S 频段)上,频率高适用于短距离传输和局部通信,因为较高的频率使其在大气中的吸收和障碍物的影响下损失较多。作为视距通信时,绕射能力弱;固定通信时,信道参数较为稳定;移动通信时,多径衰落较为严重。结合装甲车的应用场景,由于路面上的通信会有较多的障碍物干扰,因此主要多应用于 VHF 和 UHF 的波形设备。

2. 工作方式

① 半双工通信:收发信机在同一时间只能进行发送或接收操作,而不能同时进行。例如,对讲机就是一种常见的半双工通信设备。

② 全双工通信:收发信机可以同时进行发送和接收操作,这需要使用不同的频率或时间分隔来区分发送和接收信号。例如,手机等设备通常采用全双工通信方式。

③ 时分多址:将时间划分为不同的时隙,每个时隙分配给一个用户进行通信,多个用户通过时隙的复用实现多址接入。

④ 频分多址:将频率划分为不同的频段,每个频段分配给一个用户进行通信,多个用户通过频段的复用实现多址接入。

⑤ 码分多址:通过不同的编码或扩频码来区分不同的用户或信号,实现多用户共享一个频段。

⑥ 正交频分复用:将信号在多个相互正交的子载波上进行调制和传输,以提高频谱利用率和抗干扰能力。

⑦ 波束赋形:通过对天线波束的形成和控制,实现对信号的定向传输和接收,以提高信号的强度和可靠性。

⑧ MIMO 技术:采用多根天线进行收发,通过空间复用和分集技术提高系统的容量和性能。

⑨ 能量收集:收发信机可以通过收集周围环境中的能量来为设备供电,延长设备的工作时间。

⑩ 软件定义无线电:通过软件编程来实现不同的通信协议和工作方式,以提高设备的灵活性和可扩展性。

⑪ 定频技术:指收发信机在固定的频率上进行通信。在定频工作方式下,收发信机使用一个特定的频率来发送和接收信号,这意味着收发机的频率是固定的,不会随着时间或其他因素而改变。例如,在一些简单的或低成本的无线通信系统上可以使用定频工作方式。

⑫ 跳频技术:指收发机的工作频率会按照一定的规律和算法进行快速切换。跳频的基本原理是将通信信号调制到多个不同的频率上,并在这些频率之间跳跃传输。

上述的工作方式选择取决于多种因素,如通信需求、频谱资源、设备成本和性能等,不同的无线通信系统和应用可能会采用其中的一种或多种工作方式来满足特定的要求。以装甲车上的应用场景为例,目前应用较多的工作方式是定频和跳频等。定频的优点包括简单性和低成本。由于频率固定,不需要复杂的频率调制或解调技术,从而降低了系统的复杂性和成本,并且定频工作方式在短距离或低干扰环境下具有较好的通信性能等。跳频的优点包括:

(1) 抗干扰能力

通过频繁改变工作频率,跳频可以有效地降低来自其他信号或干扰源的影响。干扰信号可能只在某些频率上存在，而跳频使得通信能够避开这些干扰频率。

(2) 保密性

跳频使得通信信号在不同的频率上传输，增加了信号的随机性和难以预测性，从而提高了通信的保密性。

(3) 抗衰落

在多径传播环境中，不同频率上的信号受到的衰落影响可能不同。跳频可以使通信在多个频率上进行，减少了对单一频率的依赖性，提高了抗衰落能力。

(4) 频谱利用率

跳频可以在多个频率上传输信息，提高了频谱的利用率。

3. 业务类型

业务类型包括话音、图像、短报文、数话同传、IP 数据业务、定位服务等。

4. 信息速率

信息速率(information rate)是指在实际通信系统中，信息以多快的速度传输。信息速率受到信道容量的限制，但通常低于理论上的信道容量。二进制码元的无线传输速率(单位时间内传输的比特数)，单位为 bit/s 或 kbit/s。需要注意的是，数传电台的数传速率与其接口速率(与数据终端设备的数据交换速率)可能不一致。数传电台信息速率可以用以下指标来表征：

① 输入数据数字化编码速率，如 16 kbit/s。

② 数据速率，同步为 16 kbit/s，异步为 300 bit/s、600 bit/s、1 200 bit/s、2 400 bits、4 800 bit/s 可选。

5. 系统噪声系数

任何射频系统都可以分解为若干个单元电路组合，如图 3-45 所示，每个单元电路可以是有源电路，也可以是无源电路。可以把每个单元电路看作是一个黑匣子，假定每个单元电路噪声系数为 NF，增益为 G。当然，对于无源电路，增益就变成了损耗。整个系统的噪声系数可表示为

$$\mathrm{NF_{TOT}} = \sum_{k=0}^{n}\left(\frac{\mathrm{NF}_n - 1}{G_1 \cdot G_2 \cdots G_n}\right)$$

式中，噪声系数和增值为线性项，不是分贝数。可以看出，系统噪声系数主要决定于第一个单元电路的噪声系数和增益。只要第一单元电路的噪声系数足够小，增益不要太低，那么系统中第二单元电路以后的单元电路对于系统从噪声系数的贡献就可以忽略不计。如果第一单元电路是无源电路，那么就要尽量降低其损耗；如果第一单元电路是有源电路，那么就要设计成低噪放电路，并尽量提高能力。因此，如果系统对噪声系数有要求，那么为了降低系统噪声系数，一般系统第一单元电路要尽量采用低噪声放大电路。

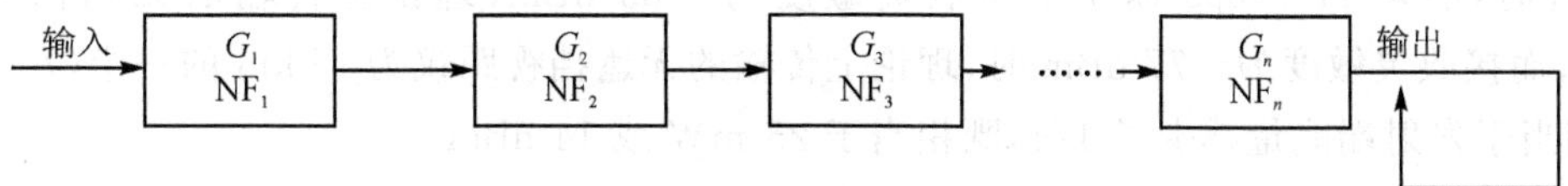

图 3-45 射频系统组成逻辑框图

6. 射频带宽和信号带宽

(1) 射频带宽

射频带宽是指当射频电路或系统正常工作时，各项指标满足设计要求的工作带宽。通常射频带宽是比较宽的，从几十兆赫兹到几吉赫兹，设备在射频带宽内要确保其工作条件能够稳定可靠的工作。

(2) 信号带宽

信号带宽是指设备信号被基带信号调制的带宽，通常依据不同的调试方案，其基带信号带宽也不同，对信号带宽的幅度和相位也都有不同要求，一般体现在设备对信号带宽内的幅度和相位一致性和线性指标。一般的信号带宽为几十千赫兹到几十兆赫兹。宽带信号为几百兆赫兹到 1 GHz 以上。

通常射频带宽总是大于信号带宽。一般情况下，射频工作带宽要比信号带宽宽得多，但在有些宽带系统中，射频带宽和信号带宽就是相当的。总的射频带宽内的幅度和相位指标通常比信号带宽内的指标要宽松，这是因为信号带宽相对于射频带宽要窄得多，只要射频带宽内满足一定的指标要求，在信号带宽内的指标通常会高于射频带宽内的指标。

7. 接收灵敏度

接收灵敏度是指当能够实现系统要求错误率时，所需要的最小信噪比的最弱射频信号功率。这里的错误率包括误码率和误帧率。接收灵敏度也随着具体的信号调制和特性以及信号传播信道和其他的噪声电平而改变。不同通信系统对接收灵敏度的要求不一样。

无线电波的传输是“有去无回”的，当接收端的信号能量小于标称的接收灵敏度时，接收端将不会接收任何数据，也就是说接收灵敏度是接收端能够接收信号的最小门限，即接收机能够正确地把有用信号拿出来的最小信号接收功率。接收灵敏度与 3 个因素有关系，即带宽范围内的热噪声、系统的噪声系数、系统把有用信号拿出所需要的最小信噪比。带宽范围内的热噪声经过接收机，这些噪声被放大了 NF 倍，要想把有用信号从噪声中拿出来，就必须要求有用信号比噪声再大 SNR 倍，接收灵敏度可表示为

$$S = 10\lg(KTB) + \mathrm{NF} + \mathrm{SNR} = P_N + \mathrm{SNR}$$

式中，S 为接收灵敏度，单位是 dBm；K 为波尔兹曼常数，单位是 J/K；T 为绝对温度，单位是 K；KT 就是在当前温度下每 Hz 的热噪声功率；B 表示信号带宽，单位是 Hz；KTB 为带宽范围内的热噪声功率；NF 表示系统的噪声系数，单位是 dB(类似于环境系数)；SNR 表示解调所需信噪比，单位是 dB；P_N 表示系统底噪，单位是 dBm。通常，WiFi 无线网络设备所标识的接收灵敏度(如−83 dBm)是指在 11 Mbps 的速率下，误码率(Bit Error Rate)为 10^{-5}(99.999%)的灵敏度水平。无线网络的接收灵敏度非常重要，例如，当发射端的发射能量为 100 mW 或 20 dBm 时，如果 11 Mbps 速率下接收灵敏度为 −83 dBm，理论上传输的无遮挡视距为 15 km，而接收灵敏度为−77 dBm 时，理论上传输的无遮挡视距仅为 15 km 的一半(7.5 km)，或者相当于发射端能量减少了 1/4，既相当于 25 mW 或 14 dBm。

8. 输出功率

输出功率是功率放大器的关键指标之一，根据不同的个体，输出功率通常用 1 dB 压缩点来定义，可表示为

$$P_{OUT}=\frac{G_T\cdot P_{IN}}{1+\frac{\beta(G_T\cdot P_{IN})}{P_{OUT}}}$$

不同于增益指标，该指标假定放大器的工作点处于某种程度的非线性行为，依据非线性程度和期望的结果类型推导出以输入功率为函数的输出功率模型，可能需要非常复杂的CAE工具，但对于估算以输入功率为函数的输出功率有用的公式，只要相对简单的计算就可以实现。对于宽带放大器，作为输入功率函数的输出功率随频率是连续变化的，能够产生大于几瓦的宽带微波功率放大器必须采用多个元件之间复合的窄带放大器，因而会经常引入一些诸如在频率交叉重合处的功率曲线不连续的问题。

9. 三阶互调

交调是由于系统的非线性而引起的调制信号的交叉调制。例如，通常有若干个调制载波信号，A载波被A调制，B被B调制信号调制，而交调就是A载波也被B调制信号调制的现象。在电视通讯系统中出现的电视串台就是交调引起的。不同系统对交调一直都有其各自的要求。

互调是在多载波工作系统中由于系统的非线性而引起的互调产物，是系统混频产生的结果。对于输入信号 f_1 和 f_2，其互调产物为 f_1 加减 N 倍的 f_2，其中 N 为互调的阶数。通常用载波功率和互调产物功率之比来表征系统互调抑制的性能。

三阶互调定义如前所述，其互调产物有三种。在这三种产物中，由于远端的两种互调产物远离载频，因此通过滤波电路可以滤除；而靠近载波的互调产物离载波比较近，不宜滤除，因此是重点关注的对象。对于系统而言，互调抑制越高越好。

通常，用三阶互调截取点来衡量一个相同的互调抑制标准。三阶互调产物如果线性而不压缩地增加，其就会与斜率1：1的基频相交于某一点，则称该点为三阶互调截取点；而实际上，所有信号在截取点就已经被压缩了，这只是一个虚拟值。

10. 相位噪声

实际信号源都存在着不稳定性以及无用的信号幅度、频率或相位起伏，使得在频谱上信号载频谱线的两边出现一对噪声边带，这种不稳定性可以等效地看作是无用的频率或相位起伏。对这些起伏的特征描述通常称作相位噪声。

频率源的相位噪声是由于各种随机噪声所造成的瞬时频率或相位起伏，其决定了频率源的短期频率稳定程度。对于相位噪声的表示既可以在时域中进行，也可以在频域中进行，这取决于应用，时域分析有助于确定时钟的精度，而频率分析则常常用来确定所需载波跟踪环路带宽。大多数相位噪声分析都在频域中进行，如果需要的话，也可以将频域中所得的数据变换到时域中。在时域中，一般用相位、频率、起伏的时间取样方差-阿伦方差来表征相位噪声；而在频域中，描述相位噪声特征最好的是功率谱密度函数，通常用单位是相位起伏功率、频率起伏功率或RF边带功率。这些单位在数学上全都是等效的，只是测量方法不同。

11. 射频输出宽带噪声

射频输出宽带噪声是指在发射机输出功率中除去有用信号、杂散、谐波外，在宽泛的频率范围噪声的功率谱密度，如图3-46所示。

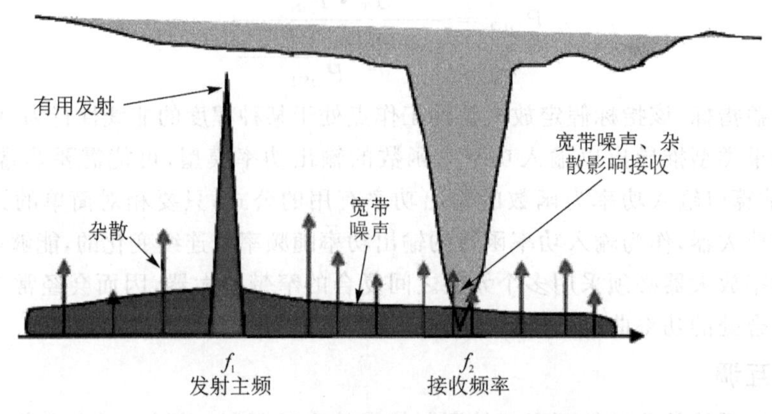

图 3-46 发射机输出的功率谱示意图

信号源的热噪声经放大器放大，本振的相位噪声经放大器放大，IF 滤波器前的热噪声、相位噪声可以用 IF BPF 抑制，但 IF BPF 后(包含末级变频)产生的所有近端噪声、杂散无法抑制，因此会产生宽带噪声。

信号源的热噪声、本振的相位噪声经过级级放大，最后从天线辐发射出去。若不经过优化处理，末级功率放大器输出的宽带噪声功率谱密度可达到－100 dBm/Hz 量级(常见)。在 U/V 频段，距离 50 m 处宽带噪声功率仍有－160 dBm/Hz，这使得周围环境噪底抬高 10 dB 以上。当噪底抬高后，该范围内接收机的接收噪声剧增，接收灵敏度明显下降。因此，一部大功率电台在发射时，会压制周围一定面积范围内的接收机。为了不影响距离发射机 10 m(衰减大于 40 dB)以外的接收机，宽带噪声应该抑制到小于－115 dBm(近端)和－135 dBm/Hz(远端)。手持台输出功率稍小，但宽带噪声要求一样。宽带噪声近似白噪声，无法抗拒。

12. 谐波和杂散抑制

当射频混频器和放大器工作在非线性区时，由于失真的因素就会产生谐波和杂散。输入频率的整数倍频信号被称为谐波，而非整数倍频信号被称为杂散。在 RF 收发机或者任何频率转换系统(包括混频器)的输出频率中，除了所期望的有用信号，同时也会产生不希望出现的频率，即杂散和谐波。

谐波频率是输入频率的整数倍频，即谐波是输入频率整数倍频上产生的假频率。杂散频率是输入频率的非整数倍频，是由于器件非线性导致，如图 3-47 所示。杂散和谐波的度量单位为 dBc，在常规的射频系统中，一般需要将杂散和谐波电平控制在 40～50 dBc 以下，这样才能让射频系统稳定可靠地工作。

13. 抗干扰性能

军用无线通信技术与民用相比，存在一定的特殊性。受到作战性质、内部环境等方面的影响，使其需要具备保密性等特征。根据目前我国对军用无线通信技术的分类，干扰技术主要分为跟踪式和阻塞式干扰。抗干扰技术比较复杂，可以分为非扩展频谱、扩展频谱技术等，其中，非扩展频谱技术可以细分为跳时扩频、直接序列扩频等，扩展频谱技术主要包括分级接收等。研究军用无线通信干扰和抗干扰技术，能有效保障在作战过程中信息传递的顺畅性。从作战计划的角度分析，如果没有良好的抗干扰技术，可能会使得敌方“窃取”到作战计划，从而打乱

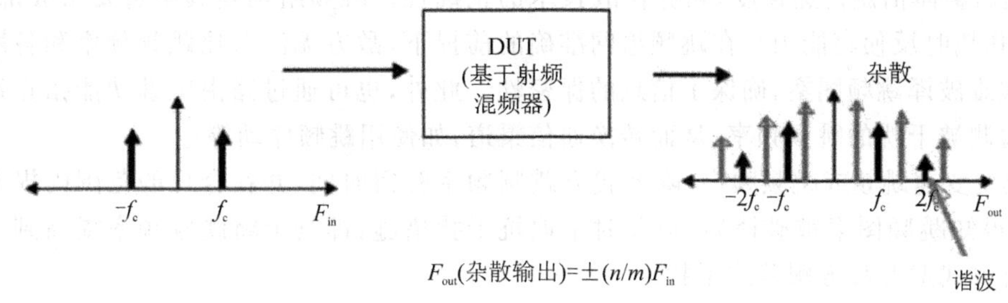

图 3－47　输出杂散频率示意图

整个作战格局，失去战场主动权，不利于取得战争胜利；从国家综合竞争力的角度分析，无线通信干扰和抗干扰技术作为军事力量重要组成部分，直接影响着国家在国际中的地位和受尊重程度；从保护人民生命安全的角度分析，战争会给人民带来巨大的伤痛和经济损失，只有在坚持和平发展的理念下，不断提升国家实力，研究无线通信技术，才能更好地维护人民根本利益。从以上三方面可以得知，加大对军用无线通信干扰和抗干扰技术的研究力度十分必要。

(1) 军用无线通信干扰技术

军用无线通信干扰技术主要分为跟踪式干扰和阻塞式干扰。其应用在一定程度上能够破坏敌方信息传输，扰乱其正常指挥。

1）跟踪式干扰

跟踪式干扰是在进行侦测敌方通信信号的基础上发射与敌方通信频率相同的信号，从而对其造成干扰。如果干扰信号足够强，则在一定程度上能够与对手的信号频率相重合，最终实现信号全面覆盖。跟踪式干扰技术又分为波形、引导和转发式追踪干扰，其中，最为常用的是引导式追踪干扰。引导式追踪干扰在使用时较为简单，只需要对外部信号频率进行侦测，同时还要保证侦测的频率和信号信息的及时性才能对出现的外部信息频率进行干扰。采用引导式追踪干扰的主要优点是无需再利用跳频图对敌方信号频率进行破解。虽然干扰方式简单，但需要进行实时检测，同时还要保证干扰的频率与外部出现的信号频率的跳频点一致，才能实现干扰，这就需要军事干扰工作人员具有较强的反应能力。波形跟踪干扰技术就是利用跳频图案，通过对图案的破解才能对外部出现的信号频率进行干扰，最终达到干扰敌方通信目的。

2）阻塞式干扰

阻塞式干扰主要是通过对敌方通信信号进行全频段覆盖，并发射干扰信号。在无法准确得知外部信号频率的跳频规律时可以采用阻塞式干扰，从而实现对外部频率信号干扰的目的。阻塞式干扰在使用的过程中可以分为多种类型，其中，最为常用的是宽带阻塞干扰。在对信号频率进行侦测的基础上，还要根据实际情况对于外部信号的干扰选择适合的干扰技术，也可以运用两种或者多种以上的干扰技术进一步提高对敌方通信信号的阻碍作用。

(2) 军用无线通信抗干扰技术

军用无线通信抗干扰技术能有效保护作战时的信息传递过程，并确保信息的安全程度，其主要包括跳频抗干扰技术和扩频抗干扰技术。

1）跳频抗干扰技术

跳频抗干扰技术又可以分为抗跟踪式通信干扰和抗阻塞式通信干扰。

抗跟踪式通信干扰技术主要具备以下优点：

① 提高整体信息传递速度，确保作战技术的正确性。跳频组网是其中重要组成部分，能有效保障作战时反侦察能力。在跳频组网准确的前提下，敌方无法对比跳频频率和各跳频子网，从而很难破译跳频图案，确保了信息的保密性。此外，也可通过路由中继功能拓宽通信链路，实时检测被干扰的跳频频率，从而转换通信渠道，如使用跳频佯动等 。

② 改变变速跳频或跳频频率，降低我方跳频频率驻留时间，并在合理的范围内提升跳频频率。当得知跳频图案被破译后，应及时采取抗干扰措施，即马上将跳频频率提高到最高速度，以此种方式避开敌方跟踪式干扰。

③ 提升跳频图案的使用水平，使其能较好地对抗波形跟踪式干扰。从使用功能的角度来说，通过设置正确的跳频图案，并升级作战过程中出现的跳频频率，如提升其算法难度等；从技术的角度来说，要求该技术拥有宽窄间隔能力、重复周期较长、复杂度高等方面的功能。

抗阻塞式通信抗干扰技术可以分为自动更换型频率表抗干扰技术、频域二维型处理抗干扰技术、实时频率型自适应抗干扰跳频技术、空闲信道型抗干扰搜索技术。

① 自动更换型频率表抗干扰技术主要针对敌方阻塞式干扰技术。当频率只剩下极少部分可用时，说明通信能力已经到达极限，为提高通信技术的抗干扰能力，应采取这种技术解决。

② 频域二维型处理抗干扰技术属于电子支援的解决措施，将其与实时频率型自适应抗干扰跳频技术结合，能较好地抵抗敌方动态阻塞式干扰，并把通信技术中的频域、时域固定下来，可有效检测对方干扰信息。

③ 空闲信道型抗干扰搜索技术应用在通信整个过程，实时监测通信频率是否被敌方窃取，如果出现干扰情况，及时排除频点。

2）扩频抗干扰技术

扩频抗干扰技术主要针对抗频干扰技术而设立，可以分为抗相关干扰技术和抗非相关干扰技术。抗相关干扰技术通过使用变码扩频等方式，达到破译扩频相关干扰频率的目的，其以反侦察为基础，以缩短通信时间为切入点，建立起科学的侦察体制，打破敌方的收集频率规律，从而使得侦察机无法输出正常信噪比，提高抗干扰能力。目前，比较发达的是国外的一种新型跳码方式，即“自编码扩频”，但其技术要求较高，在我国仍然没有被普及。在实际作战过程中，还可以采取以下方面的抗相关干扰方式：

① 降低通信伪码之间的相关性，打破敌方侦察频率，对某些不重要的信号进行扩展处理。

② 增加通信码长，提升跳频频率破译难度。

③ 增大通信技术线路功率，但这种方式一般是最后关头才会使用。

抗非相关干扰技术分为自适应型窄带滤波抗干扰技术、抗宽带型非相关抗干扰技术。针对前者，其技术要求包括保障通信技术频点能力、减少通信信号损失、提高窄带干扰影响；针对后者，主要有降低通信干扰频率幅度、合理地扩大处理增益、增大通信技术线路功率和提高线路接收信号能力等措施。

14. 通用质量特性

军用无线收发信系统的通用质量特性是为了确保系统在各种复杂环境下能够稳定可靠地工作，并满足军事应用的需求和标准。以下是一些常见的通用质量特性：

(1) 可靠性

军用无线收发信系统需要具备高度的可靠性，以保证在恶劣环境下长时间稳定运行。其中，包括对温度变化、湿度、震动等外部因素的抵抗能力。

(2) 耐用性

军用无线收发信系统通常需要经受长时间使用和极端条件下的考验,因此其设计需要考虑到长期稳定性和耐用性,以减少维护和更换频率。

(3) 环境适应性

军用无线收发信系统可能需要在各种环境中部署和操作,包括陆地、海洋、空中,甚至太空等,因此系统的设计需要考虑到不同环境下的适应性和稳定性。

(4) 易用性

尽管军用无线收发信系统通常具备复杂的功能和技术,但其操作界面和使用流程应该尽可能简单、直观,以便操作人员能够快速上手并准确地使用系统。

(5) 维护性

军用无线收发信系统的维护应该尽可能简便,包括易于诊断故障、更换部件和升级系统等,以减少维护所需的时间和成本。

(6) 兼容性

军用无线收发信系统可能需要与其他军事设备或平台进行联合操作,因此其设计需要考虑到与其他系统的兼容性,确保无缝集成和协同作战能力。

(7) 保密性

军用无线收发信系统的通信内容和操作数据需要高度保密,因此系统设计需要包括强大的加密和安全措施,以防止信息泄露和被敌方窃取。

15. 电磁兼容特性

军用无线收发信系统的电磁兼容特性是指该系统在电磁环境中与其他系统共存并正常工作的能力,包括以下两个方面:

(1) 电磁兼容性(EMC)

军用无线收发信系统需要在电磁环境中保持自身不受外部电磁干扰的影响,同时也不会对周围其他系统造成干扰。这需要系统具备良好的电磁屏蔽设计、抗干扰电路设计以及合理的接地和接口设计。

(2) 频谱管理

军用无线收发信系统在频谱使用上需要遵循严格的管理规定,以确保与其他军用及民用系统之间的频谱分配合理并且不会相互干扰。频谱管理也包括对频段的合理利用,避免频谱资源浪费和频段冲突。

为了实现良好的电磁兼容特性,军用无线收发信系统通常会采用以下设计和措施:

(1) 电磁屏蔽设计

采用合适的屏蔽材料和结构设计,以减少外部电磁场对系统的影响。

(2) 抗干扰电路设计

在系统电路设计中加入抗干扰电路,以提高系统对外部干扰的抵抗能力。

(3) 频谱扫描和频段规划

通过频谱扫描和频段规划,避免与其他系统频谱冲突,以及确保频谱资源的合理利用。

(4) 通信安全和加密

采用加密通信技术,保障通信内容的安全性和保密性,以防止被非法获取或干扰。

总体来说,军用无线收发信系统的电磁兼容特性设计旨在确保系统在复杂的电磁环境下稳定、可靠地工作,并且在通信安全性和频谱管理方面符合相关的军事标准和规定。

3.4.4 无线收发设备设计考虑因素

1. 传输体制及设计

由于军用无线收发设备在军事应用中需要具备更高的安全性、稳定性和抗干扰能力,因此其传输体制及设计相比民用设备通常更为复杂和严密。通常在军用无线收发设备中考虑的关键设计包括以下方面:

(1) 频段选择

军用无线收发设备通常会选择特定的频段,这样选择可能是为了安全考虑或者避免与民用通信相互干扰。这些频段可能是民用频段之外的保留频段,或是专门用于军事通信的频段。

(2) 调制解调制技术

军用无线收发设备可能采用更复杂的调制方式和加密技术,以确保通信的安全性和隐私性。常见的技术包括频移键控(Frequency Shift Keying,FSK)、相移键控(Phase Shift Keying,PSK)、编码调制(Code Modulation)等。

(3) 天线设计

军用无线收发设备的天线设计可能更加注重隐蔽性和抗干扰能力。天线可能被设计成具有突破干扰的能力,或者采用定向天线以增强通信的安全性和保密性。

(4) 功率控制

军用无线收发设备需要具备精密的功率控制机制,以确保在不同环境条件下的通信稳定性和安全性。同时,军用无线收发设备可能会采取措施限制无线信号的辐射范围,以减小被敌方探测到的可能性。

(5) 抗干扰能力

军用无线收发设备需要具备较强的抗干扰能力,以应对敌方可能采取的干扰手段。例如,采用频谱扩展技术、自适应调制等技术来降低外部干扰对通信质量的影响。

(6) 其　他

在设计军用无线收发设备时,还需要考虑到通信的快速部署、灵活性和可靠性等方面,以应对复杂多变的作战环境和任务需求。

2. 射频带宽选择

系统带宽涉及射频工作带宽和信号带宽。在通常情况下,对系统接收通道来说,混频电路前的带宽为射频工作带宽,混频电路后的带宽与信号带宽有关;对系统发射通道来说,情况刚好相反,混频前为信号带宽而混频后为射频工作带宽。

射频带宽的选择也就是系统所设计选购单元电路的设计带宽必须大于等于系统设定的工作带宽,以确保所有射频带宽内的信号都能被正常处理。需要注意的是,对系统而言,并不是射频带宽越宽越好,对于不同的系统有不同的要求,有的系统要求进行镜像噪声抑制。另外,太宽的带宽可能对系统稳定性和隔离度都存在一定的影响。宽带射频单元的设计会使单元指标不能达到最佳,例如,噪声系数可能会增加,增益会下降。总之,射频带宽的选择原则是够用即可。

信号带宽一般是通过系统接收通道的下变频在中频实现的,系统的选择性也是通过中频带宽来实现的。通过中频带通滤波器可以滤除系统不需要的杂散信号和谐波组合，同时也可以降低系统的噪声功率。信号带宽应该大于等于系统调试信号带宽，这是因为中频滤波器是信号匹配的关键。为确保信号能量不衰减地通过中频滤波器，中频滤波器通带应该越宽越好，前提是确保对杂散频谱的抑制要求且达到系统设计目的。

对幅相有要求的信号要确保中频带宽内幅相特性满足后续信号处理的要求，例如，信号带宽内的幅度及相位起伏，尽量选用通带宽的滤波器；对相位线性度有要求的要选择相位线性度好的带通滤波器。

3. 系统噪声系数分配

对于接收系统来说，系统噪声系数是一个重要的指标，其与系统的灵敏度密切相关。一般来说，涉及噪声系数的系统主要针对和接收有关的设备。系统噪声系数的高低决定了通信设备的工作距离，因此对系统噪声系数要合理地分配和设计。系统噪声系数主要取决于第一单元电路的噪声系数和增益，因此如何选择第一单元电路成为关键。为了降低后续单元对系统造成的影响，第一单元电路尽量选择低噪声系数、高增益的有源电路。选择低噪声系数电路要考虑以下原则：

首先，由于低噪声系数电路必然采用低噪声器件来实现，而这种器件带来的问题是输入耐压功率较低，因此，在设计或选择具体部件时，要考虑系统的耐压功率问题，要确保系统在其工作信号动态内电路能够正常工作。

其次，在设计单元增益时，要考虑后续单元的电路最大工作信号电平。例如，后续电路是混频电路单元，由于混频电路的最大输入功率一般较低，因此在决定第一单元电路增益时要认真考虑。

对于接收系统的第一单元是有损耗电路，则要尽量使其损耗最小化，以降低从能噪声系数。由于无源电路的噪声系数就等于其损耗，因此第一单元引入多少损耗，噪声系数就增加了多少。

4. 接收机前端增益

(1) 中频采样

中频采样即采样信号不在基带处理，也就是说采样信号不在DC范围周围。中频频率取决于系统可以高至几百兆赫兹，随着每代AD变换器性能提高，当前AD变换器的技术允许在这样的频率上采样。

一般说，AD变换器的性能随着输入频率的提高而开始恶化。

对中频采样的性能限制主要在两个方面：一个方面是在AD变换器内部性能的限制主要受芯片模拟电路反转速率的限制，模拟反转速率限制造成了随着输入频率的增加，SFDR无杂散动态范围的性能下降；另一个方面是采样时钟的抖动，尽管这个限制是由外部因素造成的，但它导致随着输入频率增加，信噪比的性能开始下降。

从变换器观点来看，Nyquist域可以分为不同的Nyquist域。Nyquist定律要求采样频率至少是信号带宽的两倍，才能无失真地重现被采样的信号。因此，AD变换器可以有许多不同的输入范围来满足Nyquist定律的要求。

最常用的是第一Nyquist域，即从DC到1/2中心频率的频率范围，在这个范围内，任何信号或信号群被测量时都满足Nyquist定律。然而，在1/2中心频率到中心频率范围内的信号同样满足 Nyquist 定律，被称为第二 Nyquist 域，在这个范围内的信号也可以满足 Nyquist 定律。

采用高于 Nyquist 域的一个独特和有用效果是，一旦数字化后，在高于 Nyquist 域的信号的采样被进行到第一 Nyquist 域，这样就形成了混频和数字转换的基础，除了下变频的采样频谱外，在偶数 Nyquist 域内的信号变成一种有害的倒置。尽管通常这不是问题，但其对导致先前在第一混频中产生的频谱仪有用。

(2) 高速时钟

高速时钟的一个优点是使模拟滤波更容易。给定一个固定的信号带宽，较高的编码速率增加了允许的转换带宽，这样就可以采用低阶滤波器来降低成本，或者用高阶滤波器来获得高阻带抑制。

高速时钟另一个优点是处理增益。当感兴趣的信号被采样在数字化滤波后就可以得到转化增益，把有用信号带外的噪声系数被数字滤除后就产生了处理增益，其结果就是信噪比的改善。

(3) AD 变换噪声功率

AD 变换器需要考虑两个重要的性能指标及其噪声贡献和无杂散动态范围。对于数字接收机，为了满足最小误码率的需要，通过 AD 变换器必须要保证约 5 dB 的信噪比。

为计算天线口的最小灵敏度，则需要关注 AD 变换器的输入端。为保证 5 dB 的 SNR，AD 变换器输入至少需要 88 dB，归一化 AD 变换器的满量程输入功率为 4.8 dB，变换器输入功率为 −83.2 dBm，减去接收机增益 25 dB，则在天线口的参考灵敏度为 −108 dBm。

AD 变换器不是一个纯模拟或纯数字的电路，而是既有模拟电路又有数字电路的综合电路，因此其噪声系数不能采用模拟电路中利用测试仪表来直观地测量。

5. 系统增益

接收机设计中一个最重要的指标就是接收系统的增益及波动。这里考虑的增益链路是从天线输出到 AD 变换器之前的系统增益，如图 3-48 所示。

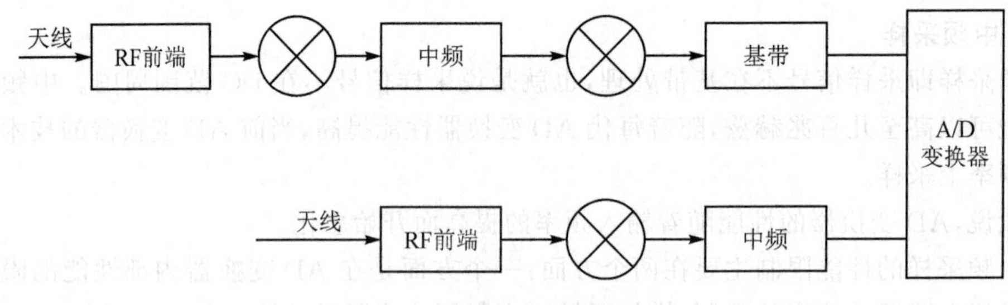

图 3-48　增益分配示意图

图 3-48 中，上半部分为模拟解调制机的数字基带处理的方案，其数字处理简单，成本低，但温度特性差；下半部分为中频采样数字解调的方案，其处理复杂，成本相对较高，但温度特性好。

在设计接收通道时，不仅要考虑接收机输入端的各种信号的动态范围、最大信号强度，以及输入端噪声功率(包括天线接收的外界噪声功率)，还要考虑使用的 AD 变换器性能指标。

AD 变换器的动态范围为其可量化的输入电压范围，通常给出其最大可量化电压，然后依据 AD 变换器的位数可以计算出最小量化电压。在工程应用中，AD 变换器动态范围可按其位数乘 6 来估算各种造成的影响。AD 变换器的实际动态范围通常要小于估算值。

接收通道的最大增益就是从接收通道输入的最小信号到 AD 变换器输入端最小可量化电压的范围。同时，要保证接收通道最大输入信号进入接收通道电路放大后的功率不超过 AD 变化器输入端最大可量化电压，这就要对接收增益进行必要的控制。除采用 STC、ADC 等控制电路来保证系统对信号的正常接收外，整个技术通道增益分布在射频前端链路、中频链路和基带链路。

模拟协调方案接收通道第一本振通常采用连续或步进的方式来实现。将射频工作带宽信号下变频到固定的中频信号，而后两个链路带宽一般相对较窄，引起接触通道幅频响应增益带内波动主要发生在射频宽带前端，后端的带内波动一般由滤波器造成。因此，在设计前端放大器和第一混频器时要充分考虑单元电路的幅频响应，而对于模拟电路还要考虑温度变化对接收通道系统增益带来的影响。

综上，在系统增益设计中要考虑一定的余量和采用温补衰减来调整。为了尽量减少对系统噪声的影响，接收通道增益在动态许可前提下尽量前移，即射频前端增益尽量高。

6. 发射机谐波和杂散

对于宽带系统，在工作带宽低端频率的谐波(一般是二次谐波)，其谐波分量就有可能处在射频工作带宽内。针对这种情况，采用前述窄带系统的滤波方式，就不能滤出所有射频带宽内的谐波了。在这种情况下，除了选用线性度好的器件和电路外，只能在中频频率进行谐波抑制，也可以采用分段工作的方式。

对于发射通道，由于后续功放的带宽较宽，为了抑制谐波将对功放输出功率的影响降到最小，通常采用低差损的腔体滤波器，但这种滤波机会增加设备的尺寸、重量和成本。

另一种办法是工作射频带宽外利用带阻滤波器来滤出谐波，也可采用多级 1/4 波长开路线的实现。采用带阻滤波器的办法，特别适合于在谐波频率和射频工作频率相距较远的条件下。该方法对通带内的有用信号影响最小，成本也不大。

对于某些点的谐波抑制，也可以采用并联、串联谐振的方法来实现。串联谐振电路对抑制谐波的频率呈现短路，而对有用频率可以通过，且影响较小，只要仔细设计谐振回路就可以获得完美的效果。

杂散的出现一般与外界干扰或混频效果有关，外界干扰信号通常通过地、电源射频接口和控制接口进入系统，混在有用的信号调制后，而混频出现在工作带宽内或带宽外。

对于工作带宽外的杂散，可以采用带通滤波器来抑制，但对于带内的杂散，就只能通过抑制和阻断边界干扰途径来实现，这涉及电磁兼容的设计问题。还有一种杂散是通过混频电路两个有用信号组合而成，减弱这种杂散信号的办法是通过选择中频信号来避免。对于通带内无法避开的杂散，要尽量使杂散的阶次较高，从而使其幅度较小。因此，对接收电路的设计来说，中频频率的选择性是很重要的，必须考虑系统对谐波和杂散的抑制，尽量使选择的中频频率在其工作带宽内不出现谐波分量和杂散信号。对无法避免的无用信号，要尽量减少其数量，降低其幅度。

7. 同车共址能力

电台同车共址是指在特定的频率上，电台信号与车辆之间共用同一地址，这种模式在车载电台中比较常见。通过这种方式,车辆可以接收到电台的信号,无需频繁调整频率,从而提升了接收效果和收听体验。

电台同车共址技术可以使车辆和电台之间的信息传输更加高效和准确。一旦车辆进入电台覆盖的区域,车辆和电台就可以在共同的频率上进行通信,这大大降低了其相互之间因频率不匹配而导致信息无法传输的可能性。

同时,电台同车共址技术还可以实现车辆之间的互通。不同的车辆可以在同一频率上通信,从而方便其相互之间的信息交流。在一些特殊的应用场景下,电台同车共址技术已经得到了广泛的应用,如政府应急通信系统、公共安全系统和军队指挥系统等。

第 4 章　无线收发设备的测试方法

4.1　测试环境及仪器仪表

4.1.1　测试环境要求

1. 室外环境

室外环境选取典型内陆平原环境，应满足如下要求：

① 空旷开阔、在天线俯仰的指向上不能有遮挡，且地面较平整的地方。

② 环境温度：−10 ℃～40 ℃。

③ 相对湿度：10%～90%。

2. 室内环境

室内环境应满足如下要求：

① 环境温度：15 ℃～35 ℃。

② 相对湿度：20%～80%。

③ 市电电压：交流 220 V/50 Hz。

④ 接地电阻不超过 4 Ω。

4.1.2　仪器仪表要求

所有测试所需仪器仪表须经计量机构鉴定合格或校准，且在有效期内。所需仪表如表 4 - 1 所列，仪器仪表型号仅供参考，凡具备相同功能、精度满足测试要求的仪器仪表均可代换。

表 4 - 1　测试所需仪器仪表

序　号	仪器仪表名称	型　号	数　量	备　注
1	无线综合测试仪	—	1 台	基本收发测试
2	信号分析仪（频谱仪）	N9030B - 526	1 台	带宽测试
3	矢量信号发生器	E4438C	2 台	数据灵敏度测试
4	矢量网络分析仪	E5071C	1 台	滤波器插损测试
5	电源	—	1 台	不小于 400 W
6	混频器	ZEM - M2TMH＋	1 个	数据灵敏度测试
7	30 dB 固定衰减器	—	2 个	数据灵敏度测试
8	三端互易网络（三通）	—	2 个	双信号选择性测试

续表 4-1

序　号	仪器仪表名称	型　号	数　量	备　注
9	可调衰减器	GKTS10-8-90-1B	1个	数据灵敏度测试
10	频率计	—	1个	频率误差测试
11	卡尺、卷尺	—	1个	尺寸测量
12	电子秤	—	1个	称重
13	带通滤波器	—	2个	双信号选择性测试
14	带阻滤波器	—	2个	双信号选择性测试
15	射频网络拓扑模拟器	—	1个	组网测试
16	转台	—	1	天线测试
17	测试盒	—	1	模拟灵敏度测试
18	功放	—	1	天线测试

4.1.3　主要仪器仪表介绍

1. 无线综合测试仪

(1) 基本概述

无线综合测试仪旨在针对无线通信电台综合测试需要，解决通信设备的发射、接收、自动测试等综合测试问题，其特点是接收与发射测试带宽大、频率范围宽、测试功能丰富等。如图 4-1 所示，TFN 无线综合测试仪内置射频合成源、频谱分析仪、功率计等十几种测试仪器，能对 150 W 以内的无线通信装备进行双工测试和各种无线电参数测试，其特点有：

① 频率范围宽、测量功能多。

② 具有单边带调制、脉冲调制和矢量调制等多种调制功能。

③ 具有双工测试功能和频谱分析功能。

④ 具有大功率测量功能。

⑤ 交直流供电。

图 4-1　无线综合测试仪

(2) 技术指标

① 射频合成器,其载波频率范围为 100 kHz～3 000 MHz。

② 输出幅度为－136 dBm～＋6 dBm。

③ 单边带相位噪声小于等于－106 dBc/Hz(偏离载波 20 kHz 以外)。

④ 调制特性,其频偏范围为 100 Hz～n×8000 kHz,调幅度范围为 0～99。

⑤ 单边带调制频率范围为 300 Hz～30 kHz。

⑥ 脉冲调制通断比大于等于 70 dB。

⑦ iq 调制带宽为(3 dB)dc～10 MHz。

⑧ 射频频率计,其频率测量范围为 100 kHz～3 000 MHz。

⑨ 射频功率计,其功率测量范围为 2 mW～60 W(连续)或 150 W(10 s/min)。

⑩ 调制度仪,其频偏测量范围为 0 Hz～100 kHz,调幅度测量范围为 0～99.9。

⑪ 单边带解调带宽为 50 Hz～20 kHz(3 dB)。

⑫ 双音频合成器,其频率范围为 0.1 Hz～100 kHz (波形包括正弦波、三角波、锯齿波、方波和脉冲波)。

⑬ 电平范围为 1 mVrms～4 Vrms。

⑭ 音频分析仪,其频率测量范围为 20 Hz～400 kHz,电压测量范围为 0～30 Vrms,失真测量范围为 0.1～100。

⑮ 数字存储示波器,其频率范围为 DC,20 Hz～100 kHz。

⑯ 频谱分析仪,其频率范围为 100 kHz～3 000 MHz,外形尺寸(宽×高×深)为 360 mm×177 mm×400 mm,重量约为 17 kg。

(3) 主要作用

无线综合测试仪用于测量和分析各种无线电信号的参数,通过对无线电频率、功率、带宽、调制、谐波等多个性能指标的测试和分析,对通信和雷达设备的开发、制造和维护起到重要支撑作用,可广泛应用于各类电台通信装备、对流层散射通信装备、部分无线电接力通信装备和卫星通信装备的研制、生产、维护维修等领域。由于无线综合测试仪的多种功能,因此其被广泛应用于通信、消费电子、物联网、电力、交通、航空航天、国防等领域。在无线综合测试仪的帮助下,相关领域能够更好地开发、测试、评估和部署无线通信产品和服务,提升其市场竞争力和用户满意度。总的来说,无线综合测试仪是一种功能强大、应用广泛的测试设备,对于提高无线通信系统的可靠性和稳定性、优化通信服务质量、降低通信成本等方面具有重要的作用。

2. 信号分析仪

随着通信技术的发展和国内外竞争的加剧,通信电台的通信体制朝着数字化调制、宽带通信的方向发展,因此针对数字信号的处理、解析的需求也日益增强。信号分析仪能够完成信号的矢量分析,可分析的信号包括任意数字调制信号、模拟调制信号、无线通信调制信号和雷达系统的各种脉冲调制信号等。通过矢量分析,可得到信号的功率、频率、带宽和调制参数,以及调制精度等完整的参数。

信号分析仪是研究电信号频谱结构的仪器,用于信号失真度、谱纯度、频率稳定度和交调失真等信号参数的测量,也可用于测量放大器和滤波器等电路系统的某些参数,是一种多用途的电子测量仪器。信号分析仪又被称为频域示波器、跟踪示波器、分析示波器、谐波分析器、频率特性分析仪或傅里叶分析仪等。仪器内部若采用数字电路和微处理器,就具有存储和运算功能；若配置标准接口，就容易构成自动测试系统。

单台信号分析仪可提供信号的完整分析能力，主要测量信号的频域和解调域参数指标，进行快速扫描、信号检测、信号判断、参数提取、信号分析及多信号的分析。通过测试信号，可以反映各种产生信号和处理信号的部件/系统的性能，包含信号频率、功率、失真、增益和噪声等特性。信号分析仪外形图如图 4-2 所示。

图 4-2 信号分析仪外形图

(1) 基本概述

信号分析仪具有信号解析和频谱分析能力，其中，频谱分析系统主要的功能是在频域里显示输入信号的频谱特性。频谱分析仪依信号处理方式的不同，一般有两种类型，即时频谱分析仪(Real-Time Spectrum Analyzer)与扫描调谐频谱分析仪(Sweep-Tuned Spectrum Analyzer)。时频谱分析仪的功能是在同一瞬间显示频域的信号振幅，其工作原理是针对不同的频率信号有相对应的滤波器与检知器(Detector)，再经由同步的多工扫描器将信号传送到 CRT 或液晶等显示仪器上进行显示，其优点是能显示周期性杂散波(Periodic Random Waves)的瞬间反应，其缺点是价格昂贵且性能受限于频宽范围、滤波器的数目和最大的多工交换时间(Switching Time)。最常用的频谱分析仪是扫描调谐频谱分析仪，其基本结构类似于超外差式接收器，其工作原理是输入信号经衰减器直接外加到混波器，可调变的本地振荡器经与 CRT 同步的扫描产生器产生随时间作线性变化的振荡频率，并经混波器与输入信号混波降频后的中频信号(IF)再放大，将滤波与检波传送到 CRT 的垂直方向板，因此在 CRT 的纵轴上显示信号振幅与频率的对应关系。较低的分辨带宽(RBW)固然有助于不同频率信号的分辨与测量，但低的 RBW 将滤除较高频率的信号成分，导致在信号显示时产生失真，且失真值与设定的 RBW 密切相关；较高的 RBW 固然有助于宽频带信号的侦测，但将增加杂讯底层值(Noise Floor)，降低测量灵敏度，对于侦测低强度的信号易产生阻碍。因此，适当的 RBW 是正确使用频谱分析仪的重要概念。

(2) N9030B-526 信号分析仪主要技术指标

① 频率范围为 10 Hz～26.5 GHz。

② 频率基准：老化率为 $\pm1\times10^{-7}$/年，温度稳定度为 $\pm1.5\times10^{-8}$ (20 ℃～30 ℃)，校准精度：$\pm4\times10^{-8}$。

③ 中频分析带宽最大可升级为 160 MHz。

④ 分辨带宽(RBW):数字中频滤波器为 1 Hz～3 MHz(10%步进步距调整)、4 MHz、5 MHz、6 MHz、8 MHz。

⑤ Marker 定位速度小于等于 5 ms。

⑥ 1 dB 增益压缩(典型值):+3 dBm(20～500 MHz),+7 dBm(500 MHz～3.6 GHz)。

⑦ 显示平均噪声电平(前置放大器开,0 dB 输入衰减,1 Hz RBW,取样检波,20 ℃～30 ℃):在 1～10 MHz 范围,保证值为－161 dBm,典型值为－163 dBm;在 10 MHz～2.1 GHz 范围,保证值为－163 dBm,典型值为－166 dBm;在 2.1～3.6 GHz 范围,保证值为－162 dBm,典型值为－164 dBm。

⑧ 频率响应(10 dB 输入衰减,95%置信度,20 ℃～30 ℃):在 20 kHz～10 MHz 范围时为±0.28 dB,在 10 MHz～3.6 GHz 范围时为±0.17 dB。

⑨ 相位噪声(CF 为 1 GHz,20 ℃～30 ℃):100 Hz 时为－88 dBc/Hz(典型值),1 kHz 时为－101 dBc/Hz(典型值),10 kHz 时为－106 dBc/Hz(典型值),100 kHz 时为－117 dBc/Hz(典型值),1 MHz 时为－137 dBc/Hz(典型值)。

⑩ 绝对幅度精度(小于 3.6 GHz,分辨率带宽小于 1 MHz,95%置信度)为±0.33 dB。

⑪ 三阶互调失真(TOI):17 dBm(<3.6 GHz,典型值)。

⑫ 信号解调:模拟/数字解调(89601B 矢量信号解调软件)EVM,星座图等矢量信号解调分析。

⑬ 具备相位噪声测试软件。

(3) 主要作用

1) 信号频谱分析

频谱分析仪可以帮助工程师和研究人员对不同信号的频率和能量进行准确分析;可以显示信号在不同频率范围内的能量分布情况,从而帮助进行信号处理和优化。

2) 故障诊断

频谱分析仪可以用于故障诊断和故障定位。通过分析故障信号的频谱特征,可以确定信号中存在的问题,并找出故障源。这对于维修和调试电子设备非常有帮助。

3) 无线通信

频谱分析仪在无线通信领域中起着重要作用,可以用于无线信号的频率分析和频谱监测。通过监测无线信号的频谱,可以检测到干扰信号、频率碰撞和频带占用等问题,从而提高无线通信的可靠性和效果。

4) 音频分析

频谱分析仪也广泛应用于音频领域,可以帮助工程师和音频专业人员对音频信号进行分析和处理。通过频谱分析仪,可以了解音频信号的频谱特征,包括声音的频率分布和能量变化等,以及发现和修复音频信号中存在的问题。

3. 矢量信号发生器

(1) 基本概述

如图 4-3 所示,Agilent E4438C ESG 矢量信号发生器能满足从事设计和开发新一代无线通信系统以及生产测试环境的工程师的需要,是适用于 3G 和新兴通信制式收信机及部件测试的理想设备。它具有高达 6 GHz 的频率覆盖,160 MHz RF 调制带宽的基带发生器,以及 32 M 采样(160 Mbytes)的存贮器。E4438C ESG 矢量信号发生器能产生适用于不同制式的多载波信号，并能保存全部测试图样。

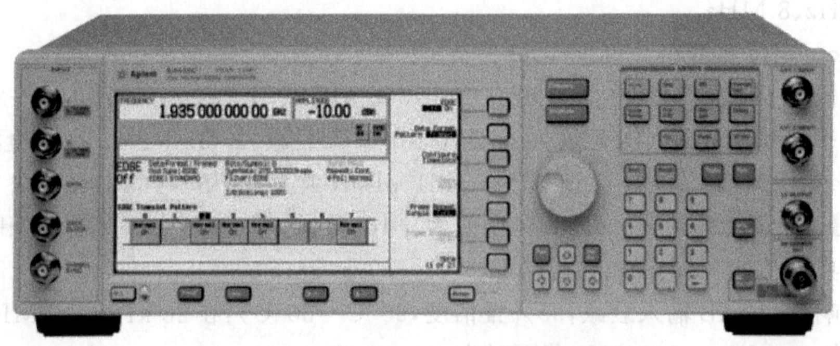

图 4-3　Agilent E4438C ESG 矢量信号发生器

(2) 技术指标

① 频率范围：1、2、3、4、6 GHz。

② 频率切换速度：<13 ms，CW 模式。

③ 输出功率(典型值)：+17 dBm，1 GHz。

④ 电平精度：±0.5 dB，达 2 GHz。

⑤ 幅度切换速度：<15 ms，CW 模式。

⑥ 相噪(典型值)：<−134 dBc/Hz，20 kHz 偏置，1 GHz 载波频率。

⑦ RF 调制带宽：160 MHz，使用外部 1/Q 输入；80 MHz，使用内部基带发生器。

⑧ 基带存器：8 M 或 32 M 采样(40 Mbytes 或 160 Mbytes)。

⑨ 基带采样率：高达 100 M 样本/s。

⑩ 信号储存空间：6 Gbytes 硬盘驱动器。

⑪ 连接：10BaseT LAN、GPIB、RS-232。

(3) 主要作用

在电子线路的测试和调整过程中，经常需要输入模拟该电路工作时的信号，这就要用到信号发生器。因此，信号发生器是形成各种信号的设备。具体地讲，凡能形成符合一定技术特性的测试信号源，统称其为信号发生器。信号发生器的主要作用是形成各种信号作为信号源，是提供具有特定频率或频谱和合适幅度的测量信号，用以激励被测电路。因此，信号发生器在电工电子测试领域是广泛应用的仪器之一。信号发生器的种类多样，常按频段、用途、调制形式、频率形成方式和输出信号波形来分类。伴随着现代电子技术和电工技术的迅猛发展和需要，信号发生器的频段不断地展宽，用途不断地扩大，性能也不断地提高。

4. 矢量网络分析仪

(1) 基本概述

矢量网络分析仪(Vector Network Analyzer，VNA)是现代无线通信领域中不可或缺的测试设备之一，用来测量网络中各个点之间的复数反射系数、传输系数、延迟等特征参数。它的应用场景非常广泛，包括电磁兼容性测试、毫米波通信测试、天线设计优化、信号测量分析和信号灵敏度研究等。

矢量网络分析仪一般是由频率源、微波信号传输和接收件、数据处理与显示设备组成。通过矢量网络分析仪，可以获得电路中各个测试端口的传输参数，包括散射参数，即 S 参数。

S参数是指有源器件或无源器件中存在的散射系数，包括反射系数(S11、S22)和传输系数(S21、S12)两种。S11反射系数表征能量从端口1反射回同一端口1的程度，S22反射系数则表征能量从端口2反射回同一端口2的程度。S21传输系数反映了从端口1到端口2的传输效率，S12传输系数则反映了从端口2到端口1的传输效率。反射系数和传输系数是矢量网络分析仪的明星参数，因为它们能够完整地描述某个端口的性能，并可以用它们来计算其他参数，如误差系数、电功率、噪声系数等。

除了S参数，矢量网络分析仪还可以进行时域仿真，即测量电路中不同信号随时间的变化情况；可以进行功率扫描测试，测试器件的故障情况。E5071C矢量网络分析仪如图4-4所示。

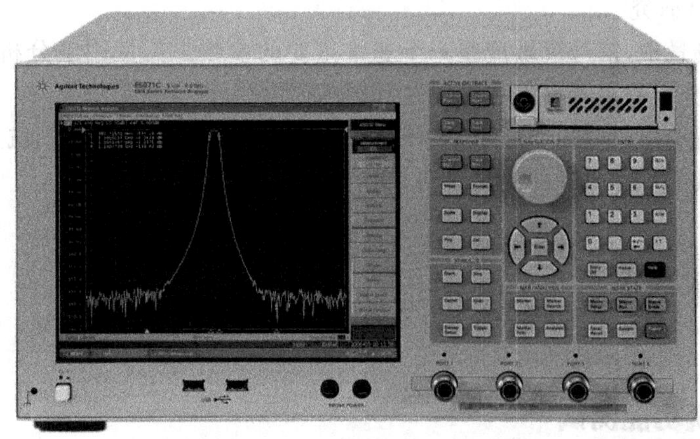

图4-4 E5071C矢量网络分析仪

(2) 技术指标

① 频率范围：9 kHz～8.5 GHz。

② 测试端口数：2个。

③ 系统测试动态范围(10 Hz IFBW)：123 dB(测试频率范围为10 MHz～6 GHz)。

④ 测试结果显示迹线噪声：0.001 dBrms。

⑤ 独立测量通道：16个。

⑥ 结果显示格式：幅度、相位、群延迟、驻波比和史密斯圆图等。

⑦ 测试器件类型：电缆、天线、放大器和滤波器等。

⑧ 测试参数：传输参数、反射参数、增益、损耗和驻波比。

⑨ 频率可升级性：可升级频率范围至13 GHz或20 GHz。

⑩ 端口可升级性：未来可升级到4端口。

⑪ 高级功能：夹具仿真，嵌入/去嵌入。

⑫ 操作系统：WINDOWS XP系统。

⑬ 接口：100BaSeT LAN、GPIB、USB。

(3) 主要作用

1) 电磁兼容性测试

电磁兼容性是指不同设备之间共享和保护电磁环境的能力。矢量网络分析仪可以用于电磁兼容性测试中，测量不同设备之间的干扰和抗干扰能力。

2）毫米波通信测试

毫米波通信是5G通信的关键技术之一，用于实现高速数据传输。矢量网络分析仪可以在毫米波波段进行测试，测量毫米波通信信号的传输和反射特性。

3）天线设计优化

天线是无线通信领域中的关键组件之一，其性能直接影响到通信质量。矢量网络分析仪可以测量不同天线设计的反射系数、辐射模式和带宽等特征参数，来实现天线设计的优化。

4）信号测量分析

在实际应用场景中，矢量网络分析仪可以用于测量和分析信号的特性，如时域特性、频域特性和噪声特性等。

5）信号灵敏度研究

在某些应用场景中，信号灵敏度是一个非常重要的参数。矢量网络分析仪可以用来测量信号灵敏度，进而分析测试器件的灵敏度及其影响因素。

矢量网络分析仪广泛应用于通信、无线电、电子、安防、电磁兼容测试、航空航天等领域，是现代无线通信领域中不可或缺的测试设备。

4.2 无线收发设备功能指标测试

4.2.1 整机功能测试

1. 工作种类试验

(1) 试验目的

考核设备工作种类是否支持定频、跳频和选频等技术要求的工作种类。

(2) 试验条件

室内，设备正常工作，固定衰减器、可调步进衰减器、频谱仪检定合格。

(3) 试验方法及步骤

① 在室内搭建测试环境，按图4-5所示接好被测电台。

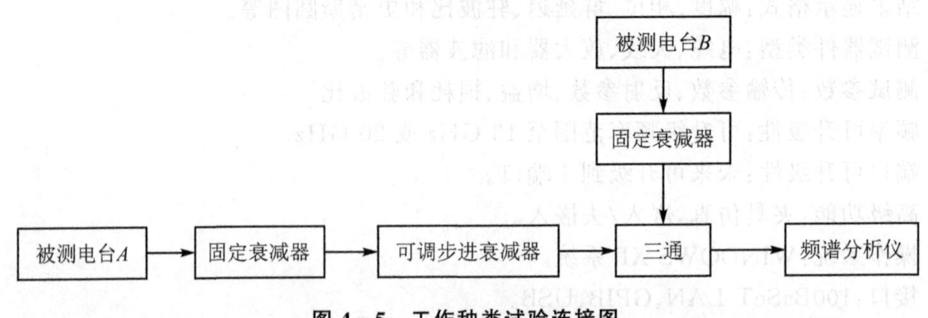

图4-5　工作种类试验连接图

② 电台A设为小功率档；关闭干扰源，工作模式置为工作网"跳频"模式。

③ 调整可调步进衰减器的衰减量，使频谱分析仪工作在线性动态范围内。

④ 置电台A处于发状态，观察频谱分析仪上的频谱应该在频率表范围内不规则的跳动，

应满足跳频信号特征。

⑤ 把电台 A 工作模式改为工作网"定频"模式,重复步骤④,频谱分析仪上的频谱应该只在电台工作频率上跳动,应满足定频信号特征。

⑥ 置电台 A 和电台 B 为工作网"选频"模式,置电台 B 为中继节点,发射功率为小功率档。

⑦ 关闭干扰源,电台 A 按下 PTT 发送话音,2.5 s后可以在频谱分析仪上监测到 6 个通信频点,并记录当前频率值。

⑧ 打开干扰源,从前 3 个频点中任取一个工作频点,用干扰信号源施加同频干扰信号。

⑨ 电台 A 松开 PTT,重新按下 PTT 发送话音,2.5 s后在频谱分析仪上监测到 6 个通信频点,不包含步骤⑧施加的干扰工作频点。

(4) 合格判据

设备的工作种类支持定频、跳频、选频,则该项指标合格。

2. 工作模式试验

(1) 试验目的

考核设备工作模式是否满足指标要求。

(2) 试验条件

室内,设备正常工作,天线、衰减器、送受话器、计算机检定合格。

(3) 试验方法及步骤

① 在室内搭建测试环境,按图 4-6 所示将电台 A、B 连接好。

② 将电台 A、B 置于 VHF 频段、一模式,小功率,速率为 19.2 kbps,参数配置相同。

③ 将电台 A 设置为主台,电台 B 设置为属台,检查两电台是否能正常通信。

④ 将电台 A、B 由一模式切换为自组网模式,检查两电台是否能正常通信。

⑤ 将电台 A、B 由一模式切换为二模式,检查两电台是否能正常通信。

⑥ 在室内搭建测试环境,按图 4-6 所示将电台 A、B 连接好,接入网接入节点可以为实际搭建的基站或者模拟测试基站。

⑦ 将电台 A、B 切换为接入网模式,等待入网。

⑧ 电台入网后,检查两电台是否能正常通信。

(4) 合格判据

依据设备工作模式指标,判断该项指标是否合格。

3. 业务类型试验

(1) 试验目的

考核设备的业务类型是否支持模拟话、数字话和数据。

(2) 试验条件

室内,设备正常工作,衰减器、终端检定合格。

(3) 试验方法及步骤

① 在室内搭建测试环境,按图 4-6 所示将电台 A、B 连接好。

② 由电台 A 向电台 B 分别发起模拟话、数字话话音呼叫,电台 B 应能够正常收到话音。

③ 将电台 A、B 置于工作网定频模式,速率为 19.2 kbps,参数配置相同。

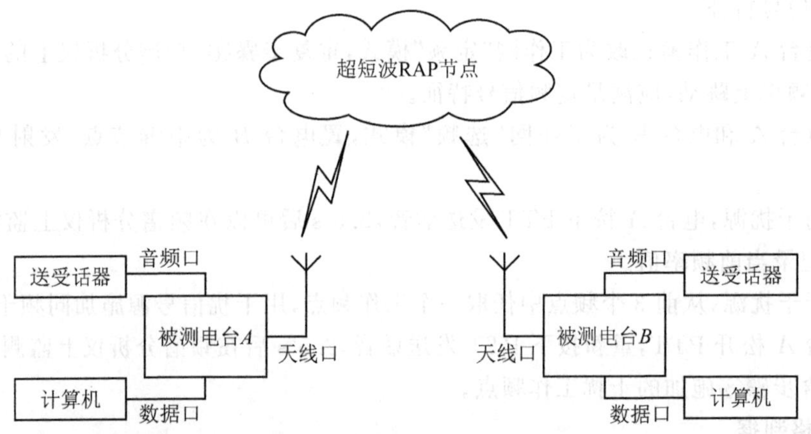

图 4-6 工作模式测试连接图

④ 由终端 A 向终端 B 发送分组长度为 64 Bytes 的分组数据，终端 B 应能够正常接收数据。

(4) 合格判据

若上述步骤②、④符合要求，则判断该项指标合格。

4. 数话同传功能试验

(1) 试验目的

验证设备是否具备数话同传功能。

(2) 试验条件

室内，设备正常工作，固定衰减器、送受话器、计算机终端检定合格。

(3) 试验方法及步骤

① 在室内搭建测试环境，按图 4-6 所示将电台 A、B 连接好。

② 将电台 A、B 置于自组网模式，跳频状态，速率设为 19.2 kbps，设置 A 为主台，其他参数配置相同。

③ 由终端 A 向终端 B 发送 100 组分组长度为 64 Bytes 的分组数据，同时由电台 A 向电台 B 发送话音。

④ 检查电台 B 是否能够正常接收数据，并检查电台 B 是否能够正常接收话音。

(4) 合格判据

统计数据传输的成功率，并检查话音质量。在数据传输过程中同时进行话音通信，数据成功率应不受话音通信影响，同时话音音质在传输数据时应无明显降低，则判断该项指标合格。

5. 外时钟同步功能试验

(1) 试验目的

考核设备是否支持外时钟同步功能。

(2) 试验条件

室内，被试产品指示灯显示正常，设备正常工作。

(3) 试验方法及步骤

① 电台 A、B 设置为跳频属台模式，按图 4-5 所示连接好，此时电台 A、B 应显示未

同步。

② 将电台 A、B 连接到节点同步设备。

③ 将电台 A、B 同步方式设置为外同步，此时电台 A、B 应显示同步。

④ 电台 A、B 通过数据终端互发分组数据，电台 A、B 的信息速率设置为 19.2 kbps，分组长度为 128 Bytes，发送 100 组，时间间隔 100 ms，数据成功率大于等于 90%。

(4) 合格判据

若数据成功率大于等于 90%，且产品支持外时钟同步功能，则该项指标合格。

6. 网络快速动态重组试验

(1) 试验设备

检测设备包括电台和计算机等。

(2) 试验方法及步骤

① 电台 A～F 均工作在自组网模式，按图 4-7 所示搭建网络拓扑，图中所示终端均为计算机终端，电台之间串接衰减器。

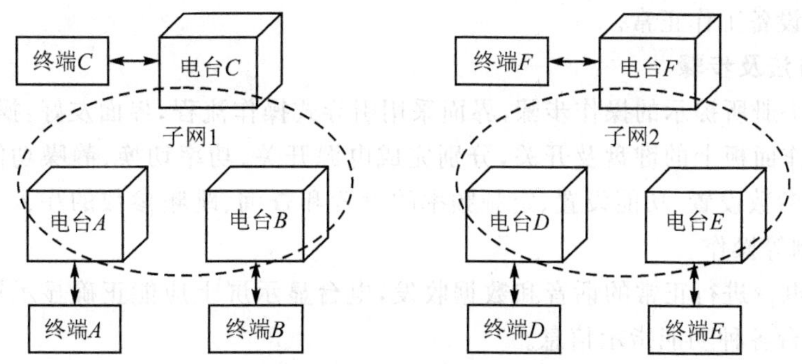

图 4-7 网络快速动态重组试验连接图 1

② 将电台 A、B、C 的表号设置为 01，网号为 00，电台 A 设置为主台，组成子网 1。

③ 将电台 D、E、F 的表号设置为 02，网号为 00，电台 D 设置为主台，组成子网 2。

④ 将电台 A～F 的 MAC 地址依次设为 0、1、2、0、1、2，IP 地址依次设为 9.160.0.1、9.160.1.1、9.160.2.1、9.160.0.1、9.160.1.1、9.160.2.1。

⑤ 在电台组网成功后，子网 1 的 PC 终端之间互通数据，验证设备之间的联通性；子网 2 的 PC 终端之间互通数据，验证设备之间的联通性。

⑥ 假设在工作中，子网 1 的电台 C、子网 2 的电台 D 受损，需要将电台 E、F 加入子网 1 中，与电台 A、B 组成新的子网 1，如图 4-8 所示。

⑦ 修改电台 E 的 MAC 地址为 2、IP 地址为 9.160.2.1；修改电台 F 的 MAC 地址为 3、IP 地址为 9.160.3.1，其他参数与子网 1 电台保持一致。

⑧ 等待电台 E、F 组网成功之后，由电台 A 发起话音呼叫，观察电台 E、F 接收话音的情况；网内节点互相收发数据，观察 PC 终端之间的联通性；电台 E、F 接收话音应正常，网内节点应可以互相收发数据。

(3) 合格判据

若符合上述试验方法中⑤、⑥所描述内容，则判定为网快速动态重组功能测试合格，反之则判定为不合格。

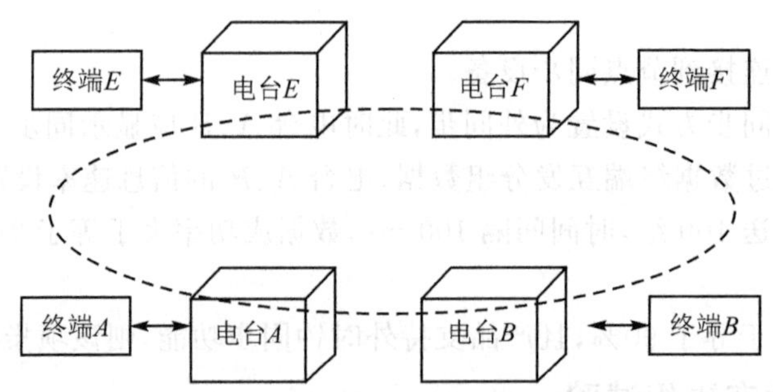

图 4-8 网络快速动态重组试验连接图 2

7. 操作显示试验

(1) 试验目的

考核设备操作显示是否满足要求。

(2) 试验条件

室内,被试设备工作正常。

(3) 试验方法及步骤

① 按使用手册所提示的操作步骤,界面采用引导式操作流程,界面友好,操作使用方便。

② 通过操作面板上的键盘及开关,分别完成电源开关、功率切换、静噪功能、工作模式切换、参数和高级参数设置、功能设置、定频频率的设置和查询、跳频参数的注入和清除、照明控制以及音量控制等操作。

③ 将两个电台进行正常的话音和数据收发,电台显示屏上应能正确显示同步指示、发指示、收指示等电台各种功能指示信息。

(4) 合格判据

若符合上述①、②、③所描述的现象,则判断该项指标合格。

8. 适配天线试验

(1) 试验目的

考核设备适配天线是否满足指标要求。

(2) 试验条件

室外,被试设备工作正常。

(3) 试验方法及步骤

① 电台超短波配接全频段天线、分频段天线,应能正常进行超短波通信。

② 电台配接定位天线,应能正确显示位置信息。

(4) 合格判据

在设备适配各种天线后,能正常通信,则判断该项指标合格。

9. 参数加注及清除功能试验

(1) 参数加注试验

1) 试验目的

考核设备参数加注功能是否满足要求。

2）试验条件

室内，被试设备工作正常，参数加注功能工作正常。

3）试验方法及步骤

① 将电台 A、B 设置为跳频模式，时间设置为当前时间，操作电台可进行正常话音互通。

② 修改电台 A 的跳频号等参数。

③ 此时，电台 A 应无法与电台 B 建立正常的通信。

④ 分别采用参数加注器和节管软件对电台 A 进行参数加注。

⑤ 将电台 A、B 设置为跳频模式，时间设置为当前时间，其他工作参数配置相同，电台 A、B 应能进行正常通信。

⑥ 修改为电台其他波形、其他工作模式，重复步骤②～④。

4）合格判据

设备能正常接收参数注入且无异常，则判断该项指标合格。

(2) 参数清除试验

1）试验目的

考核设备参数清除功能是否满足要求。

2）试验条件

室内，被试设备工作正常，参数清除功能工作正常。

3）试验方法及步骤

① 将电台 A、B 设置为跳频模式，时间设置为当前时间，操作电台可进行正常话音互通。

② 电台 A 开关旋钮旋至“毁钥”档，保持约 10 s 后旋回原状态。

③ 重新开启电台 A，不进行参数加注操作，此时电台 A 应无法与电台 B 建立正常的通信。

④ 修改为电台其他波形、其他工作模式，重复步骤②～④。

4）合格判据

参数清除后应无法正常通信，则判断该项指标合格。

10. 恢复出厂设置功能试验

(1) 试验目的

考核设备恢复出厂设置功能是否满足要求。

(2) 试验条件

室内，被试设备工作正常。

(3) 试验方法及步骤

① 在超短波设置界面，通过面板操作将电台设置为恢复出厂预置。

② 检查超短波频段的功率、信道号、工作模式、跳频号、跳频网、主属台、频率等参数是否恢复到出厂时的默认状态。

(4) 合格判据

若信道参数被恢复，则判断该项指标合格。

11. 自检功能试验

(1) 试验目的

考核设备自检功能是否满足要求。

(2) 试验条件

室内,被试设备工作正常。

(3) 试验方法及步骤

将电台重新开机或置于自检模式,显示屏应输出自检结果。

(4) 合格判据

若显示屏能输出自检结果,则判断该项指标合格。

12. 定位功能试验

(1) 试验目的

考核设备是否支持定位功能。

(2) 试验条件

室外,被试设备正常工作。

(3) 试验方法及步骤

① 将电台置于空旷位置,连接定位天线。

② 置电台定位开关为打开状态,打开定位信息界面,取 3 个地点,每个地点取 3 次,并与一体式手持定位机进行对比。

(4) 合格判据

若能正确显示定位信息,则判断该项指标合格。

13. 发射机开短路保护功能试验

(1) 试验目的

考核设备发射机开短路保护功能是否满足要求。

(2) 试验条件

室内,被试设备工作正常,综合测试仪检定合格。

(3) 试验方法及步骤

① 将天线口开路,使电台连续发射 1 min,检查电台发射功率。

② 将天线口短路,使电台连续发射 1 min,检查电台发射功率。

(4) 合格判据

若发射机开短路连续发射 5 min 后,检测被试设备发射功率符合指标要求,则判断该项指标合格。

14. 软件升级功能试验

(1) 试验目的

考核设备软件升级功能是否满足要求。

(2) 试验条件

室内,被试设备工作正常。

(3) 试验方法及步骤

① 按照图 4-9 所示连接设备。

② 由计算机向电台 *A* 进行软件升级。

③ 通过面板查询版本信息应为最新状态。

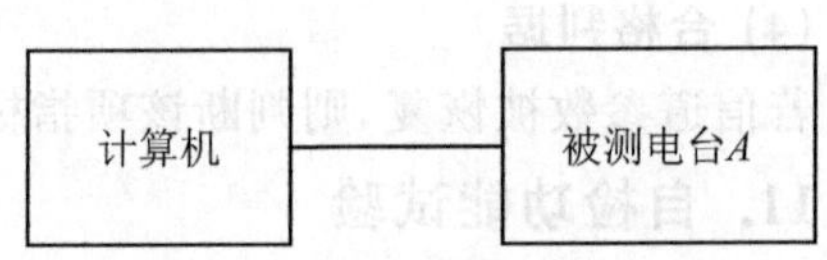

图 4-9 软件升级试验连接图

(4) 合格判据

若符合上述④描述的现象,则判断该项指标合格。

15. 参数无线分发功能试验

(1) 试验目的

考核设备是否具备参数无线分发功能。

(2) 试验条件

室外,设备正常工作,无线电节点工作正常。

(3) 试验方法及步骤

① 将电台 A、B 按图 4-10 所示连接好,无线电节点接入设备中的网管、电台线缆连接正确,工作正常。

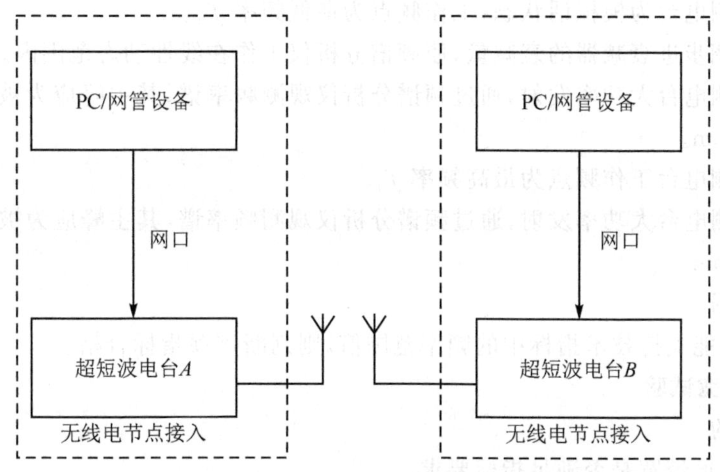

图 4-10 电台参数无线分发试验连接图

② 将电台切换到统一信道,无线电节点接入设备的网管设备使用参数分发软件,将规划好的参数通过网口下发给电台 A。

③ 当无线电节点接入设备的电台 B 收到参数后,上报给网管参数分发软件,此时 PC/网关设备界面会提示收到完整正确的参数文件。

(4) 合格判据

网管终端收到正确完整的参数规划文件,则电台具备参数无线分发功能。

4.2.2 电性能指标测试

1. 一般性能指标试验

(1) 工作频段试验

1) 试验目的

考核设备工作频段的覆盖范围是否支持技术指标中规定的工作频率。

2) 试验条件

室内,设备正常工作,衰减器、频谱分析仪检定合格。

3）试验方法及步骤

① 在室内搭建测试环境，按图 4－11 所示接好被测电台。

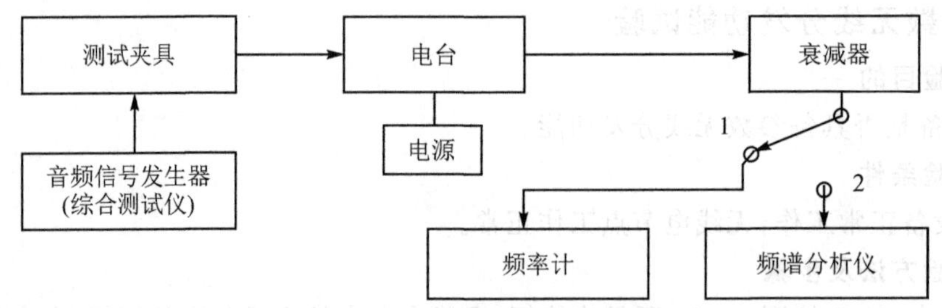

图 4－11　工作频段试验连接图

② 设置被测电台为模拟话状态，工作频点为最低频率 f_0。

③ 调整可调步进衰减器的衰减量，使频谱分析仪工作在线性动态范围内。

④ 操作被测电台大功率发射，通过频谱分析仪观测频率谱，其主峰应为被测工作频点 f，误差不超过 1 ppm。

⑤ 设置被测电台工作频点为最高频率 f_1。

⑥ 操作被测电台大功率发射，通过频谱分析仪观测频率谱，其主峰应为被测工作频点 f，误差不超过 1 ppm。

4）合格判据

若被试设备能支持技术指标中的频率范围值，则判断该项指标合格。

(2) 信道带宽试验

1）试验目的

考核设备信道带宽是否满足指标要求。

2）试验条件

室内，设备正常工作，衰减器、频谱分析仪检定合格。

3）试验方法及步骤

① 在室内搭建测试环境，按图 4－11 所示接好被测电台。

② 被测电台置为 30～88 MHz 频段特定模式下定频工作状态，频率设置为 f_1，信息速率设置为 38.4 kbps，分组长度为 64 Bytes，时间间隔为 100 ms；置频谱分析仪的带宽为 200 kHz，OBW 设置为 95%，测得相应的信道带宽 B。

③ 若电台技术指标有多重工作带宽，则按照相应指标分别设置频谱分析仪的带宽，并测得相应的信道带宽 B_1、B_2。

④ 通过数据终端发送分组数据，并作数据处理。

4）合格判据

若对应的带宽 B、B_1、B_2……满足指标要求，则判断该项指标合格。

(3) 信息速率试验

1）试验目的

考核设备在规定的频段内，是否支持信息速率要求，且具有速率自适应能力。

2）试验条件

室内，设备正常工作，衰减器、终端检定合格。

3）试验方法及步骤

① 在室内搭建测试环境，按图 4-12 所示连接被测电台，终端 A、B 均为计算机终端。

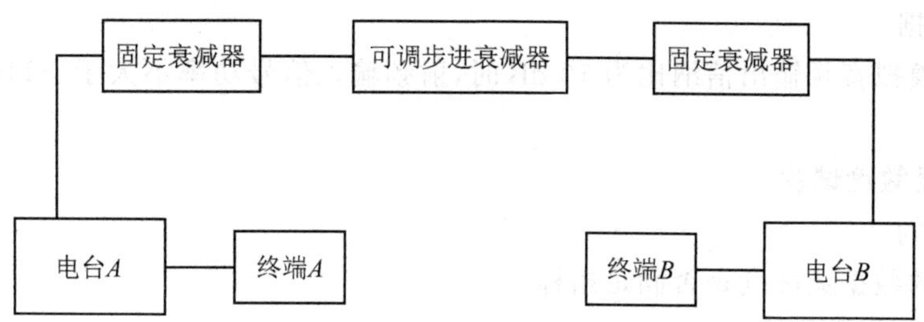

图 4-12　信息速率试验连接图

② 运行终端的应用程序，选择对应串口。

③ 电台开机，并置工作状态为某频段特定模式跳频状态，及配置相同的信道参数。

④ 将速率分别设置为技术指标要求的信息速率。

⑤ 由电台 B 向电台 A 发送数据，电台 A 应能够正确接收。

⑥ 将工作模式改为特定模式跳频方式，配置两部电台的信道参数一致且 IP 地址不能冲突，由电台 A 向电台 B 发送 IP 数据（IP 数据为速率自适应数据），电台 B 应能够正确接收。

⑦ 等待同步后，由电台 A 向电台 B 发送测试数据，电台 B 应能够正确接收。

4）合格判据

若电台在每种速率下数据收发正常，并支持速率自适应，则判断该项指标合格。

2. 接收机性能指标试验

（1）模拟灵敏度试验

1）试验目的

考核设备的模拟灵敏度是否符合指标要求。

2）试验条件

室内，设备正常工作，综合测试仪、电源检定合格。

3）试验方法及步骤

① 在室内搭建测试环境，按图 4-13 所示连接被测电台。

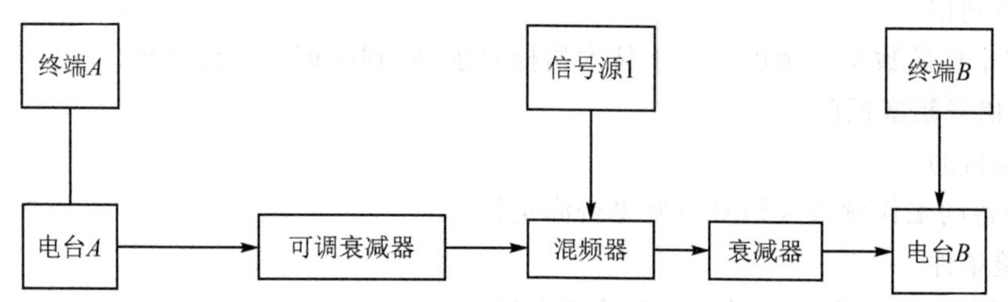

图 4-13　模拟灵敏度试验连接图

② 将电台设置为模拟话状态，频率为 f，将一个具有标准调制（调制信号频率为 1 kHz，频偏为 5.6 kHz）的射频输入信号加至接收机输入端。

③ 调节输入信号电平，使音频输出端得到标准信纳比，则综合测试仪输出电平即为模拟灵敏度。

④ 推荐测试频率在工作频率 $f_0 \sim f_1$ 范围内，随机抽取 10 个频点（如遇组合干扰点可偏离±100 kHz 重新测试）。

4）合格判据

若接收机模拟音频输出信纳比为 10 dB 时，射频输入信号功率不大于－110 dBm，则判断该项指标合格。

(2) 数据灵敏度试验

1）试验目的

考核设备的数据灵敏度是否满足指标。

2）试验条件

室内，设备正常工作，衰减器、混频器、终端检定合格。

3）试验方法及步骤

① 在室内搭建测试环境，按图 4－13 所示连接电台，电台 B 为被测电台（值守），电台 A 为陪测电台，混频器衰减量为 R(dB)。

② 将信号源频率置为 10 MHz，幅度置为－65 dBm，不加调制。

③ 将电台 A 与电台 B 均置为工作频段特定模式下跳频工作状态，设置两电台频率表相差 10 MHz，其他信道参数保持一致。

④ 电台 A 通过数据终端向电台 B 发送分组数据，电台 A 的信息速率设置为 19.2 kbps，分组长度为 64 Bytes，发送 100 组，时间间隔为 100 ms。

⑤ 调整信号源的输出信号功率，记录使电台 B 接收到的一次分组数据成功率达到 90% 的最小信号功率 P(dBm)，此时电台 B 的用户信息速率为 19.2 kbps 下的数据灵敏度（单位为 dBm），即

$$M = P - R\ (\text{混频器的衰减量} - \text{固定衰减器值})$$

⑥ 将电台 A 的信息速率设置为 38.4 kbps，并重复④、⑤步，测得相应信息速率下电台 B 的数据灵敏度。

⑦ 将电台 A 与电台 B 均设置为工作频段特定模式下选频工作状态，并依次重复④、⑤步，测得工作网选频下电台 B 的数据灵敏度。

注：在测试前先通过调节可调衰减器衰减值，使混频器本振输入幅度满足要求(8～10 dBm)。

4）合格判据

若各速率档的数据灵敏度不大于技术指标要求，则判断该项指标合格。

(3) 大信号阻塞试验

1）试验目的

考核设备的工作频段大信号阻塞是否满足指标。

2）试验条件

室内，设备正常工作，衰减器、终端检定合格。

3）试验方法及步骤

① 使用试验装置。

② 关闭射频信号源 2，并将信号源 1 的频率置为 50 MHz，幅度置为－65 dBm，不加调制；陪测电台（电台 A）与被测电台（电台 B）均置为工作频段特定工作模式下定频小功率工作状态，两电台频率相差 50 MHz，并设置陪测电台为主台，使两电台同步。

③ 将陪测电台的信息速率设置为 64 kbps,分组长度为 512 Bytes,发送 100 组,时间间隔为 100 ms,陪测电台通过数据终端向被测电台发送分组数据。

④ 调整信号源 1 的输出信号功率,使被测电台接收到的一次分组数据成功率达到 90%。

⑤ 将信号源 1 的输出射频信号功率提高 3 dB。

⑥ 被测电台频率记录为 f_0,信号源 2 的频率设置为 f_1,且 $f_1=f_0\times 15\%$。

⑦ 将信号源 2 的初始输出功率设为+10 dBm,在满足被测电台接收到的一次分组数据成功率达到 90%的前提下,逐渐地增加功率,直到不满足为止,此时信号源 2 的信号幅度不应低于 25 dBm。

⑧ 可用带通滤波器信号源 2 的输出射频信号。

⑨ 测试频点 f_0 为在工作频段内中心频点附近随机抽取。

4）合格判据

若频率偏离载波频率±15%处的干扰信号幅度为 25 dBm 时,一次分组成功率不低于指标规定,则判定合格。

(4) 双信号选择性试验

1）试验目的

考核设备在工作频段的双信号选择性是否满足指标。

2）试验条件

室内,设备正常工作,信号源、三通、混频器、滤波器、衰减器、终端检定合格。

3）试验方法及步骤

① 在室内搭建测试环境,按图 4-14 所示连接好被测电台,电台 B 为被测电台,电台 A 为陪测电台。电台 A 与电台 B 均置为工作频段特定模式下定频工作状态,幅度设置为 -65 dBm,电台 A 设置为小功率,电台 B 设置为值守,信息速率设为 19.2 kbps,两电台频率相差 10 MHz。

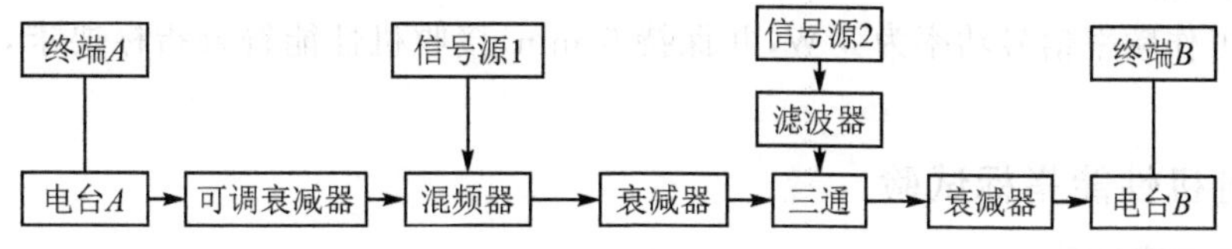

图 4-14　双信号选择性试验连接图

② 关闭信号源 2,并设置信号源 1 频率为 10 MHz,幅度设置为-65 dBm。由电台 A 向电台 B 发送分组数据长度为 128 Bytes,时间间隔为 100 ms,调节信号源 1 输出功率,记录使电台 B 接收到的一次分组数据成功率达到 90%的最小信号功率 P(dBm)。

③ 将信号源 1 的输出功率提高 3 dB。

④ 信号源 2 不加调制,信号频率分别置于载波频率间隔±50 kHz、±100 kHz、±1 MHz、±5 MHz 的频率点上(1 MHz 以上双信号须加带通滤波器)。

⑤ 由电台 A 向电台 B 发送分组数据长度为 128 Bytes,时间间隔为 100 ms,调节信号源 2 的输出功率,直至电台 B 接收到的由电台 A 发送的一次分组数据成功率达到 90%,记下此时信号源 2 的输出号功率 P(dBm),对不同频率间隔的信号选择性表示为

$$S=P-M(\text{dB})$$

⑥ 推荐测试频率为工作频段内任意点。

注:注意区分杂散响应点,若为杂散响应点则按杂散响应抗扰性指标考核。当信号源的输出噪声影响电性能指标时,可采用滤波器对信号源的输出信号进行滤波。在测试前先通过调节可调衰减器衰减值,使混频器本振输入幅度满足要求(8～10 dBm)。

4) 合格判据

若双信号选择性满足技术指标要求,则判断该项指标合格。

(5) 输入电路保护试验

1) 试验目的

考核设备的输入电路保护是否满足要求。

2) 试验条件

室内,被试设备工作正常,可调步进衰减器、射频信号源检定合格。

3) 试验方法及步骤

① 在室内搭建测试环境,按图 4-15 所示连接好被测电台。

图 4-15　输入电路保护试验连接图

② 电台设置为模拟话接收工作状态,频率为 f。

③ 射频信号源或陪测电台发射频率为 f 的功率信号,通过可调步进衰减器调整信号功率为 5 W 后输入被测电台超短波天线口,并保持 5 min。

④ 测量被测台模拟灵敏度应能满足指标要求。

⑤ 推荐测试频率为工作频段内任意一点。

4) 合格判据

若输入工作频率信号功率为 5 W,并保持 5 min,接收机性能符合指标要求,则判断该项指标合格。

3. 发射机性能指标试验

(1) 发射功率试验

1) 试验目的

考核设备的发射功率是否满足技术指标要求。

2) 试验条件

室内,设备正常工作,衰减器、综合测试仪检定合格。

3) 试验方法及步骤

① 使用试验装置。

② 在模拟话模式下测试,发射机处于无调制情况下工作,电台在工作频段内一点 f_0 频点下发射,测出发射功率。

③ 分别将电台置于小、中、大功率档,重复以上步骤,测得小、中、大功率下的载波功率值。

④ 测试频率点为工作频段内任意 10 个频点。

4）合格判据

若电台载波功率满足指标要求，则判断该项指标合格。

（2）谐波抑制试验

1）试验目的

考核设备的谐波抑制是否满足指标要求。

2）试验条件

室内，设备正常工作，衰减器、频谱分析仪检定合格。

3）试验方法及步骤

① 使用试验装置。

② 谐波抑制测试频率为工作频段内一点。

③ 被测电台导频关闭，工作于模拟话大功率发射状态，调整频谱分析仪“LEVEL”选项的值使其处于线性动态范围内工作，可直接读出 60 MHz～2 GHz 频率范围内的谐波抑制量（用与载波功率差值的分贝数表示）。

4）合格判据

若谐波抑制值大于指标要求，则判断该项指标合格。

（3）非谐波抑制试验

1）试验目的

考核设备的非谐波抑制是否满足指标要求。

2）试验条件

室内，设备正常工作，衰减器、频谱分析仪检定合格。

3）试验方法及步骤

① 使用试验装置。

② 非谐波抑制测试频率为工作频段内一点。

③ 在测试频点下，被测电台导频关闭，工作于模拟话大功率发射状态，调整频谱分析仪“LEVEL”选项的值使其处于线性动态范围内工作，可直接读出偏离中心频率±200 kHz 以外，2～500 MHz 频率范围内的非谐波抑制量（用与载波功率差值的分贝数表示）。

4）合格判据

若非谐波抑制值大于指标要求，则判断该项指标合格。

（4）宽带噪声试验

1）试验目的

考核设备的宽带噪声是否满足指标要求。

2）试验条件

室内，设备正常工作，衰减器、频谱分析仪检定合格。

3）试验方法及步骤

① 按图 4－16 所示连接试验装置，电台设置为模拟话模式。

② 可调带通滤波器的中心频率调准在 $f_0 \pm \Delta f$ 频率上（f_0 为电台标称频率 55.5 MHz；Δf 为频率间隔，值为 $15\% f_0$。但不低于 5 MHz）。

③ 可调带阻滤波器的中心频率调准在 f_0 频率上。

④ 将开关置图 4－16 中 1 位，信号源送入频率为 $f_0 \pm \Delta f$，幅度为 d_0（单位为 dBm）的信

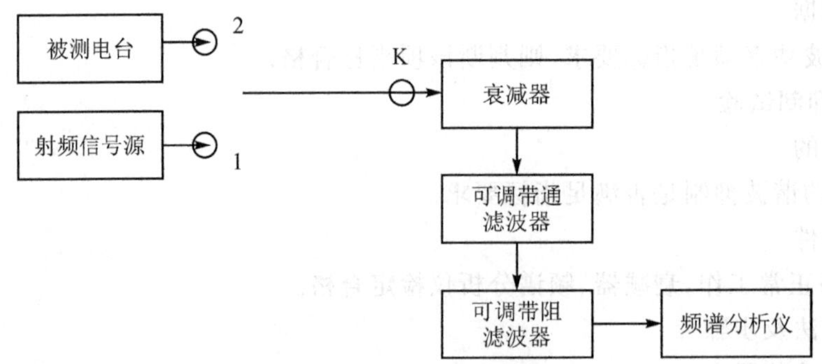

图 4-16　宽带噪声试验连接图

号，由频谱分析仪读出其相应的数值 d'_0（单位为 dBm），测试通路插损 D 可计算为

$$D=d_0-d'_0$$

⑤ 将开关置图 4-16 中 2 位，电台处于模拟话大功率工作状态，工作频率为 f_0，由频谱分析仪直接读出 $f_0\pm\Delta f$ 的相应数值 E（单位为 dBm/Hz）。

⑥ 电台的宽带噪声 P（以 dBm/25 kHz 表示）可计算为

$$P=E+D+10\lg 25\,000$$

⑦ 测试频点为工作频段内一点。

4）合格判据

若宽带噪声 P 不大于指标要求的限定值，则判断该项指标合格。

4.2.3　抗干扰性能指标测试

1. 跳频速率试验

(1) 试验目的

考核设备工作频段的跳频速率是否满足指标要求。

(2) 试验条件

室内，设备正常工作，衰减器、频谱分析仪检定合格。

(3) 试验方法及步骤

① 在室内搭建测试环境，按图 4-17 所示连接设备。

图 4-17　跳频速率试验连接图

② 将电台置于工作频段特定模式跳频发状态，从频谱分析仪上读出一个完整的跳周期记为 T。

③ 跳频速率为 $1/T$。

(4) 数据处理

测量值精确到 0.01 ms。

(5) 合格判据

若电台在某个工作频段周期范围内，指标要求为 N 跳/s，则测试值 T 在（$1/N\times1000\pm$

0.05)ms,则该项指标合格。

2. 跳频频率数试验

(1) 试验目的

考核设备工作频段是否支持技术资料要求的跳频频率数。

(2) 试验条件

室内,设备正常工作,固定衰减器,频谱分析仪检定合格。

(3) 试验方法及步骤

① 在室内搭建测试环境,按图 4-17 所示接好被测电台。

② 电台设置为 VHF 频段某模式跳频小功率工作模式,电台的频率表号设为某号频率表(频率间隔为 50 kHz,1 024 个频点),频率表的最低频率为 30.000 MHz,最高频率为 85.000 MHz。

③ 频谱分析仪扫描带宽设置为 0.1 MHz/格,调整频谱分析仪使 30.000 MHz 的谱线位于屏幕最左侧。

④ 按下频谱分析仪 PTT,屏幕上应有 21 条谱线。

⑤ 分别使 30.10 MHz、32.15 MHz、33.2 MHz、……、79.40 MHz 的谱线位于屏幕最左侧。

⑥ 重复步骤④。

⑦ 使 85 MHz 谱线位于屏幕最左侧,按下频谱分析仪 PTT,屏幕上应有 16 条谱线。

⑧ 将上述谱线相加,应为 1 024 个,即为 1 024 个频点。

⑨ 电台设置为 VHF 频段某模式跳频小功率工作模式,将电台的频率表号设为 1 号频率表(频率间隔为 50 kHz,256 个频点),频率表的最低频率为 60.000 MHz,最高频率为 74.000 MHz。

⑩ 频谱分析仪扫描带宽设置为 0.1 MHz/格,调整频谱分析仪使 60 MHz 的谱线位于屏幕最左侧。

⑪ 按下频谱分析仪 PTT,屏幕上应有 21 条谱线。

⑫ 分别使 60.000 MHz、62.325 MHz、63.375 MHz、……、71.775 MHz 的谱线位于屏幕最左侧。

⑬ 重复步骤⑪。

⑭ 使 72.000 MHz 谱线位于屏幕最左侧,按下频谱分析仪 PTT,屏幕上应有 4 条谱线。

⑮ 将上述谱线相加,应为 256 个,即为 256 个频点。

⑯ 电台设置为 108~512 MHz 频段自组网跳频小功率工作模式,将电台的频率表号设为 3 号频率表(频率间隔为 250 kHz,1 024 个频点),频率表的最低频率为 118.150 MHz,最高频率为 503.900 MHz。

⑰ 频谱分析仪扫描带宽设置为 0.5 MHz/格,调整频谱分析仪使 118.150 MHz 的谱线位于屏幕最左侧。

⑱ 按下频谱分析仪 PTT,屏幕上应有 21 条谱线。

⑲ 分别使 123.400 MHz、138.650 MHz、143.900 MHz、……、474.900 MHz 谱线位于屏幕最左侧。

⑳ 重复步骤⑱。

㉑ 使 503.150 MHz 谱线位于屏幕最左侧,按下频谱分析仪 PTT,屏幕上应有 16 条谱线。

㉒ 将上述谱线相加,应为 1 024 个,即为 1 024 个频点。

㉓ 电台设置为VHF频段某模式跳频小功率工作模式，将电台的频率表号设为2号频率表(频率间隔为100 kHz，256个频点)，频率表的最低频率为405.000 MHz，最高频率为415.500 MHz。

㉔ 频谱分析仪扫描带宽设置为0.2 MHz/格，调整频谱分析仪使405.000 MHz的谱线位于屏幕最左侧。

㉕ 按下频谱分析仪PTT，屏幕上应有21条谱线。

㉖ 分别使405.100 MHz、405.200 MHz、405.300 MHz、……、415.100 MHz谱线位于屏幕最左侧。

㉗ 重复步骤㉕。

㉘ 使420.200 MHz谱线位于屏幕最左侧，按下频谱分析仪PTT，屏幕上应有4条谱线。

㉙ 将上述谱线相加，应为256个，即为256个频点。

(4) 合格判据

若设备支持256个、1 024个跳频频率数，则判断该项指标合格。

3. 抗宽带干扰试验

(1) 试验目的

考核设备工作频段抗宽带干扰是否满足指标要求。

(2) 试验条件

室内，设备正常工作，衰减器、混频器、信号源、终端检定合格。

(3) 试验方法及步骤

① 在室内搭建测试环境，连接电台，电台B为被测电台，电台A为陪测电台，混频器衰减量为R(dB)。

② 将有70%连续频率的两张不同频率表(电台A工作于8号跳频表，电台B工作于9号跳频表)分别置入电台A和电台B，调节信号源使电台B的输入信号功率为−115 dBm。

③ 在一模式下以1.2 kbps的速率通过电台A向电台B发送128 Bytes的数据100组，数据成功率应不低于85%。

④ 将有50%连续频率的两张不同频率表(电台A工作于8号跳频表，电台B工作于9号跳频表)分别置入电台A和电台B，调节信号源使电台B的输入信号功率为−115 dBm。

⑤ 在某模式下以4.8 kbps的速率通过电台A向电台B发送128 Bytes的数据100组，数据成功率应不低于95%。

⑥ 将有30%连续频率的两张不同频率表(电台A工作于8号跳频表，电台B工作于10号跳频表)分别置入电台A和电台B，调节信号源使电台B的输入信号功率为−113 dBm。

⑦ 在某模式下以19.2 kbps的速率通过电台A向电台B发送128 Bytes的数据100组，数据成功率应不低于95%。

(4) 合格判据

符合上述试验方法②、④、⑥所描述内容，则判断该项指标合格。

4. 抗扫频干扰试验

(1) 试验目的

考核设备工作频段抗扫频干扰是否满足指标要求。

(2) 试验条件

室外,设备正常工作,扫频干扰机,计算机终端检定合格。

(3) 试验方法及步骤

① 在室外搭建测试环境,电台 A、B 连接天线处于大功率工作状态,开启扫频干扰机。

② 在工作频段某模式下以 19.2 kbps 的速率通过电台 A 向电台 B 发送 128 Bytes 的数据 100 组,数据成功率应不低于 95%。

③ 在另一工作频段某模式下以 64 kbps 的速率通过电台 A 向电台 B 发送 128 Bytes 的数据 100 组,数据成功率应不低于 95%。

(4) 合格判据

符合上述试验方法②、③所描述内容,则判断该项指标合格。

5. 抗动态干扰试验

(1) 试验目的

考核设备工作频段某选频模式下抗动态干扰是否满足指标要求。

(2) 试验条件

室内,设备正常工作,送受话器、计算机终端、衰减器、三端口互易网络检定合格。

(3) 试验方法及步骤

① 在室内搭建测试环境,按如图 4-18 所示连接设备,可选择信号源作为干扰源。

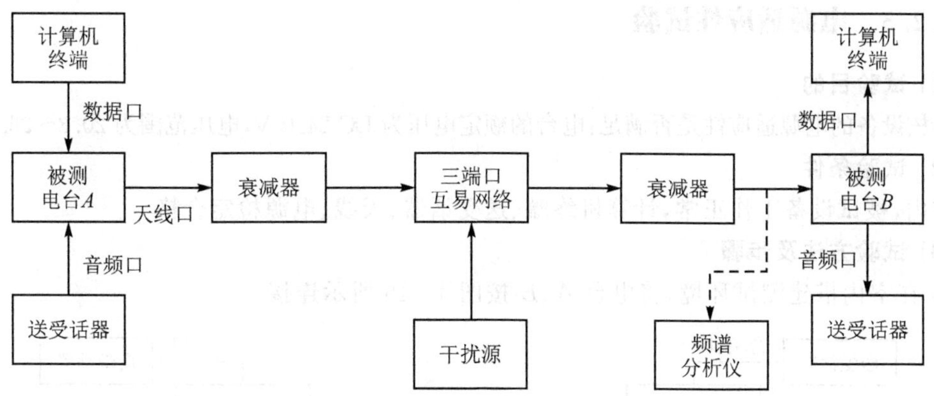

图 4-18 抗动态干扰试验连接框图

② 电台 A、B 分别设置为工作频段 1、工作频段 2 的某选频模式,小功率,其余参数设为相同。

③ 开启干扰源,并设置干扰源的干扰中心频率为 f_0 的宽带压制干扰,幅度大过通信信号幅度 10 dB。

④ 电台 A 与电台 B 选频下进行话音通信,由电台 A 通过手柄向电台 B 进行 10 次话音通信。

⑤ 当话音测试结束后,由电台 A 向电台 B 以 9.6 kbps 信息速率发送 128 Bytes 数据 100 组,记录数据成功率。

⑥ 观察电台 A、B 建链通信频点 f_1,且 f_1 不应落在 f_0 的干扰频率范围内。

⑦ 改变干扰源的干扰中心频率为 f_2,重复步骤③～⑥,观察电台 A、B 建链通信频点不

应落在干扰频率范围内。

(4) 合格判据

若数据成功率不小于指标要求，则判定为合格。

4.2.4 频率误差试验

(1) 试验目的

考核设备的频率误差是否满足 1 ppm。

(2) 试验条件

室内，设备正常工作，衰减器、频率计检定合格。

(3) 试验方法及步骤

① 在室内搭建测试环境，连接被测电台，衰减器后接频率计。

② 设置被测电台为模拟话模式，工作频点为 f_1。

③ 操作被测电台处于模拟话无调制情况下小功率发射。

④ 读取高稳定度频率计频率读数，记录读数与电台应发出的频率 f_1 的误差值。

⑤ 电台工作频点设置为 f_2，重复③、④。

(4) 合格判据

若频率误差满足小于 1 ppm，则判断该项指标合格。

4.2.5 电源适应性试验

(1) 试验目的

考核设备的电源适应性是否满足：电台的额定电压为 DC 24.0 V，电压范围为 20.8～26.8 V。

(2) 试验条件

室内，被试设备工作正常，计算机终端、送受话器、天线、电源检定合格。

(3) 试验方法及步骤

① 在室内搭建测试环境，将电台 A、B 按图 4－19 所示连接。

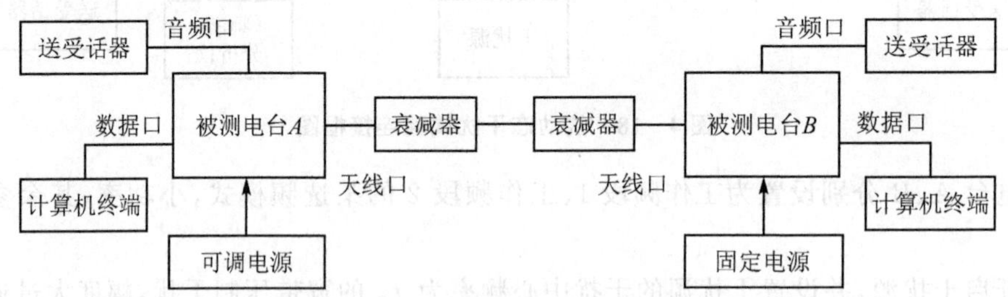

图 4－19 电源适应性试验连接图

② 电台 B 按额定电压 24.0 V 供电，调整电台 A 的供电电压在 20.8～26.8 V 时，电台 A 应能与电台 B 间建立正常的数据、话音通信。

③ 在配接车载适配器后，电台 B 按额定电压 24 V 供电，调整电台 A 的供电电压在 18～33 V 时，电台 A 应能与电台 B 间建立正常的数据、话音通信。

(4) 合格判断

若符合电台的额定电压为 DC 24.0 V，电压范围为 20.8～26.8 V，则判断该项指标合格。

4.2.6 功耗试验

1. 接收功耗试验

(1) 试验目的

考核设备的功耗是否满足技术资料的指标要求。

(2) 试验条件

室内，设备正常工作，电源、综合测试仪检定合格。

(3) 试验方法及步骤

① 按图 4-20 所示连接设备。

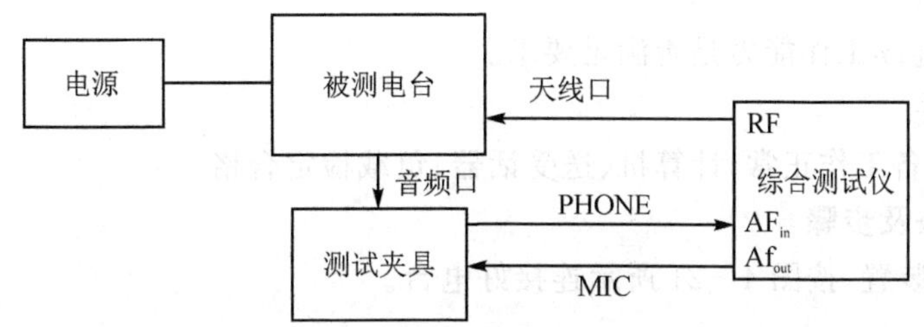

图 4-20 接收功耗试验连接图

② 将电台设置为模拟话工作模式接收状态，频率设置为 375.500 MHz。

③ 综合测试仪射频输出 375.500 MHz 的 FM 调制 1 kHz 信号(频偏为 5.6 kHz)，信号幅度为−67 dBm，音频 SIND 应大于 12 dB。

④ 记下电压值 U_1，电流值 I_1。

⑤ 接收功耗为

$$P_1 = U_1 \times I_1$$

⑥ 配接车载适配器后重复步骤②～④，测试得到接收功耗 P_2。

(4) 数据处理

取最大值作为最终数据。

(5) 合格判据

若功耗值小于技术指标要求，则判定接收功耗测试合格，反之则判定为不合格。

2. 发射功耗试验

(1) 试验目的

考核设备的发射功耗是否满足指标要求。

(2) 试验条件

室内，设备正常工作，衰减器、频谱分析仪检定合格。

(3) 试验方法及步骤

① 在室内搭建测试环境，连接被测电台。

② 设置电台为模拟话模式、大功率，频率 f。

③ 控制电台发射，确保此时电台发射功率满足大功率要求。

④ 记录此时电压表读值 U_1 和电流表读值 I_1，计算得到功耗为

$$P_1 = U_1 \times I_1$$

⑤ 测试频率应覆盖低、中、高频段，推荐测试频率 f 为工作频段的高中低随机取 3 个点，取得到的最大功耗记为电台发射功耗。

(4) 数据处理

取最大值作为最终数据。

(5) 合格判断

若发射功耗不大于技术指标要求，则判定该项指标合格。

4.2.7 连续工作能力试验

(1) 试验目的

考核设备的连续工作能力是否满足要求。

(2) 试验条件

室内，被试设备工作正常，计算机、送受话器、负载检定合格。

(3) 试验方法及步骤

① 使用试验装置，按图 4－21 所示连接好电台。

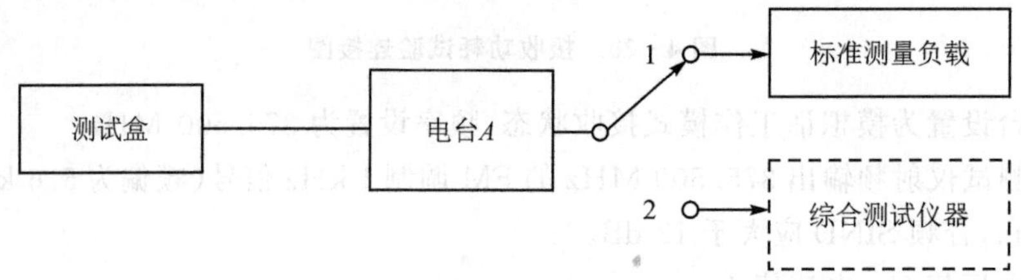

图 4－21 连续工作能力试验连接图

② 将两部电台设置为常用工作模式，进行数据发送与接收，时间间隔为 50 ms 的测试数据，按收发 9 min∶3 min 交替连续工作，使电台连续工作 24 h。

(4) 合格判断

在 24 h 连续工作后，模拟灵敏度、发射功率指标应能满足要求，则判断该项指标合格。

4.2.8 定位性能指标试验

1. 接收灵敏度试验

(1) 试验目的

考核设备能正常定位时要求的灵敏度是否达到指标要求。

(2) 试验条件

室内，设备正常工作，定位测试系统检定合格。

(3) 试验方法及步骤

① 在暗室内搭建测试环境，按图 4－22 所示连接被测电台。

② 测试系统播放场景，设置测试系统输出频点信号功率；调整信号功率，检查设备能否正常定位。

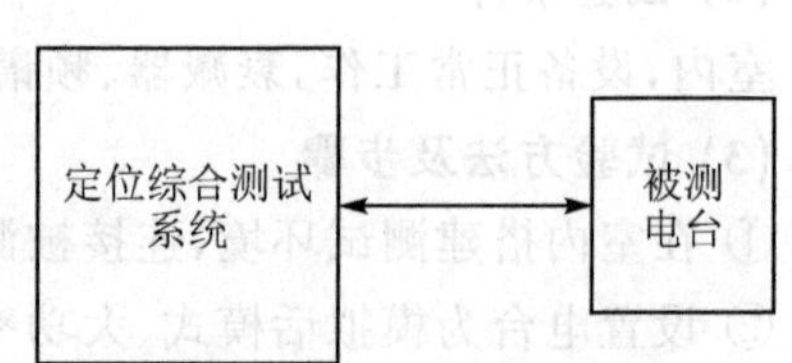

图 4－22 定位性能试验连接图

(4) 合格判据

若设备可正常定位,则判定该项指标合格。

2. 大信号阻塞试验

(1) 试验目的

考核定位的大信号阻塞是否达到指标要求。

(2) 试验条件

室内,设备正常工作,衰减器、信号源、定位综合测试系统检定合格。

(3) 试验方法及步骤

① 在暗室内搭建测试环境,按图 4-23 所示连接被测电台。

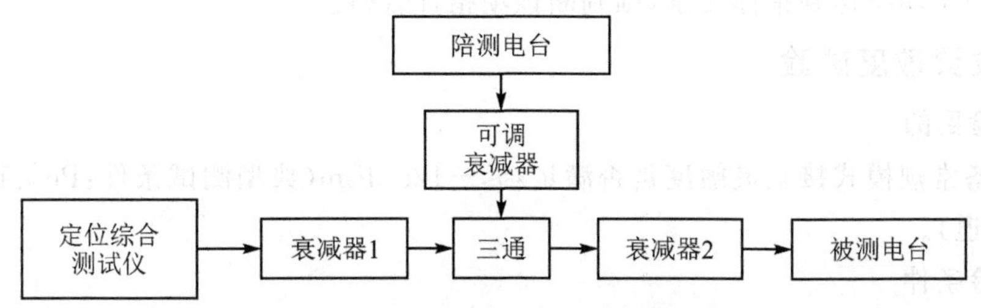

图 4-23 定位大信号阻塞试验连接图

② 测试系统播放场景,设置测试系统输出频点信号功率;调整信号功率至设备能正常定位的灵敏度幅度 P。

③ 将定位测试系统输出信号幅度提高 5 dBm。

④ 开启信号源,将信号源的频率设置为电台超短波工作频段内任一频点 f_0,调整信号源的输出信号功率,记录使电台不能正常定位的信号幅度 M(单位为 dBm)。

⑤ 开启陪测电台,将陪测电台功率设置为 VHF 频段全频段跳频表,并调整可调衰减器的值,记录使电台不能正常定位的信号幅度 M_1(单位为 dBm)。

⑥ 将陪测电台设置为全频段跳频表,并调整可调衰减器的值,记录使电台不能正常定位的信号幅度 M_2(单位为 dBm)。

(4) 合格判据

若定位的大信号阻塞满足指标要求,则判定该项指标合格。

4.2.9 天通性能指标试验

对于支持天通卫星通信能力的通信系统,可按照此以下方法对天通通信功能进行测试验证。

1. 最大输出功率试验

(1) 试验目的

考核设备的发射功率是否满足:最大输出功率大于等于 23 dBm。

(2) 试验条件

室内,设备正常工作,卫通综合测试仪检定合格。

(3) 试验方法及步骤

① 在室内搭建测试环境,按图 4-24 所示连接被测电台。

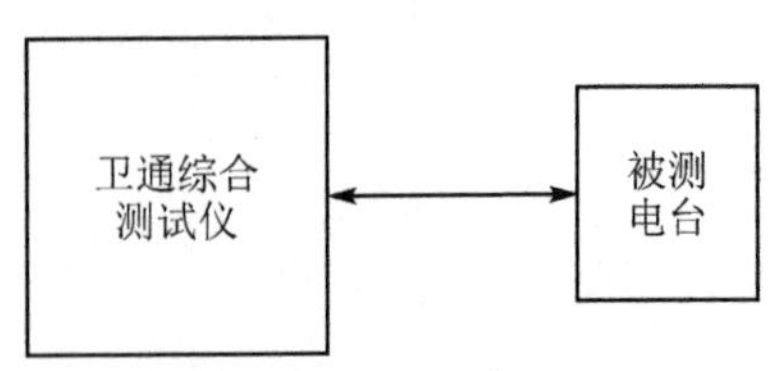

图 4-24　最大输出功率试验连接图

② 电台天通射频接口与卫通综合测试仪相连，配置好卫通综合测试仪参数，等待终端入网。

③ 电台开机，设置卫通综合测试仪模式下的入网参数后，开始入网。

④ 天通综合测试仪显示终端已入网后，寻呼被测电台。

⑤ 天通综合测试仪显示呼叫通道建立后，天通综合测试仪开启“输出功率”测量项，记录测量值 P。

(4) 合格判据

若最大输出功率达到指标要求，则判断该项指标合格。

2. 接收灵敏度试验

(1) 试验目的

考核设备常规模式接收灵敏度是否满足：≤−125 dBm(典型测试条件：Pe≤1×10^{-3}，2.4 kbps 话音信道)。

(2) 试验条件

室内，设备正常工作，天通综合测试仪检定合格。

(3) 试验方法及步骤

① 在室内搭建测试环境，按图 4-24 所示连接被测电台。

② 电台天通射频接口与天通综合测试仪相连，配置好天通综合测试仪参数，等待终端入网。

③ 电台开机，设置天通综合测试仪模式下的入网参数后，开始入网。

④ 天通综合测试仪显示终端已入网后，寻呼被测电台。

⑤ 逐渐调整天通综合测试仪下行发射信号至−125 dBm，并开启“BER”测试项，等待天通综合测试仪显示的状态刷新，查看此时误码率，小于 0.1%则说明满足此项指标。

(4) 合格判据

若下行发射信号至−125 dBm 时，误码率达到指标要求，则判定该项指标合格。

3. 大信号阻塞试验

(1) 试验目的

考核天通的大信号阻塞指标。

(2) 试验条件

室内，设备正常工作，衰减器、天通综合测试仪检定合格。

(3) 试验方法及步骤

① 在室内搭建测试环境，按图 4-25 所示连接好被测电台。

② 将陪测电台设置为值守，电台天通射频接口与衰减器相连，配置好天通综合测试仪参数，等待终端入网。

③ 被测电台开机，设置天通综合测试仪模式下的入网参数后，开始入网。

④ 天通综合测试仪显示终端已入网后，寻呼被测电台。

⑤ 逐渐调整天通综合测试仪下行发射信号幅度，并开启“BER”测试项，等待天通综合测

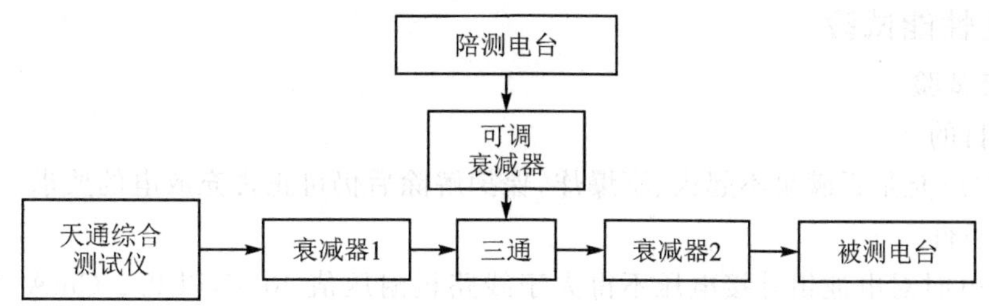

图 4-25 天通大信号阻塞试验连接图

试仪显示的状态刷新，查看此时误码率，小于 0.1%则说明满足此项指标。

⑥ 将天通综合测试仪下行发射信号幅度提高 5 dBm。

⑦ 开启陪测电台，将陪测电台功率设置为全频段跳频表，调整可调衰减器的值，记录使被测电台 B 接收到的天通综合测试仪下行发射信号误码率达到 0.1%时的信号源输出功率 M_1（单位为 dBm）。

⑧ 将陪测电台设置为全频段跳频表，调整可调衰减器的值，记录使被测电台 B 接收到的天通综合测试仪下行发射信号误码率达到 0.1%时的信号源输出功率 M_2（单位为 dBm）。

(4) 合格判据

若工作正常，则判定该项指标合格。

4.2.10 电池性能指标试验

1. 额定容量试验

(1) 试验目的

考核电池容量是否满足技术指标要求。

(2) 试验条件

室内，标准充电后再标准放电，放电容量达到额定容量检定合格。

(3) 试验方法及步骤

电池组使用各种充电机，标准充电后静止 0.5～1 h，再标准放电至放电终止电压或者保护电路启动。上述过程可循环 5 次，当有一次放电容量达到额定容量，即可终止。

(4) 合格判据

若电池额定容量满足要求，则判定该项指标合格。

2. 开路电压试验

(1) 试验目的

考核电池开路电压是否满足电压范围要求。

(2) 试验条件

室内，使用电压表或者万用表检定合格。

(3) 试验方法及步骤

使用电压表或者万用表测量未接负载状态下的电池组正负极两端的电压。

(4) 合格判据

若电池开路电压满足要求，则判定该项指标合格。

3. 安全性能试验

(1) 过充试验

1) 试验目的

考核电池过充是否满足不起火、不爆炸,保护解除后仍可正常充放电的要求。

2) 试验条件

室内,充电时对电池组外接电压不得大于线路板耐压值 30 V,以 0.2 CmA 或 1 CmA 对电池组进行充电来检定合格。

3) 试验方法及步骤

以 0.2 CmA 或 1 CmA 对电池组进行充电,直至保护电路起保护作用,保护解除后仍可正常充放电。

4) 合格判据

若电池过充满足要求,则判定该项指标合格。

(2) 过放试验

1) 试验目的

考核电池过放是否满足不起火、不爆炸,保护解除后仍可正常充放电的要求。

2) 试验条件

室内,将放完电的电池组以 0.2 CmA 继续放电来检定合格。

3) 试验方法及步骤

将放完电的电池组以 0.2 CmA 继续放电,直至保护电路起作用并应自动停止放电。

4) 合格判据

若电池过放满足要求,则判定该项指标合格。

(3) 短路试验

1) 试验目的

考核电池短路是否满足不起火、不爆炸,保护解除后仍可正常充放电的要求。

2) 试验条件

室内,充满电的单体电池正负极用导线短路(导线电阻小于 50 mΩ)检定合格。

3) 试验方法及步骤

将电池组标准充电后,用导线(导线电阻小于 50 mΩ)将电池组正负极短路,持续时间至少 2 h。

4) 合格判据

若电池短路持续时间大于等于 2 h 且不爆炸、不起火,保护板应起保护作用,保护解除后仍可正常充放电,则判定该项指标合格。

4.2.11 天线性能指标试验

1. 工作频段范围试验

(1) 试验目的

考核天线工作频段的覆盖范围是否支持技术指标要求的频率范围。

(2) 试验条件

室内,使用矢量网络分析仪、功率信号源等检定合格。

(3) 试验方法及步骤

在要求的频率范围内,分别进行电压驻波比、功率容量、辐射方向图 3 项电气性能测试。

(4) 合格判据

若天线的 3 项电气性能测试满足指标要求,则判断该项指标合格。

2. 电压驻波比试验

(1) 试验目的

考核天线电压驻波比是否满足指标要求。

(2) 试验条件

室内,使用矢量网络分析仪、测试工装检定合格。

(3) 试验方法及步骤

① 搭建测试环境。

② 矢量网络分析仪起、止频率设置为工作频段的最高、最低值,取样点设置为 400 个。

③ 50 Ω 测试电缆一端连接网络分析仪端口,另一端连接校准件校准参数,校准后电压驻波比应小于 1.05。

④ 被测天线垂直安装在测试工装上,并放置在木质桌面上。

⑤ 测试电缆连接测试工装的射频插座上。

⑥ 从矢量网络分析仪上读取样点的电压驻波比。

(4) 合格判据

在工作频率范围内,电压驻波比应不大于 3.5,则判断该项指标合格。

3. 功率容量试验

(1) 试验目的

考核天线的功率容量是否满足指标要求。

(2) 试验条件

室外,使用功率信号源、测试工装检定合格。

(3) 试验方法及步骤

① 在试验场选取开阔路段,搭建测试环境。

② 在正常大气条件下测试时,天线输入端口正向功率应保持在 10 W±0.5 dB。

③ 各测试频率点的测试时间为 30 min。

④ 推荐测试频点为工作频段内随机均匀抽取 10 个点。

(4) 合格判据

在测试期间,电压驻波比应不超过规定值的 10%,天线不出现永久性损坏,则判定该项指标合格。

4. 辐射方向图试验

(1) 试验目的

考核天线的辐射方向图是否满足水平全向的指标要求。

(2) 试验条件

室外,使用功率信号源、测试工装检定合格。

(3) 试验方法及步骤

① 按通信天线通用规范中的要求和方法进行测量。

② 将被测天线作为接收天线直立安装在一个转盘的转动轴线上，保持发射天线参数不变，低、中、高各取一个测试频点，记录被测天线在以上频点每转动 15°时的接收场强值。

③ 比对天线各频点的辐射方向图标定值的最大值与最小值的差值 P。

④ 推荐测试频点为工作频段内高、中、低 3 个频点。

(4) 合格判据

差值 P 不大于 5 dB，则判定天线该项指标合格。

4.3 无线收发设备野外通信测试

在野外，对无线收发设备进行话音呼通率、数据传输测试，以及不同的被试设备的互通测试。根据实际情况，应选择天气情况良好的情况下进行通信测试。

4.3.1 多节点组网试验

1. 话音通信试验

(1) 试验目的

验证设备在工作频段特定模式定频、跳频下的话音通信能力。

(2) 试验条件

室外，设备正常工作，送受话器、天线、计算机终端正常工作。

(3) 试验方法及步骤

① 在规定的距离范围内，按图 4－26 所示组建 8 节点全连通网络，电台参数设置相同。

② 各节点依次发送 50 次话音，记录话音质量等级。

③ 在实际测试中，会受到地形、外界电磁环境、遮挡等各种因素影响，如果出现通信效果不佳的情况，可重新选取通信环境；多种环境多次试验，验证设备的通信组网能力。

(4) 合格判据

在任意一次通信中，话音质量等级不低于 4，则可判定设备通信组网能力满足。

2. 数据通信试验

(1) 试验目的

验证设备在工作频段技术资料要求的通信模式下的数据通信能力。

(2) 试验条件

室外，设备正常工作，送受话器、天线、计算机终端正常工作。

(3) 试验方法及步骤

① 在规定的距离范围内组建 16 节点典型 4 跳网络(试验中依据实际网络拓扑记录)，16 节点用户分成 8 组，并对 16 个终端时间设置为统一时间，所有电台设置为 30～88 MHz 频段自组网模式，接入方式为一模式，设一个主台，各节点 MAC 和 IP 地址不相同，按 1－9、2－10、3－11、4－12、5－13、6－14、7－15、8－16 顺序编对；发送 100 组数据，分组长度为 64 Bytes，时

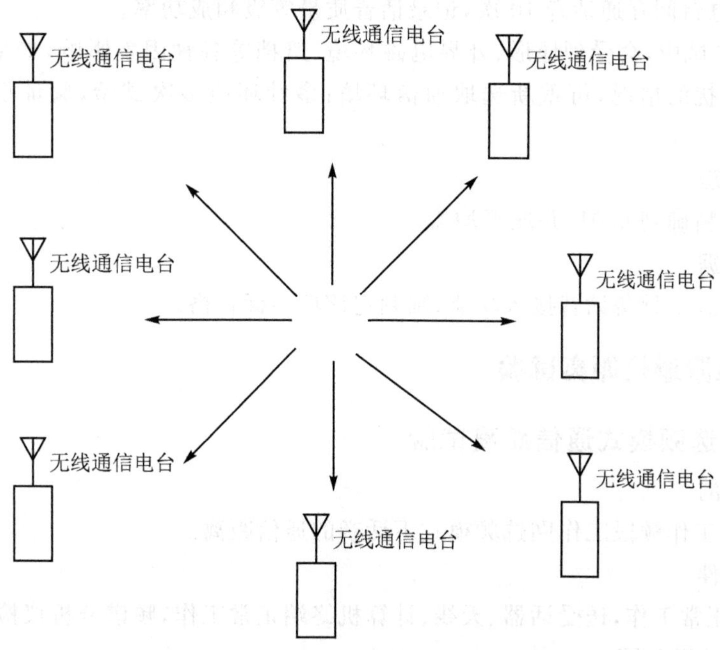

图 4-26 8节点全连通网络拓扑示意图

间间隔为 120 s,记录数据成功率。

② 在规定的距离范围内组建 8 节点全连通网络,所有电台设置为 30～88 MHz 频段跳频模式,接入方式为一模式,设一个主台,各节点 MAC 地址不相同;每节点分配 4 时隙,时隙分配不重叠;各节点依次轮询发送,分组长度 100 Bytes,数据速率别为 19.2 kbps,各测 100 包数据,100 ms 间隔,记录数据成功率。

③ 在实际测试中,会受到地形、外界电磁环境、遮挡等各种因素影响,如果出现通信效果受到明显严重干扰的情况,可重新选取通信环境;多种环境多次试验,验证设备的通信组网能力。

(4) 数据处理

数据成功率精确到 0.01,并取平均值。

(5) 合格判据

每种模式下的数据成功率达到 90%,则判定该项指标合格。

3. 接入网通信试验

(1) 试验目的

考核设备在工作频段接入网模式下话音功能。

(2) 试验条件

室外,设备正常工作,送受话器、天线、计算机终端正常工作,无线电节点接入设备周围无明显遮挡和干扰源,且工作正常。

(3) 试验方法及步骤

① 16 节点离散分布在无线电节点接入设备周围规定的距离范围内。

② 16 个移动用户依次切换到无线接入模式,波形设置为 30～88 MHz 频段,入网后电台

依次呼叫，每对电台间互通话音 10 次，记录话音质量等级和成功率。

③ 在实际测试中，会受到地形、外界电磁环境、遮挡等各种因素影响，如果出现通信效果受到明显严重干扰的情况，可重新选取通信环境；多种环境多次试验，验证设备的通信组网能力。

(4) 数据处理

数据成功率精确到 0.01，并取平均值。

(5) 合格判据

无线接入模式下具备话音接入功能，则判定该项指标合格。

4.3.2 极限通信距离试验

1. 工作网选频模式通信距离试验

(1) 试验目的

考核设备在工作频段工作网选频模式下话音的通信距离。

(2) 试验条件

室外，设备正常工作，送受话器、天线、计算机终端正常工作，频谱分析仪检定合格。

(3) 试验方法及步骤

① 电台使用应急天线，设置为大功率、VHF 频段工作网一模式，其他参数相同，用定位或其他导航设备标定定点与动点间距为 15 km。

② 定点与动点电台之间进行 20 次话音传输，记录话音质量等级。

③ 动点自距定点 20 km 处向远处运动，以 1～2 km 的间距，每次进行 20 次话音传输，直至话音质量等级小于等于 3，记录通信距离。

④ 极限通信距离会受到地形、外界电磁环境、遮挡等各种因素影响，可适当架高天线、选取空旷地形进行多次试验。

(4) 合格判据

若测试距离大于指标要求的通信距离，则判定该项指标合格。

2. 自组网模式通信距离试验

(1) 试验目的

考核设备在工作频段自组网模式下数据的通信距离。

(2) 试验条件

室外，设备正常工作，送受话器、天线、计算机终端正常工作，频谱分析仪检定合格。

(3) 试验方法及步骤

① 电台使用应急天线，设置为大功率、VHF 频段自组网二模式，其他参数相同，用定位或其他导航设备标定定点与动点间距为 10 km。

② 定点与动点电台之间进行数据传输，两点各发 10 次，每次 100 组数据，分组长度为 64 Bytes，记录数据成功率。

③ 定点与动点电台之间进行 20 次话音传输，记录话音质量等级。

④ 动点自距定点 15 km 处向远处运动，以 1～2 km 的间距，每次进行数据传输，直至数据成功率小于 90%，记录通信距离。

⑤ 定点与动点电台之间进行20次话音传输，记录话音质量等级，直至话音信号质量等级小于等于3，记录通信距离。

⑥ 极限通信距离会受到地形、外界电磁环境、遮挡等各种因素影响，可适当架高天线、选取空旷地形进行多次试验。

(4) 数据处理

数据成功率精确到0.01，并取平均值。

(5) 合格判据

若测试距离大于指标要求的通信距离，则判定该项指标合格。

4.3.3 复杂环境模拟试验

1. 沙漠、丛林等复杂环境模拟试验

(1) 试验目的

考核设备在模拟复杂环境下的通信性能指标。

(2) 试验条件

室内，设备正常工作，信道仿真仪检定合格。

(3) 试验方法及步骤

① 按照要求将16部电台组成一个全部连通的网络。

② 设置信道仿真仪信道模型为直连模式。

③ 将计算机时间设置为统一时间后，运行终端的应用程序，以及选择对应串口，并监测建网过程直至网络建立。

④ 在网络建立完毕后，各节点随机两部电台以120 s间隔随机发送100个分组(分组长度128 Bytes)，并记录数据成功率和时延。

⑤ 更改信道仿真仪信道模型为沙漠模型，重复步骤③～④，并记录数据成功率和时延。

⑥ 更改信道仿真仪信道模型为丛林模型，重复步骤③～④，并记录数据成功率和时延。

(4) 合格判据

若达到指标要求，则判定该项指标合格。

2. 复杂环境组网干扰试验

(1) 试验目的

考核设备在模拟复杂环境下的通信性能指标。

(2) 试验条件

室内，设备正常工作，信道仿真仪检定合格。

(3) 试验方法及步骤

① 将16部电台组成一个最大4跳的任意拓扑网络。

② 设置信道仿真仪信道模型为直连模式。

③ 将计算机时间设置为统一时间后，运行终端的应用程序，以及选择对应串口，并监测建网过程直至网络建立。

④ 在网络建立完毕后，各节点随机两部电台以100 s间隔随机发送100个分组(分组长度128 Bytes)，并记录数据成功率和时延。

⑤ 更改信道仿真仪信道模型为直连模式，同时添加干扰，干扰设置条件如表 4-2 所列，重复步骤③～④，记录各干扰方式下的数据成功率和时延。

表 4-2 施加干扰设置条件

序 号	干扰样式	干扰方式	
1	压制干扰	阻塞干扰	10%频点被干扰
2			30%频点被干扰
3			50%频点被干扰
4			70%频点被干扰
5		扫频干扰	跳速的 N 倍

(4) 合格判据

若达到指标要求，则判定该项指标合格。

4.3.4 随系统真实复杂环境下组网试验

(1) 试验目的

考核设备在随系统真实复杂环境下的通信性能。

(2) 试验条件

室外，随系统真实复杂环境条件下进行。

(3) 试验方法

结合系统作战试验规定考核科目进行。

(4) 合格判据

若达到指标要求，则判定该项指标合格。

4.4 通用质量特性测试

4.4.1 可靠性试验

1. 试验过程可靠性统计

在整个测试期间，考核设备的可靠性、稳定性，并记录故障发生的次数、维修次数，作为总体评判设备可靠性的依据。

2. 可靠性验收试验

(1) 试验目的

通过试验来检验被试设备可靠性是否满足规定要求，以此作为产品是否合格的依据。

(2) 试验环境条件

试验大气环境条件如下：

① 温度：15～35 ℃。

② 相对湿度(RH)：20%～80%。

③ 大气压力:试验场所气压。

(3) 被试和陪试设备及试验设备和仪器仪表

被试设备组成明细表以技术要求中明确的配套组成为准。陪试设备信息能够完成项目测试的要求。试验设备和仪器仪表信息汇总表如表4-3所列。

表4-3 试验设备和仪器仪表信息汇总

序 号	仪器名称	详细规格及精度	数 量
1	三综合系统	推力:49 kN 加速度:(0～98)g±10% 振动频率:(1～2 500 Hz)±2%(低于25 Hz时进度为±0.5 Hz) 温度:(−70～150 ℃)±2 ℃ 湿度:(20～98)%RH±5%	1台
2	电源	输出电压:(5～80 V DC)±0.5% 输出电流:(5～100)A±0.5%	若干
3	万用表	直流电压测量范围:(400 mV～1 000 V)±0.5% 直流电流测量范围:(400 μA～10 A)±2%	若干
4	工装夹具	根据受试产品外形及安装方式制作	1套

(4) 试验方案

执行GJB899A—2009《可靠性鉴定和验收试验》中定时截尾试验方案,即生产方风险α=20%,使用方风险β=20%,鉴别比d=3.0统计试验方案。在试验过程中,受试产品若责任故障≤2,则受试产品通过本次可靠性验收试验,作出接收判决;若责任故障≥3,则受试产品未通过本次可靠性验收试验,作出拒收判决;或者有特殊要求除外。

以某被试设备可靠性MTBF要求为2 400 h为例,进行可靠性验收的定时截尾试验方案设计,计算每个循环的时间样机持续小时数。

受试产品数量:N台(以10台为例,可根据实际情况调整数量)。

要求:MTBF≥2 400 h(最低可接受下限为θ_1)。

根据可靠性验收方案,总计划试验时间为10 320 h,单台设备的计划试验时间为1 032 h。采用施加综合应力的循环试验方案进行可靠性验收试验。综合应力循环设计为72 h一个循环,总共进行约15个循环,前14个循环72 h,第15个循环32 h,其中,第1、5、9、13循环带冷浸、热浸。试验天数约为44 d。定时截尾方案试验简表和时间表分别如表4-4、表4-5所列。

注:综合应力循环设计也可与用户代表协商,以24 h整数倍进行,总循环时间、循环天数另行计算。引力施加、测试点参照72 h一个循环进行适当调整。

表4-4 定时截尾方案试验简表

方案号	决策风险/%				鉴别比 $d=\theta_0/\theta_1$	截尾时间 (θ_1的倍数)	判决故障数(故障次数)	
	标准值		实际值				拒收数	接受数
	α	β	α	β				
—	20	20	20.7	21.3	3.0	—	≥3	≤2

表 4-5　定时截尾方案时间表

受试产品数量 N/台	10
单台设备试验时间 T/h	1 032

注：$T=4.0\theta_1/n$，θ_1 取 2 400 h　$N=10$ 台。

(5) 应力类型和强度

1) 电应力

受试设备实际输入电压范围为 $V_{上限}\sim V_{下限}$。在试验时，受试设备由试验箱外电源供电。设备工作状态的电应力应按照 50%的时间输入电压为设计的标称电压，25%的时间输入电压为设计标称电压的上限，其余 25%的时间输入电压为设计标称电压的下限的要求变化，且设备工作状态时间占比不低于试验时间的 90%。

2) 温度应力

按照技术要求规定的温度应力施加(冷浸、热浸、工作温度范围按照实际技术要求执行，以下方案仅供参考)：

① 冷浸温度：−50 ℃(仅第 1 循环进行)。

② 热浸温度：70 ℃(第 1、5 循环进行)。

③ 工作温度范围：−40～60 ℃。

④ 温度温变曲线按相关要求进行。

3) 振动应力

对受试设备按要求施加振动应力，在受试设备垂直轴(Z 轴)上施加每次 1 h 的振动，振动谱如表 4-6 所列，振动轴向定义如图 4-27 所示(振动应力条件仅做参考，以实际技术要求为准)。

表 4-6　振动应力-随机振动谱

频率点/Hz	功率谱密度/$g^2\cdot Hz^{-1}$
10	0.015
40	0.015
500	0.000 15
总均方根值为 1.04 grms	

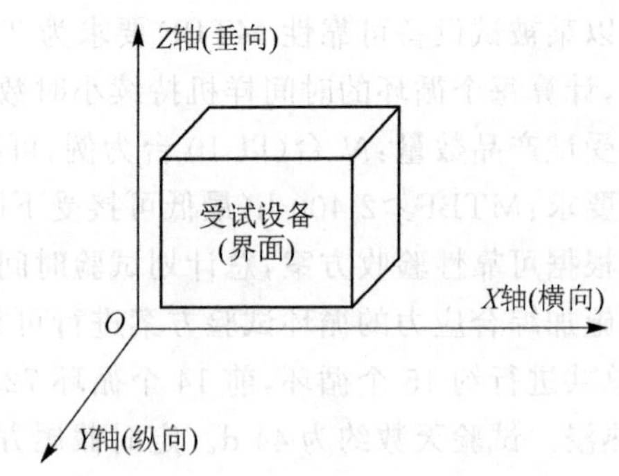

图 4-27　振动轴向定义示意图

4) 湿度应力

在试验中不施加湿度(湿度应力条件仅作参考，以实际技术要求为准)。

(6) 应力施加的顺序和时间

按照相关标准对设备的合成试验剖面确定受试设备电应力、温度应力和振动应力施加的顺序和时间。在试验过程中，A 循环高温环境下施加低电压，低温环境下施加高电压；B 循环高温环境下施加高电压，低温环境下施加低电压。

应力剖面图以图 4-28 为例，试验剖面的持续时间为 72 h，共约 15 个循环，其中，前 14 个循环时间为每个循环 72 h,第 15 循环 32 h。

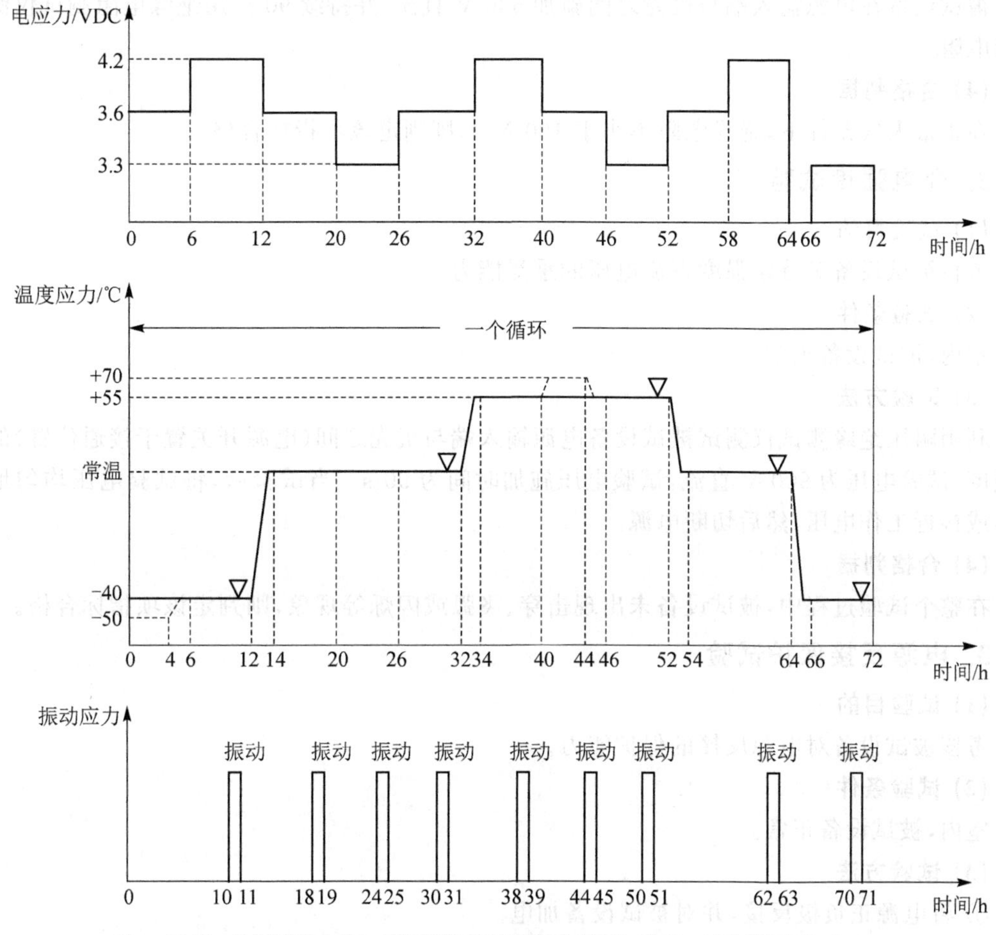

注1：冷浸、热浸试验在第1、第5等循环（每隔3个循环）进行，试验期间不加电。
注2：▽为测试标记，测试应在不影响试验的条件下进行，一般在应力持续时间的最后60 min进行测试，若出现测试项目多，占用时间较长，可适当提前。
注3：升降温速率不小于5 ℃/min，升降温时间包含在温度持续时间内。
注4：振动应力每个循环中按图示时间各施加1 h，其中有冷热浸循环，44 h、45 h的应力不施加。

图 4－28　可靠性验收试验剖面

(7) 测试项目和方法

按照技术要求的指标,分别进行初始检测、中间检测和最终检测。当试验结束后,目视检查外观应正常、无明显凹痕、开裂和脱落。

4.4.2　安全性试验

1. 绝缘电阻试验

(1) 试验目的

考核被试设备的绝缘特性是否符合要求。

(2) 试验条件

室内,被试设备正常。

(3) 试验方法

被试设备在电源输入端与机壳之间施加 500 V 直流，并持续 90 s，用绝缘电阻测试仪测出绝缘电阻。

(4) 合格判据

在正常大气条件下，绝缘电阻不小于 100 MΩ，则判定该项指标合格。

2. 介电强度试验

(1) 试验目的

考核被试设备对特定强度直流电压的承受能力。

(2) 试验条件

室内，被试设备正常。

(3) 试验方法

利用耐压绝缘测试仪测试被试设备电源输入端与机壳之间（电源开关置于接通位置）的介电强度，试验电压为 900 V 直流，试验电压施加时间为 90 s。当试验后，将试验电压均匀地降至零或接近工作电压，然后切断电源。

(4) 合格判据

在整个试验过程中，被试设备未出现击穿、飞弧或闪烁等现象，则判定该项指标合格。

3. 电源反接保护试验

(1) 试验目的

考核被试设备对电源反接的保护能力。

(2) 试验条件

室内，被试设备正常。

(3) 试验方法

① 将电源正负极反接，并对被试设备加电。

② 恢复电源的正确接线，并对被试设备加电。

③ 测试被试设备的模拟灵敏度和发射功率。

(4) 合格判据

若被试设备未损坏，且模拟灵敏度和发射功率符合指标要求，则判定该项指标合格。

4.4.3 测试性试验

1. 测试性定性要求

无线通信系统测试性定性设计要求主要包括：

(1) 嵌入式诊断设计要求

① 状态监测功能：实时检测系统重要特性参数。

② BIT 故障检测功能：及时发现系统存在的故障。

③ BIT 故障隔离功能：可将系统故障定位到规定的分系统的可更换单元。

④ BIT 数据的显示、报警、存储和传输功能。

(2) CTS 设计要求

如诊断数据分析、预测即将发生的故障等要求。

(3) 使用 ATE 包括相应的 TPS 测试功能的要求

① 使用 ATE 可检测、隔离系统故障。

② 校验 BIT 测试结果,检查 BIT 故障。

③ 数据的显示、报警、存储和传输功能。

④ 利用 BIT 数据分析、预测系统即将发生的故障。

(4) 人工测试要求

提供必要的人工测试程序和方法,与 BIT 和 ATE 结合达到完全的故障检测与隔离能力。

(5) 其他定性要求

① 在系统运行中和现场维修时应尽可能使用 BIT,其他维修应尽可能使用 ATE 测试。

② 从功能和结构上合理划分系统,提供良好的测试可控性和观测性,以提高故障隔离能力。

③ 注意系统与外部测试设备的兼容性设计。

④ 编写系统测试要求文件,或编写系统检测使用说明书。

2. 测试性定量要求

无线通信系统测试性定量要求用测试性参数描述,其量值称为测试性指标,无线通信系统一般应规定(但不限于)以下参数的量值:

① 故障检测率(FDR):军用无线通信系统应不低于 80%。

② 故障隔离率(FIR):军用无线通信系统应不低于 90%。

③ 虚警率(FAR):无线通信系统应不高于 5%。

3. 测试性设计目标

无线通信系统测试性设计的目标如下:

① 满足用户和上级总体单位文件(如研制总要求、研制任务书、研制合同、技术协议书等)规定的测试性要求。

② 满足无线通信系统作战任务和技战术指标要求。

4. 测试性设计原则

无线通信系统测试性设计的原则如下:

① 测试性设计应与系统功能特性设计同步进行。

② 分层次进行测试性设计,并考虑使用需求和各级维修检测需求。

③ 测试性设计应考虑故障率及故障影响。

④ 机内测试和外部测试相结合。

⑤ 及时分析设计结果,注意测试性增长,并通过分析、试验与评价发现问题,改进设计,提高故障检测与隔离能力。

⑥ 注意测试性设计与可靠性、维修性、安全性、保障性等的关系,在设计过程中应注意相互协调和数据交流。

5. 测试性设计流程

无线通信系统测试性设计主要开展以下工作:

(1) 确定诊断方案和测试性要求

配合用户方根据系统的特点对诊断方案和测试性要求进行识别和确认,明确定量参数及指标和定性要求。根据定性要求和工程经验初步制定测试性设计准则。

(2) 测试性建模、分配和预计

针对系统测试性定量要求,进行测试性建模、测试性分配、测试性预计,并随着设计的深入不断修正迭代。

(3) 测试性分析

在故障模式、影响及危害性分析基础上,根据研制要求和系统特点进行测试性分析。

(4) 确定测试性设计准则

根据测试性分析结果,细化并确定测试性设计准则。

(5) 测试性设计实现

落实测试性设计准则,并随着设计的深入,不断完善设计措施,主要包括固有测试性设计和诊断设计。

(6) 测试性设计验证

通过测试性核查与试验,检查测试性设计准则的落实情况,并分析评价系统满足测试性要求的程度。

4.4.4 保障性试验

订购方与承制方应合理地规划,有效地实施、监督和评价综合保障的各项工作,以实现规定的设备完好性要求。

1. 综合保障的目的与任务

综合保障的目的是以合理的寿命周期费用来实现系统战备完好性要求。

(1) 综合保障的主要任务

① 确定设备的保障性要求。

② 在设备的设计过程中进行保障性设计。

③ 规划并及时研制所需的保障资源。

④ 建立经济而有效的保障系统,使设备获得所需的保障。

(2) 综合保障的基本原则

① 应将保障性要求作为性能要求的组成部分。

② 在论证阶段就应考虑保障问题,使有关保障的要求有效地影响装备设计。

③ 应充分地进行保障性分析,权衡并确定保障性设计要求和保障资源要求,以合理的寿命周期费用满足系统战备完好性要求。

④ 在寿命周期各阶段,应注意综合保障各要素的协调。

⑤ 在规划保障资源过程中应充分利用现有的资源(包括满足要求的外配套企业),并强调标准化要求。

⑥ 保障资源应与设备同步研制、同步交付用户。

⑦ 应考虑各单位设备保障问题。

(3) 保障性定量和定性要求

1) 定量要求

保障性定量要求一般分为三类:针对设备的系统完好性要求,针对设备的保障性设计特性要求,针对保障设备及其资源的要求。

参数的选择：

① 表示系统完好性要求的使用参数有使用可用度、能执行任务率等，其量值是需要通过使用验证的指标。应根据设备的类型、执行任务需求、使用要求等选择适用的参数。

② 设备保障性设计特性要求主要包括可靠性、维修性(含测试性)要求，它们由设备完好性要求导出，一般用与设备完好性、维修人力和保障资源要求有关的可靠性维修性使用参数描述，如平均维修间隔时间等。同时，一般将使用参数转换为合同参数，如将平均维修间隔时间转换为平均故障间隔时间。应根据设备的类型、使用要求、产品的层次等选择适用的使用参数和合同参数。定量的保障性设计特性要求还包括运输性等其他方面的定量要求，如对运输尺寸、重量的要求，对装备受油速率的要求等。

③ 保障系统及其资源要求用反映其能力的使用参数描述，如平均延误时间、备件利用率等。

指标的确定：

① 在研制阶段，应根据使用方案、费用约束、基准比较系统和初始的保障方案等拟定初步的设备完好性参数、保障性设计特性参数、保障设备及其资源参数的目标值和门限值(至少应有门限值)。

② 在研制阶段结束时，应最后确定一组相互协调匹配的设备完好性参数、保障性设计特性参数、保障设备及其资源参数的目标值和门限值(至少应确定门限值)，并应将保障性设计特性参数的目标值和门限值分别转换为规定值和最低可接受值。

2) 定性要求

保障性定性要求一般包括针对设备产品、设备保障性设计、保障设备及其资源等方面的非量化要求。设备的定性要求主要是指标准化等的原则性要求；设备保障性设计方面的定性要求主要是指可靠性、维修性、运输性的定性要求和需要纳入设计的有关保障考虑；保障设备及其资源的定性要求主要是指在规划保障时要考虑和遵循的各种原则和约束条件。此外，当有特殊任务要求时还应考虑特殊的定性要求。

2. 设备的保障性设计

设备系统的保障性设计包括装备的保障性设计和保障系统的规划。在设备设计时应进行保障性设计。设备的保障性设计主要是指可靠性、维修性、运输性等的设计，还包括将其他有关保障考虑纳入设备的设计。

① 可靠性、维修性、运输性等的设计应按相关专业工程领域的标准、指南和手册等提供的方法、程序进行。

② 将其他有关保障考虑纳入设备的设计主要是指将有关保障的要求和保障资源的约束条件反映在设备的设计方案中，如为了保障产品的野外放置，在设计时应考虑结构的设计，又如当需要采用现有的通用测试设备时，应保证设备的被测试单元与之相匹配、相兼容。

4.4.5 环境适应性试验

对于通信设备，常见的环境适应性要求及试验项目、试验顺序不会相同，具体的试验要求以技术要求为准，通常军用产品使用环境相对苛刻，本节以国军标作为参考。试验项目及应力条件如表 4－7 所列。

表 4-7　试验项目一览表

序　号	试验项目	应力条件	备　注
1	低温试验	按照 GJB150.4A—2009 中的相关要求进行试验	
2	高温试验	按照 GJB150.3A—2009 中的相关要求进行试验	
3	低气压试验	按照 GJB150.2A—2009 中的相关要求进行试验	
4	太阳辐射试验	按照 GJB150.7A—2009 中的相关要求进行试验	
5	浸渍试验	按照 GJB150.14A—2009 中"浸渍"规定条件进行试验	
6	冲击试验	按照 GJB367A—2001 中 3.10.3.2 中的相关要求进行试验	
7	振动试验	按照 GJB150.16A—2009 中的相关要求进行试验	
8	跌落试验	按照 GJB367A—2001 中 3.10.3.3.2 中的相关要求进行试验	
9	湿热试验	按照 GJB150.9A—2009 交变湿热进行	
10	霉菌试验	按照 GJB150.10A—2009 规定的霉菌试验方法进行试验	
11	盐雾试验	按照 GJB150.11A—2009 规定的盐雾试验方法进行试验	
12	砂尘试验	按照 GJB150.12A—2009 中的试验方法进行试验	

1. 低温贮存试验

执行标准:GJB150.4A—2009。

试验目的:验证受试设备在低温环境中贮存的适应性。

温度变化率:3 ℃/min。

试验设备及允差:满足试验条件的温度试验箱。

在试验中,受试设备处于不工作状态,试验条件及过程如图 4-29 所示。

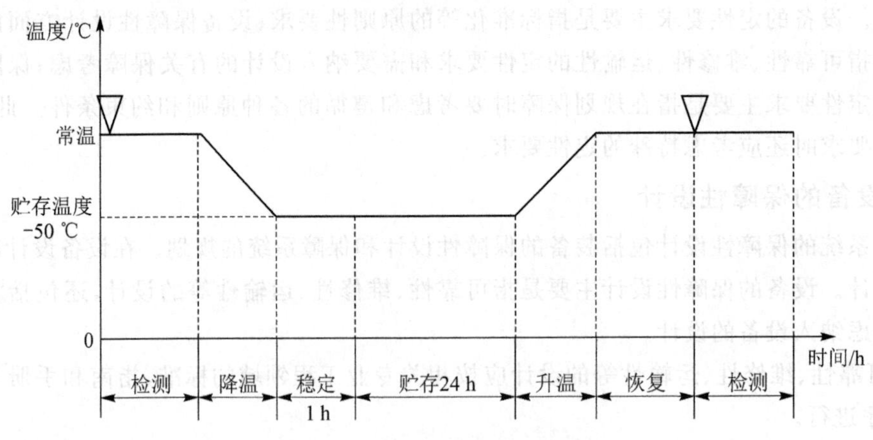

图 4-29　低温贮存试验曲线图

试验过程如下:

① 预处理:受试设备在试验标准大气条件下达到温度稳定。

② 初始检测:在标准大气条件下,按要求对受试设备进行试验前外观检查和功能、性能检测,并记录检测结果。

③ 试验:将受试设备放入试验箱,以 3 ℃/min 的速率将箱内空气温度调节至-50 ℃,在稳定 1 h 后继续保持此温度 24 h。

④ 恢复:在试验结束后,将试验箱升温,升温速率为 3 ℃/min,将受试设备恢复到标准大

气条件并保持 4 h 直至温度稳定。

⑤ 最终检测：在标准大气条件下，按要求对受试设备进行试验后外观检查和功能、性能检测，并记录检测结果。

合格判据：初始检测、最终检测应符合相关要求。

2. 低温工作试验

执行标准：GJB150.4A—2009。

试验目的：验证受试设备在低温环境中工作的适应性。

温度变化率：3 ℃/min。

试验设备及允差：满足试验条件的温度试验箱。

在试验中，受试设备温度稳定后转入工作状态，试验条件及过程如图 4-30 所示。

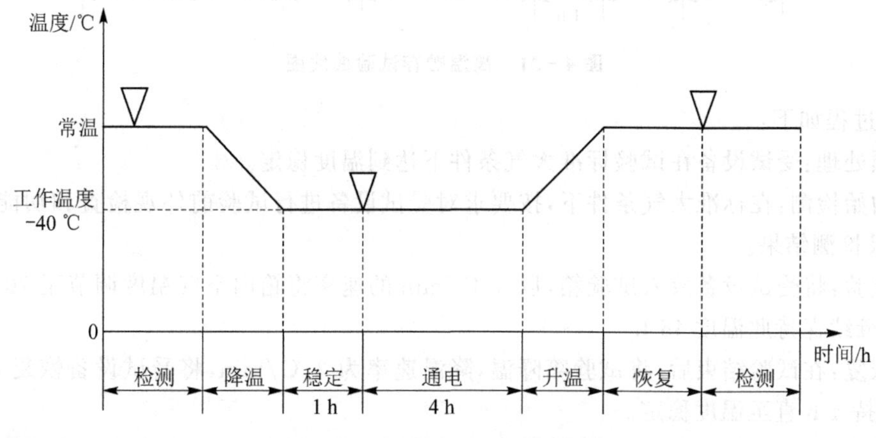

图 4-30 低温工作试验曲线图

试验过程如下：

① 预处理：受试设备在试验标准大气条件下达到温度稳定。

② 初始检测：在标准大气条件下，按要求对受试设备进行试验前外观检查和功能、性能检测，并记录检测结果。

③ 中间检测：将受试设备放入试验箱，以 3 ℃/min 的速率将箱内空气温度调节至－40 ℃，在稳定 1 h 后，立即开机工作，并进行功能、性能检测，检测结束后将受试设备转入通电待机状态。

④ 恢复：在完成检测后，受试设备断电，将试验箱升温，升温速率为 3 ℃/min，将受试设备恢复到标准大气条件保持 4 h 直至温度稳定。

⑤ 最终检测：在标准大气条件下，按要求对受试设备进行试验后外观检查和功能、性能检测，并记录检测结果。

合格判据：初始检测、中间检测、最终检测应符合相关要求。

3. 高温贮存试验

执行标准：GJB150.3A—2009。

试验目的：验证受试设备在高温环境中贮存的适应性。

温度变化率：3 ℃/min。

试验设备及允差：满足试验条件的温度试验箱。

在试验中，受试产品处于不工作状态，试验条件及过程如图 4－31 所示。

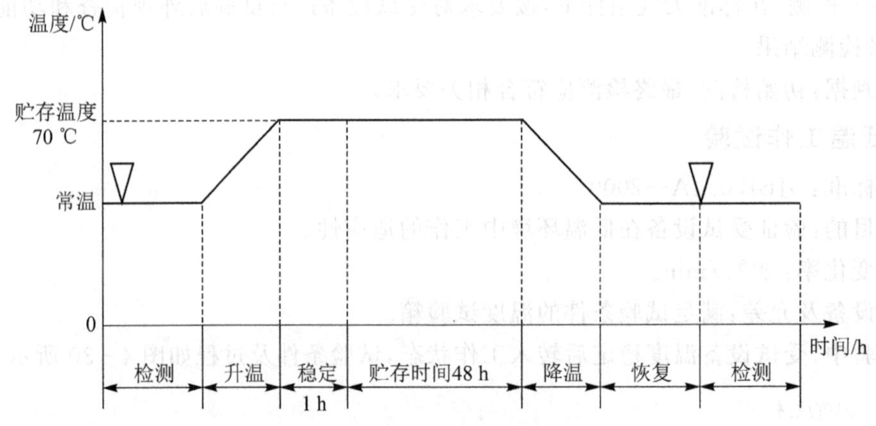

图 4－31　高温贮存试验曲线图

试验过程如下：

① 预处理：受试设备在试验标准大气条件下达到温度稳定。

② 初始检测：在标准大气条件下，按要求对受试设备进行试验前外观检查和功能、性能检测，并记录检测结果。

③ 试验：将受试设备放入试验箱，以 3 ℃/min 的速率将箱内空气温度调节至 70 ℃，在稳定 1 h 后继续保持此温度 48 h。

④ 恢复：在试验结束后，将试验箱降温，降温速率为 3 ℃/min，将受试设备恢复到标准大气条件保持 4 h 直至温度稳定。

⑤ 最终检测：在标准大气条件下，按要求对受试设备进行试验后外观检查和功能、性能检测，并记录检测结果。

合格判据：初始检测、最终检测应符合相关要求。

4. 高温工作试验

执行标准：GJB150.3A—2009。

试验目的：验证受试设备在高温环境中工作的适应性。

温度变化率：3 ℃/min。

试验设备及允差：满足试验条件的温度试验箱。

在试验中，受试设备温度稳定后转入工作状态，试验条件及过程如图 4－32 所示。

试验过程如下：

① 预处理：受试设备在试验标准大气条件下达到温度稳定。

② 初始检测：在标准大气条件下，按要求对受试设备进行试验前外观检查和功能、性能检测，并记录检测结果。

③ 中间检测：将受试产品放入试验箱，以 3 ℃/min 的速率将箱内空气温度调节至 55 ℃，在稳定 1 h 后，受试设备通电工作 4 h，在工作结束前的 1 h 内完成功能、性能检测，并记录检测结果。

④ 恢复：在完成检测后，受试设备断电，将试验箱降温，降温速率为 3 ℃/min，将受试设备恢复到标准大气条件保持 4 h 直至温度稳定。

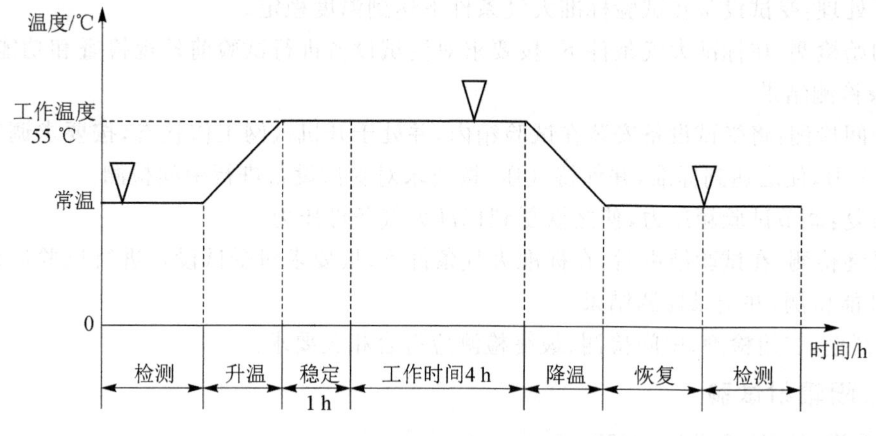

图 4-32 高温工作试验曲线图

⑤ 最终检测:在标准大气条件下,按要求对受试设备进行试验后外观检查和功能、性能检测,并记录检测结果。

合格判据:初始检测、中间检测、最终检测应符合相关要求。

5. 低气压(高度)贮存试验

执行标准:GJB150.2A—2009。

试验目的:验证受试设备在低气压环境中贮存的适应性。

高度变化率:≤10 m/s。

试验设备及允差:满足试验条件的试验箱。

在试验中,受试设备处于非工作状态,试验条件按设备的具体要求。

试验过程如下:

① 预处理:受试设备在试验标准大气条件下达到温度稳定。

② 初始检测:在标准大气条件下,按要求对受试设备进行试验前外观检查和功能、性能检测,并记录检测结果。

③ 试验:将受试设备安装在试验箱内,按要求调节试验箱内的空气压力,使之达到标准,并保持气压。

④ 恢复:调节试验箱压力,使之恢复到标准大气条件压力。

⑤ 最终检测:在试验结束后,在标准大气条件下,按要求对受试设备进行试验后外观检查和功能、性能检测,并记录检测结果。

合格判据:初始检测、最终检测应符合相关要求。

6. 低气压(高度)工作试验

执行标准:GJB150.2A—2009。

试验目的:验证受试设备在低气压环境中工作的适应性。

高度变化率:≤10 m/s。

试验设备及允差:满足试验条件的试验箱。

在试验中,受试设备处于工作状态,试验条件按设备的具体要求。

试验过程如下:

① 预处理:受试设备在试验标准大气条件下达到温度稳定。

② 初始检测:在标准大气条件下,按要求对受试设备进行试验前外观检查和功能、性能检测,并记录检测结果。

③ 中间检测:将受试设备安装在试验箱内,并处于开机入网工作状态,按要求调节试验箱内的空气压力,使之达到标准,并保持气压,按要求对受试设备进行中间检测。

④ 恢复:调节试验箱压力,使之恢复到标准大气条件压力。

⑤ 最终检测:在试验结束后,在标准大气条件下,按要求对受试设备进行试验后外观检查和功能、性能检测,并记录检测结果。

合格判据:初始检测、中间检测、最终检测应符合相关要求。

7. 太阳辐射试验

执行标准:GJB150.7A—2009。

试验目的:验证受试设备抵抗太阳辐射光化学效应的能力。

试验设备及允差:满足试验条件的试验箱。

在试验中,受试设备处于非工作状态。

试验过程如下:

① 预处理:受试设备在试验标准大气条件下达到温度稳定。

② 初始检测:在标准大气条件下,按要求对受试设备进行试验前外观检查和功能、性能检测,并记录检测结果。

③ 试验:按照要求进行稳态试验,试验进行 10 次循环,试验应力如图 4-33 所示。

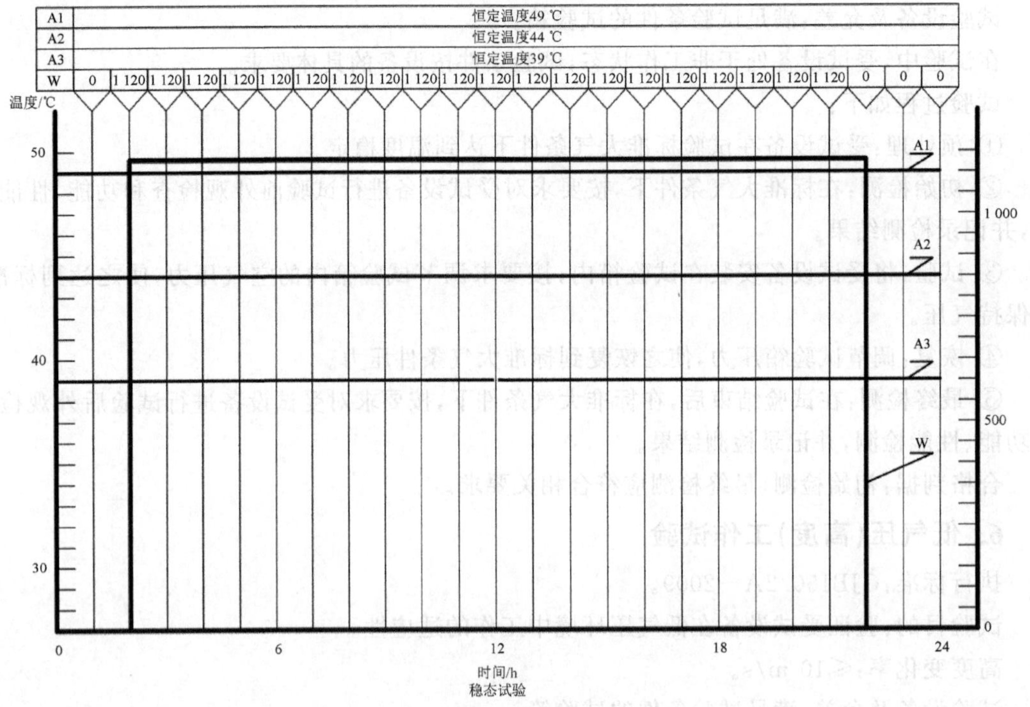

图 4-33 太阳辐射环境试验应力图

④ 最终检测:在试验结束后,在标准大气条件下,按要求对受试设备进行试验后外观检查

和功能、性能检测，并记录检测结果。

合格判据：初始检测、最终检测应符合相关要求。

8. 浸渍试验

执行标准：GJB150.14A—2009。

试验目的：检查受试设备耐受浸渍或部分浸渍的能力。

试验设备及允差：满足试验条件的试验箱。

在试验中，受试设备处于非工作状态，试验条件如下：

① 水温应为(18±5)℃。

② 受试设备温度高于水温 10 ℃(即(28±5)℃)。

③ 在整个试验期间，水温的变化应不大于 3 ℃。

试验过程如下：

① 预处理：受试设备在试验标准大气条件下达到温度稳定。

② 初始检测：在标准大气条件下，按要求对受试设备进行试验前外观检查和功能、性能检测，并记录检测结果。

③ 试验：测量和调节水温为 18 ℃，受试设备温度为 28 ℃，然后将受试设备按正常工作状态浸入水箱中，受试设备最上面的点距离水表面 1 m，持续浸渍 30 min，在试验期间，记录温度变化不大于 3 ℃。

④ 最终检测：在试验结束后，从水中取出受试设备，擦干外表的水，检查是否可以开机正常工作，如果能正常工作，按要求对受试设备进行试验后外观检查和功能、性能检测，并记录检测结果。

合格判据如下：

① 工作故障：试验后受试设备不能满足工作要求，即判定为故障。

② 安全：浸水试验后，受试设备必须安全工作。

③ 初始检测、最终检测应符合相关要求。

9. 冲击试验

执行标准：GJB367A—2001。

试验目的：验证受试设备在预期使用环境中抗冲击的能力。

试验设备及允差：满足试验条件的冲击试验设备，允差按设备技术要求。

受试设备安装：受试设备应直接或用安装夹具刚性地固定在试验台面上，且载荷尽可能均匀分布，质量中心尽可能靠近台面中心。

加速度传感器安装：监测用的加速度传感器应刚性地连接在受试设备与台面或受试设备与安装夹具的靠近台面中心的固定点上，若这种连接确有困难，允许将传感器刚性地固定在受试设备有代表性的固定点附近。

在试验中，受试设备处于工作状态，试验条件以后峰锯齿波为例，具体如表 4-8 所列。

表 4-8　冲击试验条件

冲击波形	峰值加速度/($m \cdot s^{-2}$)	持续时间/ms	方向	冲击次数
后峰锯齿波	400	11	$+X,-X,+Y,-Y,+Z,-Z$	1次(共6次)

试验过程如下：

① 预处理：受试设备在试验标准大气条件下达到温度稳定。

② 初始检测：在标准大气条件下，按要求对受试设备进行试验前外观检查和功能、性能检测，并记录检测结果。

③ 试验：按规定的试验条件对受试设备进行冲击试验，垂直轴正负方向（$\pm Z$）、横侧轴正负方向（$\pm X$）、纵向轴正负方向（$\pm Y$）的每个方向进行峰值加速度为 400 m/s^2，脉冲宽度为 11 ms 的后峰锯齿波冲击 1 次，总共 6 次冲击。

④ 最终检测：试验后将受试设备从冲击台上取下，在标准大气条件下，按要求对受试设备进行试验后外观检查和功能、性能检测，并记录检测结果。

合格判据：初始检测、最终检测应符合相关要求。

10. 振动试验

执行标准：GJB150.16A—2009。

试验目的：验证设备能否承受寿命周期内的振动条件并正常工作。

试验设备及允差：满足试验条件的振动台。

按 GJB150.16A—2009 振动环境进行振动试验后应符合规定要求，在试验中，受试设备处于非工作状态，试验按散装件实施。

试验过程如下：

① 预处理：受试设备在试验标准大气条件下达到温度稳定。

② 初始检测：在标准大气条件下，按要求对受试设备进行试验前外观检查和功能、性能检测，并记录检测结果。

③ 试验：将受试设备借助安装夹具刚性地固定在振动台上，沿受试设备的三个互相垂直轴向中的每一个轴向，逐一进行振动试验，每个轴向试验时间为 1 h，振动环境如图 4-34 所示，振动试验的功率谱密度如表 4-9 所列。

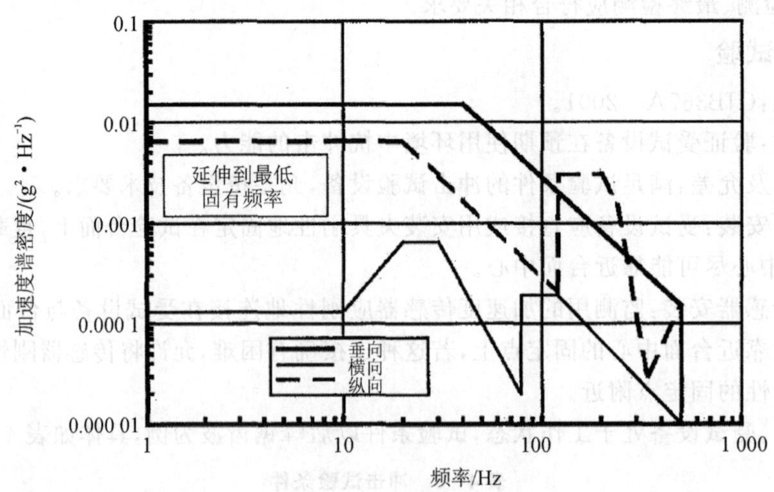

图 4-34 振动环境

表 4-9 振动试验的功率谱密度

垂 向		横 向		纵 向	
Hz	g^2/Hz	Hz	g^2/Hz	Hz	g^2/Hz
10	0.015	10	0.000 13	10	0.006 5
40	0.015	20	0.000 65	20	0.006 5
500	0.000 15	30	0.000 65	120	0.000 2
1.04 gms		78	0.000 02	121	0.003
		79	0.000 19	200	0.003
		120	0.000 19	240	0.001 5
		500	0.000 01	340	0.000 03
		0.204 gms		500	0.000 15
				0.740 gms	

④ 最终检测:试验后将受试设备从振动台上取下,在标准大气条件下按要求对受试设备进行试验后外观检查和功能、性能检测,并记录检测结果。

合格判据:初始检测、最终检测应符合相关要求。

11. 跌落试验

执行标准:GJB367A—2001。

试验目的:验证受试设备抗跌落的能力。

试验设备及允差:满足试验条件的跌落试验台。

在试验中,受试设备处于工作状态。试验前后要进行设备紧固件、连接件等松紧性检查,确认紧固后方能加电。试验条件如表 4-10 所列。

表 4-10 跌落试验条件

跌落高度	跌落面
1 m	6 个面

试验过程如下:

① 预处理:受试设备在试验标准大气条件下达到温度稳定。

② 初始检测:在标准大气条件下,按要求对受试设备进行试验前外观检查和功能、性能检测,并记录检测结果。

③ 试验:主机(含电池、天线,无其他配件)从 1 m 的高度跌落到水泥地面(水泥地面应铺 3 mm 厚的橡胶垫),主机 6 面依次各跌落一次。

④ 最终检测:在标准大气条件下,按要求对受试设备进行试验后外观检查和功能、性能检测,并记录检测结果。

合格判据:初始检测、最终检测应符合相关要求。

12. 湿热试验

执行标准:GJB150.9A—2009。

试验目的:验证受试设备在高温及高湿环境条件下的适应性。

温度变化率:≤3 ℃/min。

试验设备及允差:满足试验条件的温度试验箱。

在试验中,除检测时,受试设备处于不接电源不工作状态,试验条件如表 4-11 所列。

表 4-11　湿热试验条件

试验阶段	温度/℃	相对湿度/%	时间/h	周期数	试验允差
升温	30→60	升至 95	2	10	温度：±5 ℃ 相对湿度：±5%RH
高温高湿	60	95	6		
降温	60→30	＞85	8		
常温高湿	30	95	8		

试验过程如下：

① 预处理：在 23 ℃±2 ℃、相对湿度(50±5)%RH 的试验箱中放置 24 h。

② 初始检测：在标准大气条件下，按要求对受试设备进行试验前外观检查和功能、性能检测，并记录检测结果。

③ 湿热试验：将受试设备放入试验箱内，调节试验箱内的温度至 30 ℃、相对湿度为 95%，按表 4-11 所列要求条件进行 10 个周期的湿热试验。

④ 中间检测：在试验中，在第 5 个周期和第 10 个周期接近结束前 4 h 内，受试设备处于温度 30 ℃，相对湿度 95%RH 的环境条件下，按要求进行外观检查和功能、性能检测，并记录检测结果。

⑤ 恢复：在试验结束后，将受试设备在 23 ℃±2 ℃、相对湿度(50±5)%RH 的环境条件下放置 24 h。

⑥ 最终检测：在 23 ℃±2 ℃、相对湿度(50±5)%RH 的环境条件下，按要求对受试设备进行试验后外观检查和功能、性能检测，并记录检测结果。

合格判据：初始检测、中间检测、最终检测应符合相关要求。

13. 霉菌试验

执行标准：GJB150.10A—2009。

试验目的：评定受试设备长霉的程度及长霉对受试设备性能或使用的影响程度。

试验设备及允差：满足试验条件的试验箱。

在试验过程中，受试设备处于非工作状态或采用完整的结构样件参试。

试验过程如下：

① 预处理：受试设备在试验标准大气条件下达到温度稳定，然后对受试设备表面进行清洁，清洁完成后使受试设备在实验室正常大气条件下静置 72 h。

② 初始检测：在标准大气条件下，按要求对受试设备进行试验前外观检查和功能、性能检测，并记录检测结果。

③ 试验：将受试设备安装在试验箱内合适的支架上或者进行悬挂，接种前使其在环境温度 30 ℃±1 ℃，相对湿度 95%±5%的试验箱内放置至少 4 h，然后将受试设备和对照条同时接种，从接种日起，连续试验 28 d，期间(除检查对照条长霉状况及需调节试验箱阶段外)试验箱内温湿度变化按表 4-12 所列要求进行。

表 4-12 霉菌试验条件

试验阶段	温度/℃	温度容差/℃	相对湿度/%RH	相对湿度容差/%RH	试验周期
高温	30	±1	95	±5	28个周期

④ 最终检测:在试验结束后,以目测方式检查受试设备表面霉菌生长情况并进行拍照,然后在标准大气条件下按要求对受试设备进行试验后外观检查和功能、性能检测,并记录检测结果。

合格判据:

① 霉菌生长程度不大于2级,霉菌生长等级外观评定如表4-13所列。

表 4-13 霉菌生长评定表

生长程度	等　级	注　释
无	0	材料无霉菌生长
微量	1	分散、稀少或非常局限的霉菌生长
轻度	2	材料表面霉菌断续蔓延或菌落松散分布,或整个表面有菌丝延续伸延,但霉菌下面的材料表面依然可见
中度	3	霉菌大量生长,材料可出现可视的结构改变
严重	4	厚重的霉菌生长

② 初始检测、最终检测应符合相关要求。

14. 盐雾试验

执行标准:GJB150.11A—2009。

试验目的:确定受试设备材料保护层和装饰层的有效性,测定盐的沉积物对受试设备物理和电气性能的影响。

试验设备及允差:满足试验条件的盐雾试验箱。

在试验过程中,受试设备处于非工作状态或采用完整的结构样件参试。

试验过程如下:

① 预处理:受试设备在试验标准大气条件下达到温度稳定。

② 初始检测:在标准大气条件下,按要求对受试设备进行试验前外观检查和功能、性能检测,并记录检测结果。

③ 试验:按如表4-14所列试验条件进行喷雾24 h,然后在标准大气温度(15~35 ℃)和相对湿度不大于50%的条件下干燥24 h,以上条件循环2次,共96 h。

表 4-14 盐雾试验条件

试验温度		盐溶液				盐雾沉降率	试验时间	试验周期
温度/℃	容差/℃	成分	浓度/%	容差/%	PH值	$/ml\cdot(80\ cm^2\cdot h)^{-1}$		
35	±2	NaCl	5	±1	6.5~7.2	1~3	24 h喷雾 24 h干燥	2

④ 最终检测:在试验完成后,在标准大气条件下用流动水轻柔冲洗受试设备,按要求对受试设备进行试验后外观检查和功能、性能检测,并记录检测结果。

合格判据：

① 外观无明显腐蚀现象。

② 初始检测、最终检测应符合相关要求。

15. 砂尘试验

执行标准：GJB150.12A—2009。

试验目的：验证受试设备抵抗砂尘的能力。

试验设备及允差：满足试验条件的试验箱。

在试验过程中，受试设备处于非工作状态，吹砂试验具体要求如表 4 - 15 所列。

表 4 - 15 吹砂试验条件

温度/℃	相对湿度/%	风速/m·s^{-1}	吹砂浓度/(g·m^{-3})	持续时间/h·向$^{-1}$
70	<30	18～29	1.1±0.3	1.5

试验过程如下：

① 预处理：受试设备在试验标准大气条件下达到温度稳定。

② 初始检测：在标准大气条件下，按要求对受试设备进行试验前外观检查和功能、性能检测，并记录检测结果。

③ 试验：将受试设备的四个面，依次按试验条件进行吹砂试验，每面吹砂 1.5 h。

④ 最终检测：试验结束后清除机器上的积砂，目视检查是否有磨蚀、堵塞及砂渗透迹象，然后在标准大气条件下，按要求对受试设备进行试验后外观检查和功能、性能检测，并记录检测结果。

合格判据：

① 外观完好。

② 初始检测、最终检测应符合相关要求。

4.5 电磁兼容性测试

通过试验来检验受试设备电磁兼容性是否满足规定要求，以此作为批产品是否合格的依据。以 GJB151B—2013 军用设备和分系统电磁发射和敏感度要求与测量为检验测试依据，按照技术指标要求的电磁兼容性项目进行测试。电磁兼容性试验设备连接关系如图 4 - 35 所示。

4.5.1 RE102 2 MHz～18 GHz 电场辐射发射试验

1. 指标要求

在 2 MHz～18 GHz 频段内，测得电场强度不应超过 GJB151B—2013 中图 RE102 - 3 适用于陆军地面设备的曲线所示极限值。

2. 试验方法

① 按 GJB151B—2013 中规定，地面 2 MHz～18 GHz 进行试验。

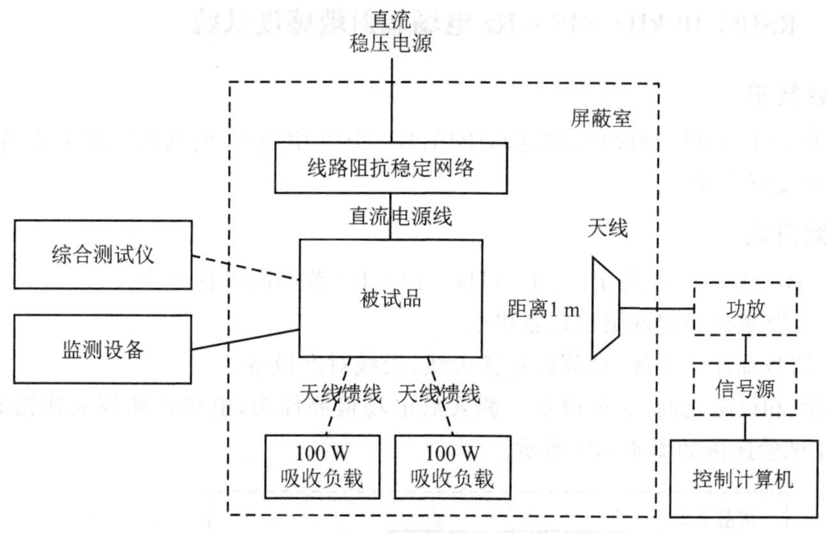

图 4-35　电磁兼容性试验设备连接图

② 通过线路阻抗稳定网络给设备供电。

③ 通过测量接收机连接天线(天线距离设备 1 m),在 2 MHz～18 GHz 范围检测设备的电场辐射发射,RE102 试验连接如图 4-36 所示。

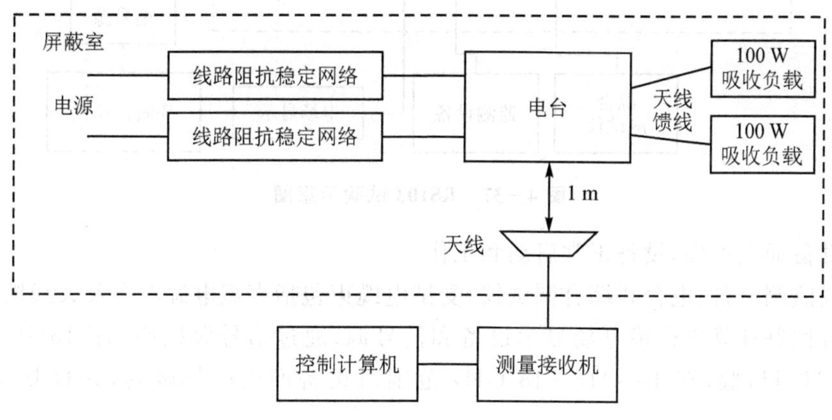

图 4-36　RE102 试验示意图

④ 对设备通电工作,设备正常启动和工作。

⑤ 配置监测设备和电台,受试电缆束包括直流电源电缆及天线馈线。

⑥ 通过控制计算机连接测量接收机,并记录检测数据。

3. 试验结果评定准则

若在 2 MHz～18 GHz 频段内,测得电场辐射发射不超过 GJB151B—2013 中图 RE102-3 适用于陆军地面的曲线所示极限值,则判定为合格。

4.5.2 RS103 10 kHz～18 GHz 电场辐射敏感度试验

1. 指标要求

在 10 kHz～18 GHz 频段内,依据 GJB151B—2013 中表 17 所列陆军地面设备的极限值,进行电场辐射敏感度测试。

2. 试验方法

① 按 GJB151B—2013 规定,在 10 kHz～18 GHz 范围内进行试验。

② 通过线路阻抗稳定网络给设备供电。

③ 使用信号源连接功放,功放再连接天线,天线对准设备。

④ 在天线和设备之间,靠近设备一侧安放电场检测探头,电场检测探头连接到电场显示设备,RS103 试验连接如图 4-37 所示。

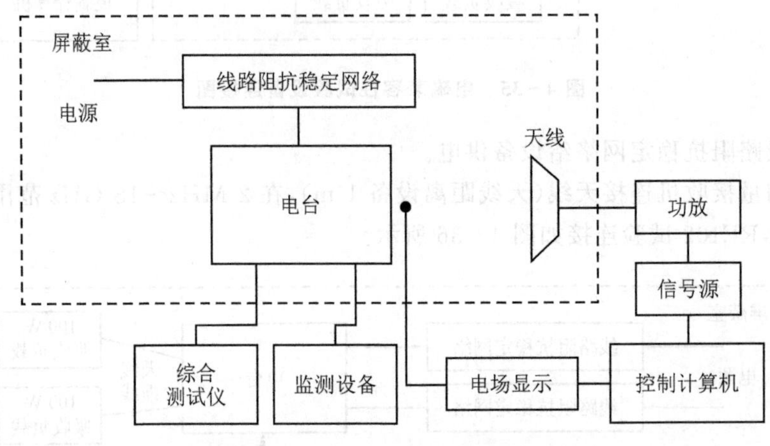

图 4-37 RS103 试验示意图

⑤ 对设备通电工作,设备正常启动和工作。

⑥ 配置监测设备、电台和综合测试仪,受试电缆束包括直流电源电缆及天线馈线。

⑦ 通过控制计算机连接电场显示设备和信号源,通过信号源按照 GJB151B—2013 规定的辐射电场进行试验,在 10 kHz～18 GHz 范围对设备产生电场辐射,并检测设备的工作情况。

3. 试验结果评定准则

在试验过程中,设备工作正常,综合测试仪 SIAND 不小于 15 dB,则判定为合格。

4.5.3 CS114 10 kHz～400 MHz 电缆束注入传导敏感度试验

1. 指标要求

按 GJB151B—2013 中规定的地面条件 10 kHz～2 MHz 进行试验。

2. 试验方法

① 通过线路阻抗稳定网络给设备供电。

② 使用信号源连接功放,功放再连接注入探头,将注入探头串接在设备供电电缆或互连

电缆上。

③ 在注入探头和设备之间串接电源探头，电源探头再连接到测量接收机，CS114 试验连接如图 4－38 所示。

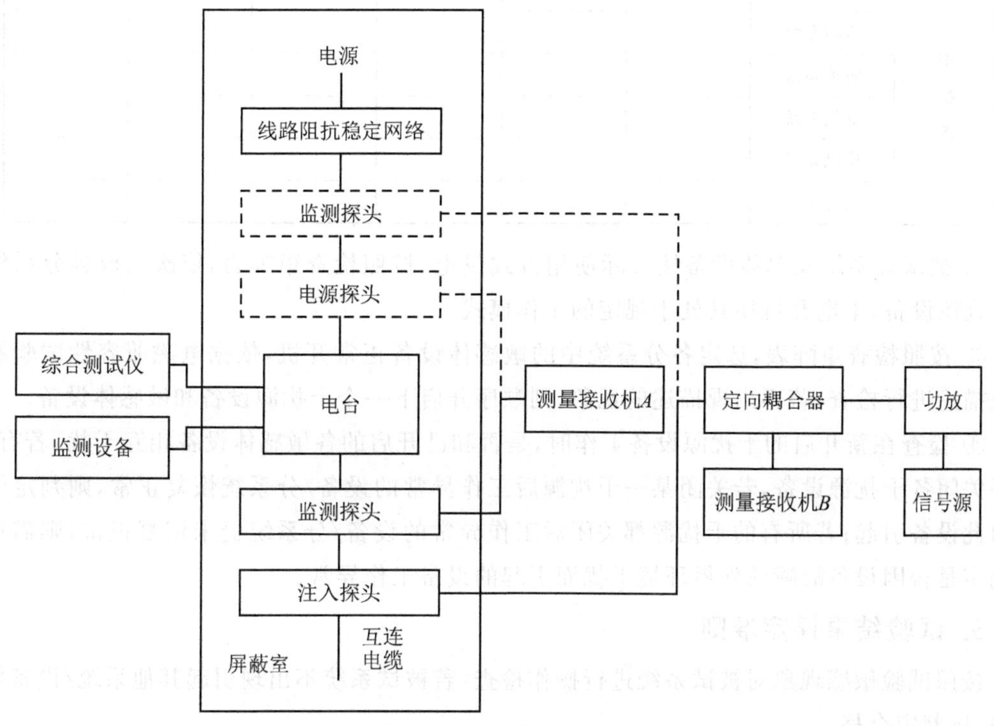

图 4－38　CS114 试验示意图

④ 对设备通电工作，设备正常启动和工作。

⑤ 配置监测设备、电台和综合测试仪，受试电缆束包括直流电源电缆及天线馈线。

⑥ 通过测量接收机监测传导干扰，通过信号源按照 GJB151B—2013 中地面条件所示校准电平的试验信号进行试验，在 10 kHz～400 MHz 范围对设备产生传导干扰，并检测设备的工作情况。

3. 试验结果评定准则

在试验过程中，满足相关要求，则该试验项目判定为合格，否则该试验项目判定为不合格。

4.5.4　系统内电磁兼容性试验

1. 指标要求

本试验用来测试被试系统所属的设备和分系统在同时工作时是否相互干扰，评估设备和分系统之间是否能够兼容工作。

2. 试验方法

① 将被试系统的各设备/系统按照干扰源和敏感体进行分类，建立干扰检查矩阵，如表 4－16 所列。

表 4-16　系统内电磁兼容性相互干扰试验检查矩阵表

交互检查		动力系统	传动系统	防护系统	电气系统	信息系统	火力系统
干扰源	动力系统	—					
	传动系统		—				
	防护系统			—			
	电气系统				—		
	信息系统					—	
	火力系统						—

② 被试分系统及单体设备按实际使用方式供电，按照检查矩阵表，依次选取各分系统中的干扰源设备，上电开机使其处于规定的工作模式。

③ 按照检查矩阵表，选定各分系统中的敏感体设备正常开机，依据电磁兼容性试验敏感现象描述进行检查，若不出现描述的现象，则顺序开启下一个干扰源设备和敏感体设备。

④ 检查在新开启的干扰源设备工作时，是否和已开启的各敏感体设备相互干扰，若有，则倒序关闭各干扰源设备，若关闭某一干扰源后工作异常的设备/分系统恢复正常，则判定干扰是由此设备引起；若所有的干扰源都关闭后工作异常的设备/分系统仍未恢复正常，则需进一步判定是否因设备故障或外界环境干扰而引起的设备工作异常。

3. 试验结果评定准则

按照试验敏感现象对被试系统进行操作检查，若被试系统不出现引起其他系统/设备敏感现象，则判定合格。

4.5.5　传导安全裕度试验

1. 指标要求

本试验用来检验被试系统电源电缆、互连电缆是否具有 6 dB 的传导安全裕度。在试验过程中，被试品不应出现任何故障、性能降低，以验证被试系统是否满足电磁兼容指标要求。该试验适用频率范围为 10 kHz～400 MHz。

2. 试验方法

① 被试系统按实际使用方式供电，各设备/分系统正常开机，使系统处于典型工作状态。系统中的信号发射/接收设备在发射测量过程中处于功率发射状态，在干扰注入过程中处于接收状态。

② 测试配置如图 4-39 所示的发射测量路径，依据传导干扰安全裕度测试位置确认表中提供的关键电子设备电源电缆、互连电缆，测量 10 kHz～400 MHz 频率范围内传导发射，即实际感应电流 I_0。

③ 按表 4-17 所列设置带宽和测量时间，使测量接收机在要求的频率范围内扫描。

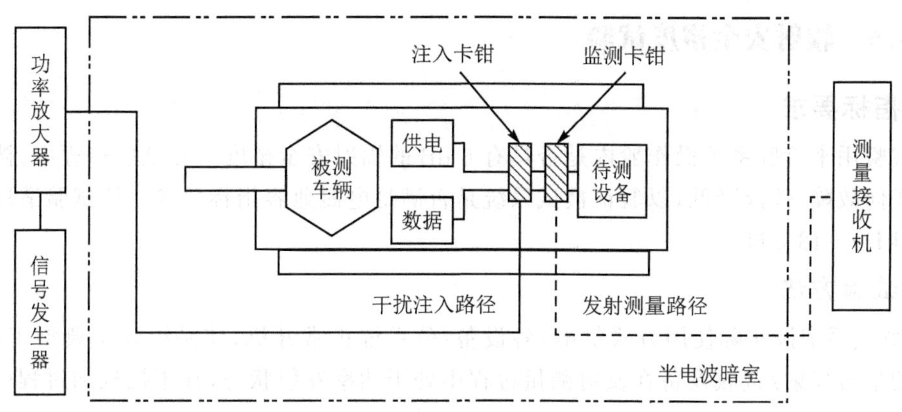

图 4－39 传导安全裕度试验示意图

表 4－17 带宽和测量时间表

频率范围	6 dB 带宽	驻留时间/s
10 kHz～150 kHz	1 kHz	0.02
150 kHz～30 MHz	10 kHz	0.02
30 MHz～1 GHz	100 kHz	0.02
>1 GHz	1 MHz	0.02

④ 测试配置如图 4－39 所示的干扰注入路径，由电磁敏感度测试系统将 10 kHz～400 MHz 频率范围内的干扰电流注入电缆上，监测注入干扰电流值，保持要求的信号电平，使注入电流比实际感应电流 I_0 高 6 dB，或使注入电流达到 GJB151B—2013《军用设备和分系统电磁发射和敏感度要求与测量》CS114 陆军地面平台的感应电流限值要求，二者取较大者。

⑤ 按要求扫描速率，在整个频率范围内进行扫描测量。依据系统电磁兼容性试验敏感现象描述进行判定，检查关键电子设备是否敏感。敏感度扫描参数如表 4－18 所列。若不敏感，则传导安全裕度满足依据的技术文件 6 dB 的指标要求；若发现敏感点，记录敏感门限及敏感现象。

⑥ 选取传导干扰安全裕度测试位置确认表中指定的其他线缆，重复步骤②～⑤。

表 4－18 敏感度扫描参数表

频率范围	步进式扫描最大步长
10 kHz～1 MHz	$0.05f_0$
1 MHz～30 MHz	$0.01f_0$
30 MHz～1 GHz	$0.005f_0$
>1 GHz	$0.002\,5f_0$

3. 试验结果评定准则

按照试验敏感现象对被试系统进行操作检查，若被试系统不出现其他系统/设备敏感现象，则判定合格。

4.5.6 辐射安全裕度试验

1. 指标要求

本试验用来检验系统操作舱内是否具有 6 dB 的辐射安全裕度。在试验过程中，被试品不应出现任何故障、性能降低，以验证被试系统是否满足电磁兼容指标要求。该试验适用频率范围为 10 kHz～18 GHz。

2. 试验方法

① 被试系统按实际使用方式供电，各设备/分系统正常开机，使系统处于典型工作状态。系统中的信号发射/接收设备在发射测量过程中处于功率发射状态，在干扰施加过程中处于接收状态。

② 测试配置如图 4－40 所示的接收路径，依据辐射干扰安全裕度及外部射频环境测试位置确认表中指定的一个测试位置，接收天线置于距离该位置 1 m 远处。依据要求设置带宽和测量时间，通过测量接收机进行 10 kHz～18 GHz 频率范围内扫描，即实际场强 E_0。

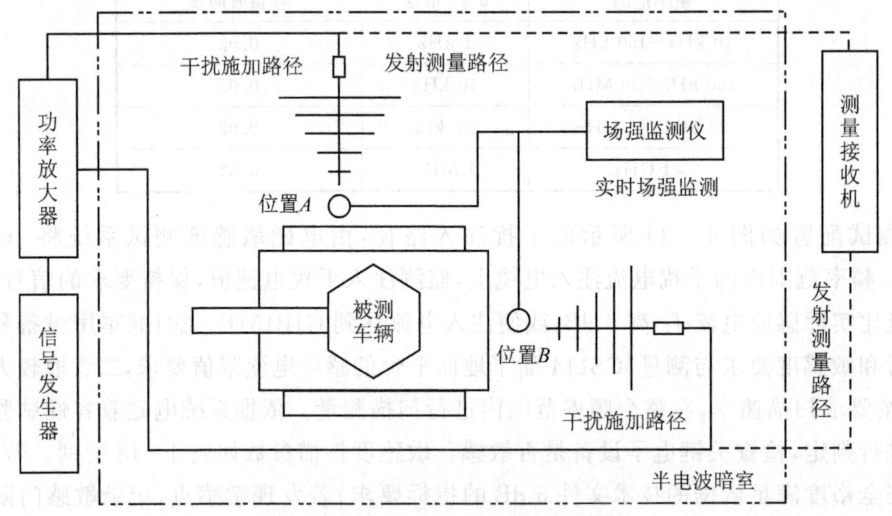

图 4－40 辐射安全裕度测量示意图

③ 测试配置如图 4－40 所示的发射路径，发射天线置于距离该位置 1 m 远处，采用适当的放大器和发射天线，将信号发生器调至 10 kHz，用 1 kHz 占空比为 50%脉冲信号进行调制，用场强监测系统监测照射的电场强度，缓慢增加信号发生器输出电平，达到比 E_0 高 6 dB 的场强要求，或使电场强度达到 GJB151B—2013《军用设备和分系统电磁发射和敏感度要求与测量》RS103 陆军地面平台的场强限值要求，二者取较大者。

④ 按要求的扫描速率对测试位置进行照射，在整个频率范围内进行扫描测量。现场依据系统电磁兼容性试验敏感现象描述进行判定，检查关键电子设备是否敏感。若不敏感，则辐射安全裕度满足 6 dB 的指标要求；若发现敏感点，记录敏感门限及敏感现象。

⑤ 更换测试天线，对 30 MHz 以上的频率，天线取水平极化和垂直极化两个方向重复步骤②～④。

⑥ 选取辐射干扰安全裕度及外部射频环境测试位置确认表中指定的其他测试位置，重复

步骤②～⑤。

3. 试验结果评定准则

按照试验敏感现象对被试系统进行操作检查，若被试系统不出现其他系统/设备敏感现象，则判定合格。

4.5.7 外部射频电磁环境试验

1. 指标要求

本试验用来检验系统对规定的外部射频电磁环境(平均值电场)的抗干扰能力。在试验过程中，被试品不应出现任何故障、性能降低，以验证被试系统是否满足电磁兼容指标要求。该试验适用频率范围为 10 kHz～40 GHz。

2. 试验方法

① 被试系统按实际使用方式供电，各设备/分系统正常开机，使系统处于典型工作状态。系统中的信号发射/接收设备在干扰施加过程中处于接收状态。

② 测试配置如图 4-41 所示，依据辐射干扰安全裕度及外部射频环境测试位置确认表中指定的一个测试位置，用外部射频电磁环境测试系统产生规定强度的电场进行照射。

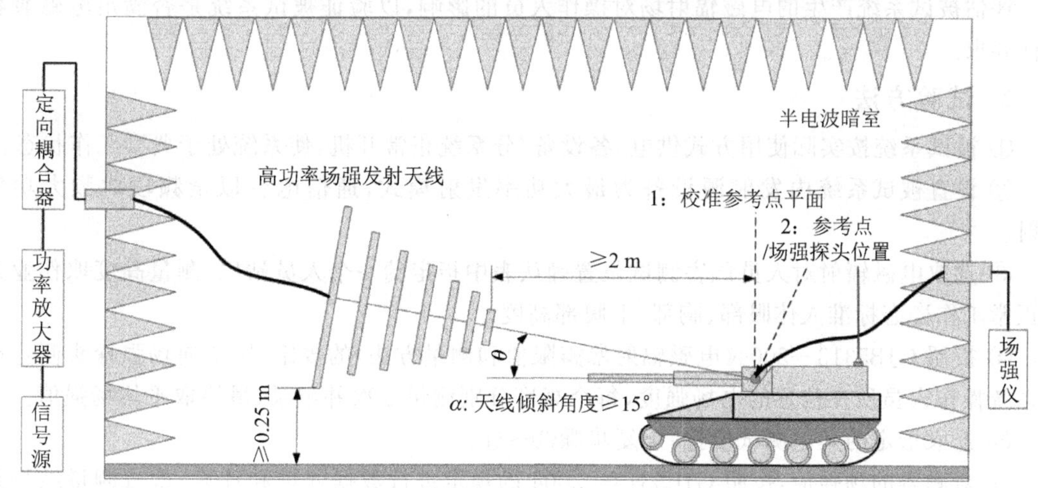

图 4-41 外部射频电磁环境试验示意图

③ 将信号发生器调至 10 kHz，用 1 kHz 占空比为 50%脉冲信号进行调制，采用适当的放大器和发射天线，用场强监测系统监测照射的电场强度，逐步增加信号发生器输出电平，达到外部射频电磁环境试验要求的电场强度。按如表 4-19 所列的外部电磁环境要求的扫描速率，在整个频率范围内进行扫描测量。

④ 依据系统电磁兼容性试验敏感现象描述进行判定，检查电子设备是否敏感。若不敏感，则外部射频电磁环境试验满足依据的技术文件中电场平均值的指标要求；若发现敏感点，记录敏感门限和敏感现象。

⑤ 更换测试天线，对 30 MHz 以上的频率，天线取水平极化和垂直极化两个方向重复步骤③～④。

表 4-19 外部电磁环境表

频 率	电场(平均值)/(V·m^{-1})
10 kHz～2 MHz	25
2 MHz～250 MHz	50
250 MHz～1 GHz	50
1 GHz～40 GHz	50

⑥ 选取辐射干扰安全裕度及外部射频环境测试位置确认表中指定的其他测试位置，重复步骤③～⑤。

3. 试验结果评定准则

按照试验敏感现象对被试系统进行操作检查，若被试系统不出现其他系统/设备敏感现象，则判定合格。

4.5.8 电磁辐射对人体的危害试验

1. 指标要求

评估被试系统产生的电磁辐射场对操作人员的影响，以验证被试系统是否满足电磁兼容指标要求。

2. 试验方法

① 被试系统按实际使用方式供电，各设备/分系统正常开机，使系统处于典型工作状态。

② 设置被试系统内发射源设备为最大功率发射模式，通信电台以全频段跳频大功率发射。

③ 选取电磁辐射对人员危害测试位置确认表中指定的一个人员站位，测量高度取作业人员正常工作姿态标准人体眼部、胸部、下腹部高度。

④ 按照 GJB5313—2004《电磁辐射暴露限值和测量方法》的规定，用全向场强探头测量被试系统操作人员所在位置的电场强度，每个高度分别测量 5 次并记录，最终取平均场强值。

⑤ 选取指定的其他测试位置，重复步骤③～④。

⑥ 对测得的场强值，按照 GJB5313—2004 的规定进行数据处理和计算，检查测量结果是否满足标准规定的暴露限值。

3. 试验结果评定准则

若操作人员暴露在测试位置的平均电场强度，低于 GJB5313—2004 作业区连续波连续暴露平均电场强度限值 15 V/m，则判定合格。

4.5.9 静电电荷控制试验

1. 指标要求

本试验用来检验被试系统关键电子设备经受由于人员操作引起的静电放电时，不应出现静电荷积累造成被试品性能下降或损坏，以验证被试系统是否满足电磁兼容指标要求。

2. 试验方法

① 被试系统按实际使用方式供电，各设备/分系统正常开机，使系统处于典型工作状态。系统中的信号发射/接收设备在干扰施加过程中处于接收状态。

② 测试配置如图 4－42 所示，选取静电放电测试位置表中指定的一台关键电子设备，将由于人员操作而接触到的部位作为放电试验点，按标准规定的极性和电压逐级进行直接放电试验，设备金属开关、把手表面进行±2 kV、±4 kV 、±6 kV 、±8 kV 接触放电；设备绝缘按键、绝缘按钮等绝缘表面进行±2 kV、±4 kV、±8 kV、±15 kV 空气放电；每个试验点按时间间隔至少 1 s 放电，放电次数 10 次，现场依据系统电磁兼容性试验敏感现象描述进行检查，判定关键电子设备是否敏感。若不敏感，则静电放电敏感度试验满足依据的技术文件中静电放电的指标要求；若发现敏感点，记录敏感门限和敏感现象。

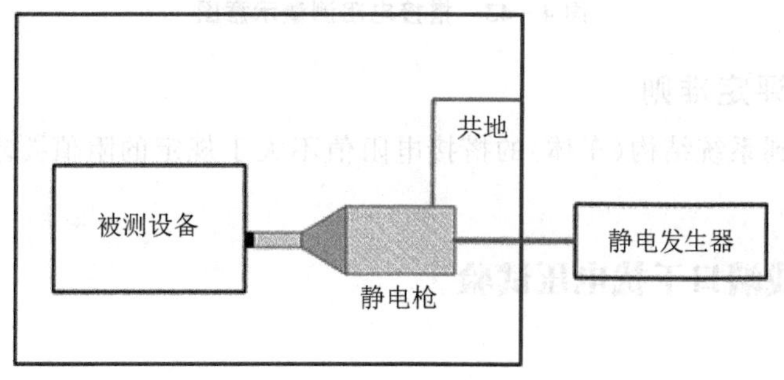

图 4－42　静电电荷控制试验示意图

③ 选择相反极性电压重复步骤②。

④ 选取静电放电测试位置确认表中指定的电子设备，用静电放电发生器以空气放电或接触放电的方式实施放电，重复步骤②～③，记录各被试设备静电放电的具体部位。

3. 试验结果评定准则

按照试验敏感现象对被试系统进行操作检查，若被试系统不出现其他系统/设备敏感现象，则判定合格。

4.5.10　电搭接试验

1. 指标要求

本试验用来检验被试系统关键电子设备的设备壳体到系统结构之间的搭接电阻的阻值，以验证被试系统是否满足电磁兼容指标要求。

2. 试验方法

① 关闭被测样车总电源。

② 测试配置如图 4－43 所示，选取电子设备壳体位置点，用微欧表测量具有金属外壳设备的壳体到车体外壳接地点之间的搭接电阻。根据待测搭接电阻值的大小选用不同的电流及量程，读出读值并记录测量位置及阻值。

③ 选取电搭接测试位置确认表中指定的电子设备，用微欧表测量被测设备壳体到系统结构（车体）的搭接电阻，重复步骤②。

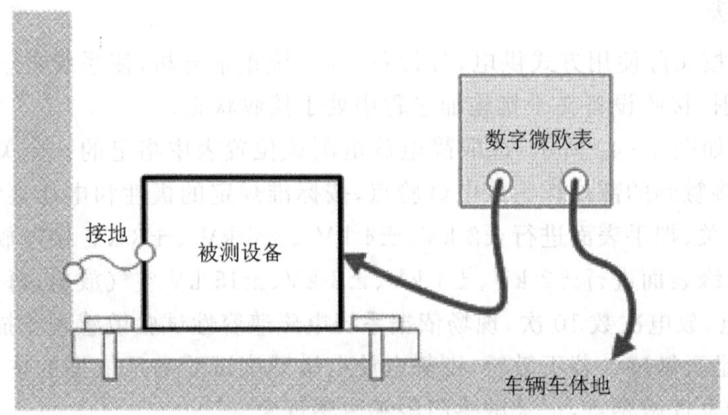

图 4-43 搭接电阻测量示意图

3. 试验结果评定准则

被测设备壳体到系统结构(车体)的搭接电阻值不大于规定的阻值要求 10 mΩ,则判定该项目试验结果合格。

4.5.11 天线端口干扰电压试验

1. 指标要求

本试验用来测量通信接收设备集成安装到系统后,由系统内射频辐射信号在接收机天线端耦合的信号电平频谱,以评估接收设备与系统其他设备的电磁兼容性。

2. 试验方法

① 测试配置如图 4-44 所示,将车载电台天线馈线从电台入口处断开,通过射频电缆连接到 EMI 测量接收机。

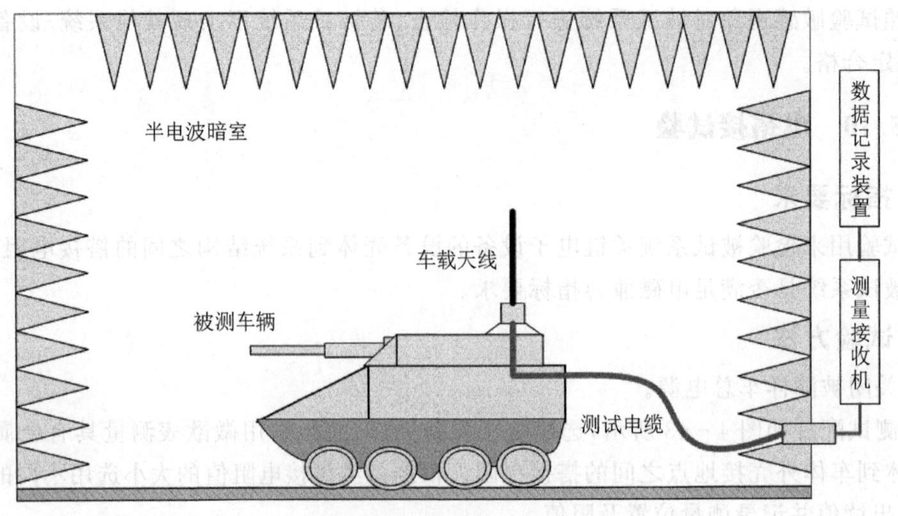

图 4-44 天线端口干扰电压试验示意图

② 被试系统不加电，测量环境噪声电压频谱曲线 V_0。

③ 被试系统按实际使用方式供电，各设备/分系统(电台除外)正常开机，使系统处于典型工作状态。系统中的信号发射/接收设备在干扰施加过程中处于接收状态。

④ 测量多频段电台接收频率范围内在电台天线端口形成的干扰电压频谱曲线，记作 V_1。

⑤ 系统依次设置在不同的工作状态下，重复步骤④，记录频谱曲线，记作 V_n。

3. 试验结果评定准则

记录各测试状态下天线端口干扰电压测量的频谱曲线。在干扰电压 V_1 与环境噪声电压 V_0 差值超出 6 dB 的频率范围内选取采样频点作为通信电台灵敏度标定的测试频点。

4.5.12 通信电台灵敏度试验

1. 指标要求

本试验用来测量通信接收设备集成安装到系统后，通信电台在接收状态下的灵敏度标定值，以评估系统干扰对通信系统通信性能降级的影响程度。

2. 试验方法

① 测试配置如图 4-45 所示，将综合测试仪射频输出端连接到电台接收天线和接收设备天线端口(通信电台)之间，接收设备的音频输出端连接至综合测试仪音频输入接口。

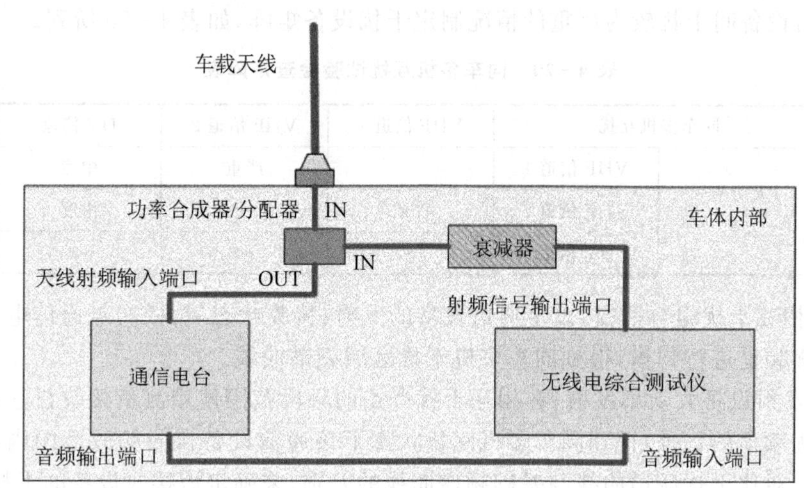

图 4-45 通信电台灵敏度试验示意图

② 被试系统不发动，仅接收设备通电的状态下，将调制的射频信号加至接收设备天线输入端口，调节输入信号电平，并调节音量电位器，保持接收设备产生标准音频输出功率；当综合测试仪显示接收设备音频输出端得到的信纳比略大于 10 dB 时，接收设备初始灵敏度记作 V_0。

③ 被试系统按实际使用方式供电，各设备/分系统正常开机，使系统处于典型工作状态。系统中的信号发射/接收设备在干扰施加过程中处于接收状态。

④ 将调制的射频信号加至接收设备天线输入端，调节输入信号电平，并调节音量电位器，保持接收设备产生标准音频输出功率；当接收设备音频输出端得到的信纳比略大于 10 dB 时，

全系统工作时电台灵敏度记作 V_1。

⑤ 选取天线端口干扰电压试验测量结果中干扰区域中可能对通信系统产生干扰的频率点进行灵敏度标定，重复步骤②～③。

⑥ 测量电台通信频率范围内电子设备工作时对通信电台灵敏度的影响，记录各测试状态下的灵敏度标定结果。

3. 试验结果评定准则

通过灵敏度标定结果综合评估系统内通信系统兼容的情况，记录测试频段内通信电台灵敏度的标定结果。

4.5.13 同车多机互扰兼容性试验

1. 指标要求

对整车中装备多台不同通信频段电台的互相干扰情况进行验证，考核通信设备功率发射时造成的杂散、谐波、邻信道、同频、互调等干扰对处于接收状态的通信电台造成影响的情况。

2. 试验方法

① 根据通信设备的类型及信号特征对通信设备间相互干扰情况进行预估，考虑相邻频段或同频段通信设备间干扰较为严重的情况制定干扰设备矩阵，如表 4－20 所列。

表 4－20 同车多机互扰试验检查矩阵表

同车多机互扰		VHF 信道 1	VHF 信道 2	UV 信道
大功率发射	VHF 信道 1	—	严重	中度
	VHF 信道 2	严重	—	中度
	UV 信道	—	—	—

② 根据相互干扰组合情况，设定通信设备的发射、接收状态后，依次对通信电台的组合发射形成的干扰频谱进行扫描，得到同车多机干扰区域频谱曲线。

③ 通信发射设备大功率发射，在相互干扰严重的频段范围使用测量接收机连接车载天线端口进行干扰频谱的扫描，得到同车多机互扰状态下该通信设备接收频段范围内的频谱曲线并保存结果。对比干扰频谱曲线与基础频谱曲线的差别，来确定该接收设备的干扰区域。

④ 根据干扰区域的频谱范围，结合通信系统频谱管理原则筛选并确定验证频段。选择该频段通信的电台对应的频道并处于接收状态，采用无线电综合测试仪构成测试网络进行电台灵敏度标定，对电台发射造成的杂散、谐波、邻信道、同频、互调干扰进行验证。

⑤ 对所有干扰组合进行验证，重复步骤②～④。

3. 试验结果评定准则

通过灵敏度标定结果综合评估系统内通信系统之间相互干扰的情况，记录测试频段内通信电台灵敏度的标定结果。

4.6 雷电测试

4.6.1 雷电脉冲磁场效应试验

1. 试验目的

检验受试通信系统天馈装置在模拟的雷电环境下是否满足雷电间接效应(雷电脉冲磁场效应)防护要求,以评估其对雷电产生的电磁场环境的适应能力。

2. 试验要求

(1) 脉冲磁场要求

脉冲磁场强度为 3.2×10^4 A/m,磁场变化率为 1.6×10^{10} A/(m·s^{-1})。

(2) 试验环境

按图 4-46 所示搭建测试环境,将试验件(天线鞭体、天线座和防雷组件放置在线圈内部)放置于绝缘支撑上,陪试设备(电台主机和功放设备等)在线圈外部,其接地端与实验室大地进行连接,相关的检测设备放置在试验区域外,通过监测线缆连接试验件。冲击电流发生器输出端连接至亥姆霍兹线圈的输入端。

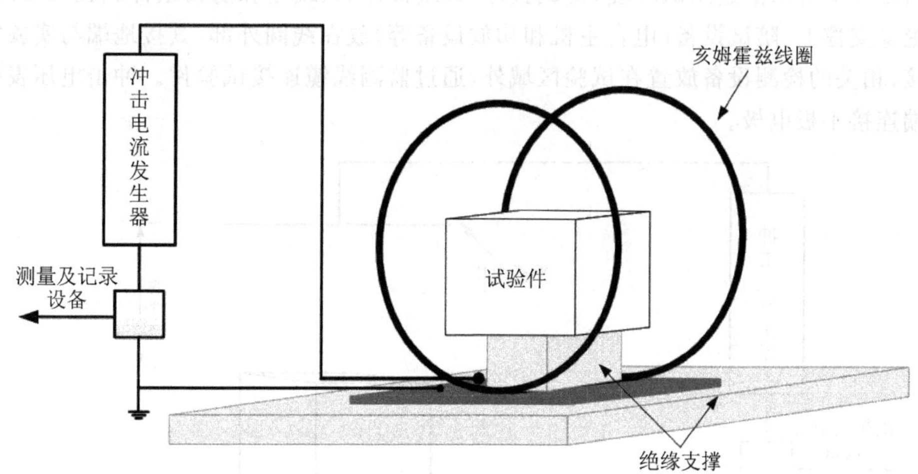

图 4-46 雷电脉冲磁场效应试验示意图

3. 试验方法

① 脉冲磁场校准:将亥姆霍兹线圈放置在绝缘支撑台上,其电源输入端与冲击电流发生器的输出端连接;将磁场传感器放置在线圈的中心位置;操作冲击电流发生器,输出峰值为 10 A 的电流,监测磁场传感器获得的磁场强度,逐步提高冲击电流发生器输出峰值,直到 3.2×10^4 A/m 的磁场强度值;记录此时冲击电流发生器的输出设置参数,即为后续试验时施加的参数峰值。

② 被试通信系统开机正常工作,各电台设置为发状态,操作冲击电流发生器,设置参数为逐次增加 10%峰值的步进,直到达到校准时记录的施加参数峰值,输出脉冲电流,记录试验中

被试通信系统的工作状态。

③ 各电台设置为收状态，重复步骤②。

④ 在试验结束后，检查被试通信系统各信道数据、话音通信功能，检测电台功率及灵敏度。

4. 试验结果评定准则

通信系统天馈装置经过磁场照射后，电台无损坏，数据、话音通信功能正常，电台功率及灵敏度达到指标要求，防护装置无损坏，则判定合格。

4.6.2 雷电脉冲电场效应试验

1. 试验目的

检验受试通信系统天馈装置在模拟的雷电环境下是否满足雷电间接效应（雷电脉冲电场效应）防护要求，以评估其对雷电产生的电磁场环境的适应能力。

2. 试验要求

(1) 脉冲电场要求

施加最大脉冲电场变化率为 6.0×10^{12} V/(m·s^{-1})，最大脉冲电压约为 2 000 kV。

(2) 试验环境

按图 4-47 所示搭建测试环境，将试验件（天线鞭体、天线座和防雷组件放置在线圈内部）放置于绝缘支撑上，陪试设备（电台主机和功放设备等）放在线圈外部，其接地端与实验室大地进行连接，相关的检测设备放置在试验区域外，通过监测线缆连接试验件。冲击电压发生器高压输出端连接平板电极。

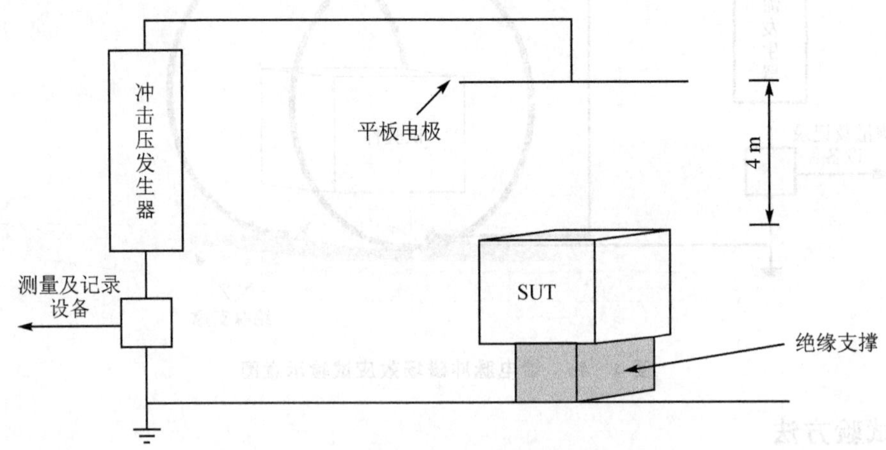

图 4-47 雷电脉冲电场效应试验示意图

3. 试验方法

① 脉冲电场校准：用与试验件上表面积相同的金属铝板替换试验件；操作冲击电压发生器，逐次输出 500 kV、900 kV、1 300 kV 和 1 800 kV 等其他量值的冲击电压值（±20%），直到达到脉冲电场 6.0×10^{12} V/(m·s^{-1}) 的变化率要求，记录此时的冲击电压发生器设置电压值。

② 被试通信系统开机正常工作，各电台设置为发状态，操作冲击电压发生器，冲击电压发生器设置参数为逐次增加10%峰值的步进，直到达到校准时记录的施加参数峰值，输出脉冲电压，记录试验中被试通信系统的工作状态。

③ 各电台设置为收状态，重复步骤②。

④ 在试验结束后，检查被试通信系统各信道数据话音通信功能，检测电台功率及灵敏度。

4. 试验结果评定准则

通信系统天馈装置经过电场照射后，电台无损坏，数据、话音通信功能正常，电台功率及灵敏度达到指标要求，防护装置无损坏，则判定合格。

4.6.3 雷电传导耦合注入试验

1. 试验目的

检验受试系统天馈装置在模拟的雷电环境下是否满足雷电间接效应(雷电传导耦合)防护要求，以评估其对雷电产生的电磁场环境的适应能力。

2. 试验要求

(1) 脉冲电场要求

按照GJB8848—2016附录G表G.3中B类试验件确定脉冲注入等级，短脉冲(SP)、中等宽度脉冲(IP)和长脉冲(LP)测试波形按照GJB8848—2016附录G图G.1～图G.3执行。

(2) 试验环境

按图4-48所示搭建测试环境，注入位置为天线鞭体与防雷组件之间连接的射频电缆。

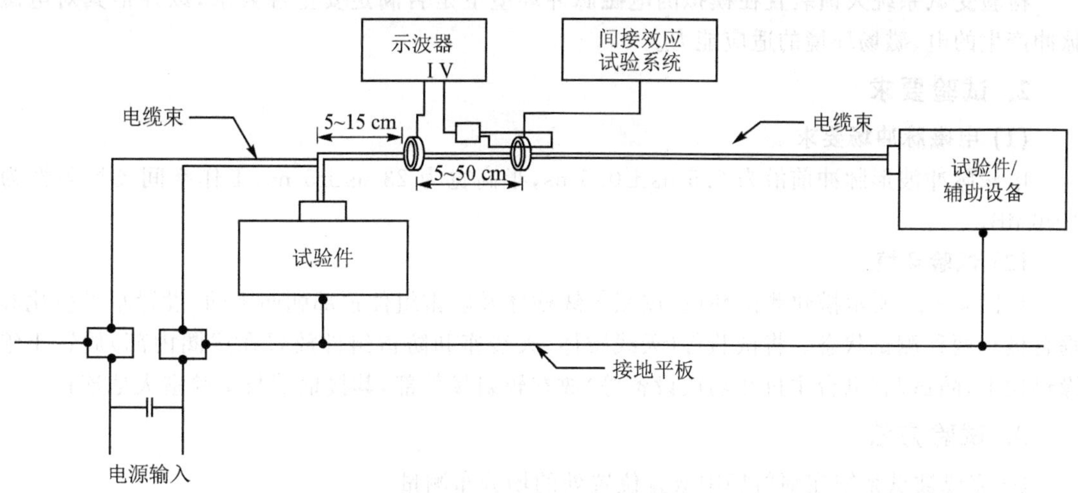

图4-48 雷电传导耦合注入试验示意图

3. 试验方法

① 开路电压和短路电流的波形校准：操作间接效应试验系统分别输出SP、IP和LP波形信号，用电压探头和电流探头分别测量其输出的开路电压和短路电流，示波器捕获波形，逐步增加波形发生器的设置值，使得开路电压和短路电流达到GJB8848—2016附录G表G.3中B类试验件要求的限值，并记录波形发生器的输出设置。

② 将被试通信系统布置在传导测试桌上，天线座、防雷组件、电台的壳体均与测试桌平板搭接，测量其搭接电阻满足试验件的要求；射频线缆束沿长度方向分开布放，用绝缘木板进行支撑。

③ 间接效应试验系统输出端连接在耦合网络输入端口，射频电缆置于耦合网络内防雷组件壳体和接地平板之间，电流探头钳在被测线缆束上与试验件端口距离为 5～15 cm，电流探头与耦合网络间距为 5～50 cm。

④ 被试通信系统开机正常工作，分别在被测电台收发两种状态下，操作间接效应试验系统进行 SP 波形正极性测试，从低电平开始逐步提升电平值，使得监测结果（电压或电流）达到测试标准要求的限值，并监测试验中被试电台工作情况；在试验结束后，检查被试电台数据话音通信功能，并检测电台功率及灵敏度。

⑤ 按照步骤④的方法，进行 SP 波形负极性测试。

⑥ 重复步骤④～⑤，依次完成 IP 波形和 LP 波形测试。

⑦ 按照步骤②～⑥的方法，依次完成多频段电台雷电传导耦合注入试验。

4. 试验结果评定准则

通信系统天馈装置完成雷电传导耦合注入试验后，电台无损坏，数据、话音通信功能正常，电台功率及灵敏度达到指标要求，防护装置无损坏，则判定合格。

4.6.4 电磁脉冲试验

1. 试验目的

检验受试系统天馈装置在模拟的电磁脉冲环境下是否满足安全性要求，以评估其对电磁脉冲产生的电、磁场环境的适应能力。

2. 试验要求

(1) 电磁脉冲场要求

电磁脉冲波形脉冲前沿为 2.5 ns±0.5 ns，半高宽为 23 ns±5 ns，工作空间场均匀性为 0～6 dB。

(2) 试验环境

按图 4－49 所示搭建测试环境，按照天线鞭体及防雷组件顶部朝向不同，设置水平极化和垂直极化两种测试状态。将试验件（天线鞭体、天线座和防雷组件放置在线圈内部）放置于绝缘垫块上，陪试品（电台主机和功放设备等）放在辐射场外部，其接地端与实验室大地连接。

3. 试验方法

① 完成被试系统在辐射场中放置位置处的场分布测量。

② 将天线鞭体、防雷组件和天线座按照垂直极化方式放置在参考场中的测点位置，被试通信系统开机正常工作，分别在被测电台大功率发模式和收模式下，对天线鞭体、防雷组件及天线座依次进行威胁级辐照幅度的 25%、50%、75% 的步进辐照，监测被试电台工作情况及受干扰情况，并观察被测设备是否被损坏；若无损坏，则根据校准的设置参数进行满幅值 50 kV/m 的辐照试验 5 次，监测被试电台工作情况及受干扰情况，并观察被测设备是否被损坏。

③ 将天线鞭体、防雷组件和天线座按照水平极化方式放置在参考场中的测点位置，重复步骤②。

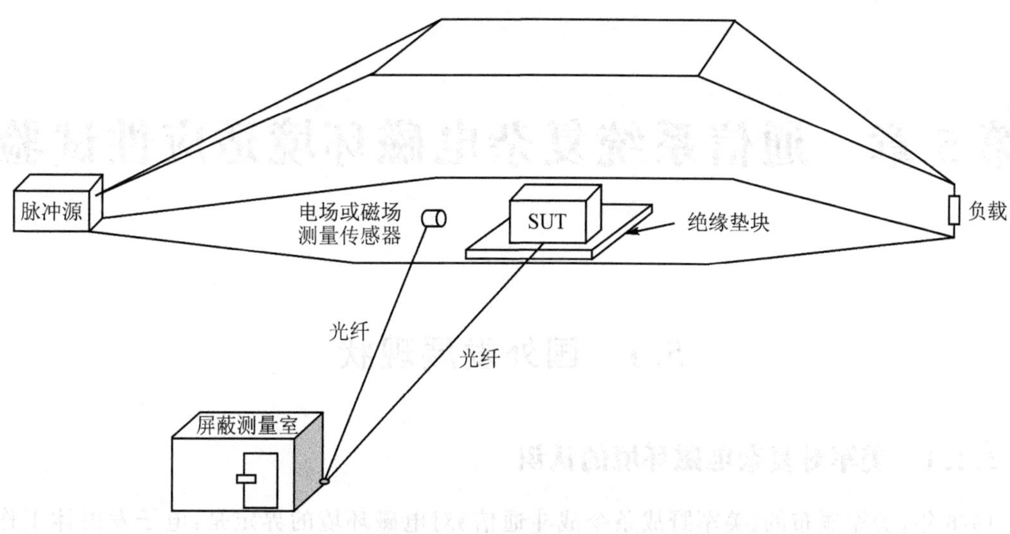

图 4-49 电磁脉冲平行板辐射系统试验布置图

④ 在试验结束后，检查被试系统各电台数据话音通信功能，检测电台功率及灵敏度。

4. 试验结果评定准则

通信系统天馈装置经过电磁脉冲照射后，电台无损坏，数据、话音通信功能正常，电台功率及灵敏度达到指标要求，防护装置无损坏，则判定合格。

第 5 章 通信系统复杂电磁环境适应性试验

5.1 国外发展现状

5.1.1 美军对复杂电磁环境的认识

1976 年，美军颁布的《美军野战条令战斗通信》对电磁环境的界定是：电子发射体工作的地方。20 世纪 80 年代又重新定义为：军队、系统或平台在预定工作环境中执行任务时，可能遇到的在各种频率范围内电磁辐射或传导辐射的功率和时间的分布状况，是电磁干扰、电磁脉冲、电磁辐射对人体、兵器和挥发性材料的危害，以及闪电和天电干扰等自然现象效应的综合。

2000 年，美军颁布《联合电子战》条令指出，电磁环境是军队所面临的由受控制的电磁辐射的功率、频率和工作周期构成的，其对部队作战的影响主要包括电磁兼容性、电子干扰、电子防护、电磁辐射对挥发性物质的影响以及雷电、静电等自然现象的效应。作战的电磁环境是由武装部队在执行任务时可能遇到的电磁辐射的功率、频率和持续时间构成。电磁环境对武装部队的作战能力、设备、系统和平台的影响表现为电磁环境效应。依据电磁原理工作的设备和系统的特点是具有电磁易损性，使其完成规定任务的能力明显降低，降低的程度依电磁环境效应的强度而定。

由此可见，最初美军没有专门提出“复杂电磁环境”的概念，而是以电磁环境效应来作为武器装备和军事行动要面临的环境。然而近年来，美军却大力强调复杂电磁环境，并十分重视研究其在未来战场复杂电磁环境下遂行作战的特点和方法。2015 年 4 月，在美国国防科学委员会的领导下，美国国防部和各军种专家小组就美军在 21 世纪复杂电磁环境条件下遂行军事行动进行了专门研究。

2015 年 12 月，美军战略与预算评估中心发布了《电波制胜：重拾美国在电磁频谱领域的主宰地位》的研究报告，阐述了“电磁频谱战”的概念，同时考虑将电磁频谱视作一个独立的作战域，成为继陆、海、空、天、赛博空间之外的第六个作战域。从 2015 年开始至今，“电磁频谱战”仍在不断发展中。在 2020 年 6 月美国参谋长联席会议发布的《美国国防部军语及相关词典》中，“电子战”正式退出美国军语，取而代之的正是“电磁频谱战”。美军对电子战认识的变化反映出其对电磁域、电磁环境的认识也在不断深入，认为电磁频谱战是电子战的延续和发展，复杂电磁环境是美军未来作战不可回避的问题。透过现象看本质，这表明美军现代化作战的重心正向电磁域转移，强调以制电磁权为战场制高点，美军要大力提升其在复杂电磁环境下的作战行动能力。

5.1.2 俄军对复杂电磁环境的认识

俄军认为,现代军队的威力取决于其装备的电子系统和设备。而对于现代武器装备的有效运用起决定作用的是对电磁辐射频段的使用。所有指挥员都应当做好在复杂或不利的电磁环境下运用这些电子设备的准备,要了解和掌握敌我双方电子设备有意或无意的电磁辐射。

俄军还认为,电磁环境影响并制约战场感知、指挥控制、武器装备效能的发挥以及部队的战场生存。在有限的地域内配置大量的侦察、通信、防空及无线电电子斗争设备,将出现严重的相互干扰,从而明显削弱指挥系统,特别是制导武器的作战能力。为消除相互干扰,无线电电子斗争负责人应采取电磁兼容保障的措施,包括无线电频谱的使用和选择电子设备的使用条件两个方面。

在电磁频谱的组织管理机构方面,俄军将电磁兼容纳入无线电电子斗争范畴。在战时,由作战部门提出需要重点保证的频谱资源,由无线电电子斗争部门会同相关部门拟制电磁频谱使用协调计划,经参谋长批准后执行。在作战过程中,由无线电电子斗争负责人负责电磁兼容和频谱使用冲突的有关协调工作。

5.2 通信系统复杂电磁环境适应性试验方法

5.2.1 复杂电磁环境的分类和分级

1. 复杂电磁环境的分类

按照电磁环境构成,复杂电磁环境主要是指军用电子装备、民用电子设备辐射的电磁信号及各类杂波(如地杂波、海杂波、气象杂波等)信号等构成的电磁环境,包括:

① 威胁电磁环境:由敌方电子对抗装备形成的,可直接针对被试装备的干扰电磁环境。

② 目标信号环境:由被试装备作战规划的作战目标所产生,且被试装备利用的电磁环境。

③ 背景电磁环境:在所处区域内,除威胁电磁环境、目标信号环境之外的由敌方或己方/友方电子装备辐射产生的电磁环境、民用电子设备辐射产生的电磁环境,以及杂波信号环境等。

按受影响的设备类型,通信系统复杂电磁环境包括:

① 通信电磁环境:在通信设备工作环境中,由各种辐射源/散射源形成的,对通信设备工作产生影响的电磁环境。

② 通信对抗电磁环境:在通信对抗设备工作环境中,由各种辐射源/散射源形成的,对通信对抗设备工作产生影响的电磁环境。

2. 复杂电磁环境的分级

从战场电磁环境客观特征的角度进行分级,GJB6520 采用频谱占用度(FO)、时间占有度(TO)和空间覆盖率(SO)三个指标,规定了战场电磁环境的 4 个复杂度等级,分别为:

① Ⅰ级(简单电磁环境)。

② Ⅱ级(轻度复杂电磁环境)。

③ Ⅲ级(中度复杂电磁环境)。

④ Ⅳ级(重度复杂电磁环境)。

5.2.2 复杂电磁环境适应性试验的构建

1. 复杂电磁环境适应性试验环境的构建要求

复杂电磁环境适应性试验环境的构建要求包括：

① 逼真性：按照军事模拟作战部署和战术运用，充分考虑电子对抗装备的性能参数及武器装备的运动变化等情况，基于“对抗场景、对抗技术、对抗战术”构建要素，等效模拟作战电磁环境。

② 完整性：根据不同类型武器装备的特点和试验任务需求，针对性地设置包含威胁电磁环境、目标信号环境及背景电磁环境的试验电磁环境。

③ 可控性：根据试验任务需求及作战场景想定，对信号频率、信号调制样式出现的时间、辐射方向和辐射强度等实时调整。

④ 预见性：根据近期局部战争中电子对抗的特点，以未来信息化战场的作战强度为基准，预测并模拟作战电磁环境。

2. 复杂电磁环境适应性试验环境的构建方式

复杂电磁环境适应性试验环境的构建方式一般包括：

① 全数字仿真：依据被试装备的作战任务和面临的作战威胁，建立仿真模型，集成全数字仿真试验系统，模拟生成复杂电磁环境。

② 半实物仿真：依据被试装备实战中面临的典型作战场景，在室内利用模拟设备、仿真主控系统等，模拟生成复杂电磁环境。

③ 外场实装构建：按照战场作战态势，主要采用实装设备，在外场进行部署，构建试验所需的复杂电磁环境。

3. 复杂电磁环境适应性试验环境的构建流程

复杂电磁环境适应性试验环境的构建流程一般如下：

① 场景想定：根据武器装备的研制要求或设计依据，分析确定武器装备的作战对象和作战条件，并按照完整性和预见性原则，对被试装备面临的作战场景进行想定与定界。

② 参数确定：依据对想定作战场景的分析，计算并确定试验环境的参数。

③ 环境生成：根据试验大纲要求，选取符合要求的仿真模型、模拟设备、实装设备等效模拟试验环境，最终在武器装备接收传感器口、面处实现对抗强度的等效模拟，产生与想定作战环境相一致的试验环境。

④ 环境评价：测量试验电磁环境相关表征指标，建立相应的评价指标体系，对比分析并评价试验环境构建的逼真度。

5.2.3 复杂电磁环境适应性试验方法

1. 基本性能试验

基本性能试验重点测试被试装备在无威胁电磁环境下的基本性能指标，为被试装备抗威胁电磁环境试验结果提供对照。

2. 抗威胁电磁环境试验

抗威胁电磁环境试验重点测试被试装备在威胁电磁环境下的性能指标，与基本性能试验结果对照分析后，支撑评估被试装备的复杂电磁环境适应性。抗威胁电磁环境试验方法应包括试验说明、试验框图、试验步骤、试验记录和数据处理、结果评定依据等内容。

5.2.4 复杂电磁环境适应性评估要求

1. 复杂电磁环境适应性评估流程

复杂电磁环境适应性评估流程一般如下：

① 依据武器装备复杂电磁环境适应性试验后的数据处理结果，对被试装备是否满足研制总要求的规定，或单个试验态势下的适应性能力进行评估。

② 依据被试装备所有试验态势下的评估结果，对被试装备复杂电磁环境综合适应性进行评估。

③ 依据评估结果，提出用于被试装备作战使用、改进提高的建议和意见。

2. 单个试验态势下的适应性能力评估

对复杂电磁环境下被试装备单个试验态势下的适应性能力进行评估，可分为：

① 适应性能力合格：单个试验态势下的适应性能力没有下降或有较小下降，被试装备的适应性能力值大于等于合格判据。

② 适应性能力不合格：单个试验态势下的适应性能力有一定程度的下降或严重下降，被试装备的适应性能力值小于合格判据。

3. 适应性能力综合评估

考核通信系统在某典型作战场景下的复杂电磁环境综合适应性能力，可采用适应性综合能力值进行适应性综合评估，当被试通信系统的复杂电磁环境适应性综合能力值大于等于合格判据，则判定为合格。